产品创新设计与数字化制造技术技能人才培训系列教材

精密检测技术

第 2 版

机械工业教育发展中心　组编

主　编　鲁储生　张　宁　梁土珍

副主编　谢　馨　姜　超　高　舢

参　编　滕　超　陆宝钊　杜旭光

　　　　王维帅

主　审　顾春光　甄雪松

机械工业出版社

本书以三坐标测量技术应用为核心，以企业实际的项目案例为载体，基于工学一体化的教学理念，在第 1 版的基础上修订而成。本书包括已有测量程序的 DEMO 零件的检测、数控铣零件的手动测量、数控铣零件的自动测量程序编写及检测、数控车零件的自动测量程序编写及检测、发动机缸体的自动测量程序编写及检测 5 个项目，采用项目执行步骤与相关知识拓展对应表述的编排思路，利于高效培训和学习。本书附录包括零件图样、三坐标测量技术专业术语中英文对照、PC-DMIS 软件常用快捷键功能、三坐标测量机精度指标、三坐标测量机测头半径补偿和余弦误差，以配合正文内容。

本书可以作为本科院校、高等职业院校、中等职业学校及技工学校精密检测技术课程的教材，也可以作为从事精密检测技术相关工作人员的参考用书。

本书配有工作页、电子课件及视频资源，凡选用本书作为教材的教师可登录机械工业出版社教育服务网（http://www.cmpedu.com），注册后免费下载，咨询电话：010-88379375。

图书在版编目（CIP）数据

精密检测技术 / 机械工业教育发展中心组编；鲁储生，张宁，梁土珍主编. -- 2 版. -- 北京：机械工业出版社，2025. 2. --（产品创新设计与数字化制造技术技能人才培训系列教材）. -- ISBN 978-7-111-77857-8

Ⅰ. TG806

中国国家版本馆 CIP 数据核字第 2025C0R100 号

机械工业出版社（北京市百万庄大街 22 号　邮政编码 100037）
策划编辑：陈　宾　　　　　　责任编辑：陈　宾
责任校对：龚思文　刘雅娜　　封面设计：鞠　杨
责任印制：张　博
北京建宏印刷有限公司印刷
2025 年 5 月第 2 版第 1 次印刷
184mm×260mm · 17 印张 · 417 千字
标准书号：ISBN 978-7-111-77857-8
定价：55.00 元（含工作页）

电话服务　　　　　　　　　　网络服务
客服电话：010-88361066　　机　工　官　网：www.cmpbook.com
　　　　　010-88379833　　机　工　官　博：weibo.com/cmp1952
　　　　　010-68326294　　金　书　网：www.golden-book.com
封底无防伪标均为盗版　　　　机工教育服务网：www.cmpedu.com

产品创新设计与数字化制造技术技能人才培训系列教材
编写委员会

组　长：蔡启明　陈晓明

副组长：陈　伟　房志凯

组　员：杨伟群　宫　虎　牛小铁　滕宏春　顾春光

　　　　宋燕琴　鲁储生　张玉荣　孙　波　谢　薰

　　　　郑　丹　王英杰　易长生　栾　宇　张　奕

　　　　刘加勇　金巍巍　王维帅

序

产品创新设计与数字化制造技术技能人才培训，是在原人力资源和社会保障部教育培训中心、机械工业教育发展中心和全国机械职业教育教学指导委员会的共同指导下开发的高端培训项目，是贯彻落实《教育强国建设规划纲要（2024—2035年）》《关于深化现代职业教育体系建设改革的意见》《关于推动现代职业教育高质量发展的意见》等有关精神，加快培养《中国制造2025》和"大众创业、万众创新"所需的创新型技术技能人才的重要举措，也是应对中国制造向"服务型制造"转型升级所需人才培训的一种尝试。

"产品创新设计与数字化制造"高端培训项目综合运用多种专业软件，进行产品数字化设计，建立产品数字信息模型；根据加工要求，协同运用增材制造和减材制造，完成产品的零部件加工并进行精度检测；按照装配工艺，完成零部件的协同装配和调试，并进行产品的功能验证与客户体验。从技术角度看，"产品创新设计与数字化制造"高端培训项目从"设计、加工"到"装调、验证"，从"传统单一的加工制造"到"数字化设计制造"，应用了多项数字化专业技术，涵盖了产品开发的全过程。从培训角度看，"产品创新设计与数字化制造"高端培训项目立足产业前沿技术，对接岗位需求，将企业多个传统工作岗位有机结合起来，改变了培训模式，实现了师生"DIY协同创课"和"工学一体"的结合，开发出了一个贯穿产品全生命周期的人才培训培养模式。

"产品创新设计与数字化制造"高端培训项目主要面向机械制造类企业和未来3D技术、数字信息技术衍生的新兴产业；针对正在从事或准备从事产品三维数字化设计，三维数据采集与处理，快速成型（3D打印），多轴数控机床编程、仿真与操作，精密检测和产品装配调试等工作岗位的技术人员及本科院校、高等职业院校、中等职业学校、技工学校的在校师生，专门开展岗位职业能力培训；旨在培训培养具备数字化创新设计、逆向工程技术、3D打印技术、多轴加工技术、精密检测技术和产品装配调试技术等综合技术能力的"创新型、复合型"技术技能人才。

"产品创新设计与数字化制造"高端培训项目按照"开发培训资源—开展师资培训—建立培训基地—组织创新大赛—培养创新人才"的建设路径，逐步推进培训项目的建设工作。目前已开发完成了"产品创新设计与数字化制造"培训技术标准、培训基地建设标准、培训方案、培训大纲和系列教材，开设了"产品数字化设计与3D打印""产品数字化设计与多轴加工"和"产品数字化设计与装配调试"三个高端培训模块，编写了《产品数字化设计》《逆向工程技术》《3D打印技术》《多轴加工技术》《精密检测技术》和《产品装配调试技术》6本培训配套系列教材，开设了全国高级师资培训班并颁发了配套培训证书。

培训资源的开发，得到了原人力资源和社会保障部教育培训中心、机械工业教育发展中心和全国机械职业教育教学指导委员会的全程指导，得到了天津安卡尔精密机械科技有限公司、南京宝岩自动化有限公司、北京数码大方科技股份有限公司、北京新吉泰软件有限公司、北京三维博特科技有限公司、海克斯康测量技术（青岛）有限公司、北京达尔康集成系统有限公司、北京习和科技有限公司和珠海天威飞马打印耗材有限公司等企业的大力支持，以及北京航空航天大学、天津大学、北京工业职业技术学院、北京电子科技职业学院、南京工业职业技术学院、北京市工贸技师学院、广州市机电技师学院、北京金隅科技学校、安丘市职业中等专业学校、承德高新技术学院和机械工业出版社等单位的积极配合。本项目规划教材的编写是院校专家团队和行业企业专家团队共同合作的成果，在此对编者和相关人员一并表示衷心的感谢。相信本项目规划教材的出版，将为我国产品创新设计与数字化制造技术技能人才的培养做出一定贡献。

本项目系列教材适用于机械制造类企业和未来3D技术、数字信息技术衍生的新兴产业开展相关岗位专业技术人员培训，适用于本科院校、高等职业院校、中等职业学校和技工学校在校师生开展相关岗位职业能力培训，也适用于开设有机电类专业的各类学校开展相关专业学历教育的教学，并可供其他相关专业师生及工程技术人员参考。

限于篇幅与编者水平，书中不妥之处在所难免，恳请广大读者提出宝贵意见。

编写委员会

前言

《中国制造2025》提出，坚持"创新驱动、质量为先、绿色发展、结构优化、人才为本"的基本方针。精密检测技术水平是衡量一个国家工业技术水平的重要尺度，是保证产品几何量尺寸加工质量的先导，在机械加工、仪器仪表、汽车制造、电工电子等行业中，精密检测技术始终都是不可缺少的重要组成部分。随着科学研究和工业技术的发展，许多新技术、新工艺已经把精密检测技术在生产中的作用，从过去的逐级传递量值和间接控制产品质量，推进到生产、科研和教学的第一线。

编者在收集了大量三坐标测量机用户对PC-DMIS软件使用建议的基础上，以实际的项目案例为载体，基于工学一体化的教学理念编写了本书。本书内容包括已有测量程序的DEMO零件的检测、数控铣零件的手动测量、数控铣零件的自动测量程序编写及检测、数控车零件的自动测量程序编写及检测、发动机缸体的自动测量程序编写及检测5个项目和零件图样、三坐标测量技术专业术语中英文对照、PC-DMIS软件常用快捷键功能、三坐标测量机精度指标、三坐标测量机测头半径补偿和余弦误差5个附录。项目学习内容由简单到复杂，难度逐步递进，把理论知识、实践过程与实际应用环境结合在一起，以工作过程为导向，并结合三坐标测量原理、三坐标检测方法、最新GD&T技术要求和检测技术发展的新方向、新动态，既适用于各院校相关专业教学和相关岗位职业能力培训，也适合工程技术人员学习使用。

本书由鲁储生（广州市公用事业技师学院）、张宁（海克斯康测量技术有限公司）、梁土珍（广州市机电技师学院）任主编，谢黛（广州市机电技师学院）、姜超（歌尔光学科技[青岛]有限公司）、高舢（广州市机电技师学院）任副主编，滕超（广州市机电技师学院）、陆宝钊（广州市机电技师学院）、杜旭光（海克斯康测量技术有限公司）、王维帅（机械工业教育发展中心）参与编写。本书的编写得到了机械工业教育发展中心、全国机械职业教育教学指导委员会的全程指导。海克斯康测量技术有限公司多名测量专家对本书提出了许多意见和建议，广州市机电技师学院教师为本书提供了样件数控加工技术支持，在此深表谢意！

限于编者的知识水平和经验，书中难免存在疏漏之处，恳请广大读者提出宝贵意见和建议，以便使之日臻完善。

编 者

二维码索引

名称	二维码	页码	名称	二维码	页码
1. 三坐标测量机的介绍		1	9. 零件测量		15
2. 三坐标测量机的结构		4	10. 报告查看和保存		17
3. 设备测座及传感器配置		5	11. 关机步骤		17
4. 开机前准备工作		6	12. 零件装夹与找正		24
5. 开机步骤		6	13. 校验测头		26
6. 操纵盒按键介绍		7	14. 建立零件坐标系		29
7. 校验测头		9	15. 手动测量特征		35
8. 测针的更换		10	16. 尺寸评价		41

（续）

名称	二维码	页码	名称	二维码	页码
17. 报告输出		44	27. 自动测量特征		94
18. 程序参数设定		50	28. 尺寸评价		109
19. 建立自动零件坐标系		55	29. 保存测量程序		110
20. 自动测量特征		59	30. 导入三维数模		118
21. 构造特征		68	31. 建立零件坐标系		119
22. 尺寸评价		71	32. 自动测量特征		125
23. 保存测量程序		79	33. 安全空间应用		134
24. 校验测头		88	34. 尺寸评价		136
25. 测量机温度补偿设置		90	35. 保存测量程序		147
26. 建立单轴坐标系		92			

目录

序

前言

二维码索引

项目1 已有测量程序的DEMO零件的
      检测 ………………………… 1
  1.1 学习目标 …………………………… 1
  1.2 考核要点 …………………………… 1
  1.3 项目主线 …………………………… 1
  1.4 项目描述 …………………………… 2
  1.5 项目实施 …………………………… 4
    1.5.1 测量机型号的选择 ………… 4
    1.5.2 测座及测头配置 …………… 5
    1.5.3 测量机开机 ………………… 6
    1.5.4 校验测头 …………………… 9
    1.5.5 零件检测 ………………… 15
    1.5.6 报告查看和保存 ………… 17
    1.5.7 测量机关机 ……………… 17
  1.6 项目考核 ………………………… 18
  1.7 项目总结 ………………………… 18

项目2 数控铣零件的手动测量 …… 19
  2.1 学习目标 ………………………… 19
  2.2 考核要点 ………………………… 19
  2.3 项目主线 ………………………… 19
  2.4 项目描述 ………………………… 19
  2.5 项目实施 ………………………… 22
    2.5.1 测量机型号的选择 ……… 22
    2.5.2 测座及测头配置 ………… 23
    2.5.3 零件的装夹 ……………… 24
    2.5.4 新建测量程序 …………… 26
    2.5.5 添加测头角度 …………… 26
    2.5.6 校验测头 ………………… 26
    2.5.7 建立零件坐标系 ………… 29

    2.5.8 手动测量特征 …………… 35
    2.5.9 尺寸评价 ………………… 41
    2.5.10 报告输出 ……………… 44
  2.6 项目考核 ………………………… 45
  2.7 项目总结 ………………………… 45

项目3 数控铣零件的自动测量程序
      编写及检测 ………………… 46
  3.1 学习目标 ………………………… 46
  3.2 考核要点 ………………………… 46
  3.3 项目主线 ………………………… 46
  3.4 项目描述 ………………………… 48
  3.5 项目实施 ………………………… 49
    3.5.1 设备选型及配置 ………… 49
    3.5.2 零件的装夹 ……………… 49
    3.5.3 新建测量程序 …………… 50
    3.5.4 程序参数设定 …………… 50
    3.5.5 校验测头 ………………… 51
    3.5.6 零件找正 ………………… 52
    3.5.7 建立零件坐标系 ………… 53
    3.5.8 自动测量特征 …………… 59
    3.5.9 尺寸评价 ………………… 71
    3.5.10 输出PDF报告并保存测量
        程序 …………………… 79
  3.6 项目考核 ………………………… 80
  3.7 项目总结 ………………………… 80

项目4 数控车零件的自动测量程序
      编写及检测 ………………… 81
  4.1 学习目标 ………………………… 81
  4.2 考核要点 ………………………… 81
  4.3 项目主线 ………………………… 81
  4.4 项目描述 ………………………… 81
  4.5 项目实施 ………………………… 84

4.5.1 设备选型及配置 ……………… 84

4.5.2 星形测针的安装 ……………… 84

4.5.3 零件的装夹 …………………… 86

4.5.4 新建测量程序 …………………… 88

4.5.5 程序参数设置 …………………… 88

4.5.6 校验测头 ……………………… 88

4.5.7 测量机温度补偿设置 ………… 90

4.5.8 建立单轴坐标系 ……………… 92

4.5.9 自动测量特征 ………………… 94

4.5.10 尺寸评价 ……………………… 105

4.5.11 输出 PDF 报告并保存测量
程序 …………………………… 110

4.6 项目考核 ………………………… 111

4.7 项目总结 ………………………… 111

项目 5 发动机缸体的自动测量程序
编写及检测 …………………… 112

5.1 学习目标 ………………………… 112

5.2 考核要点 ………………………… 112

5.3 项目主线 ………………………… 112

5.4 项目描述 ………………………… 112

5.5 项目实施 ………………………… 115

5.5.1 测量机型号的选择 …………… 115

5.5.2 测座及测头配置 ……………… 115

5.5.3 零件的装夹 …………………… 116

5.5.4 新建测量程序 ………………… 117

5.5.5 程序参数设定 ………………… 117

5.5.6 校验测头 ……………………… 117

5.5.7 导入三维数模 ………………… 118

5.5.8 建立零件坐标系 ……………… 119

5.5.9 自动测量特征 ………………… 125

5.5.10 启用安全空间（Clearance Cube）
合理避让 …………………… 134

5.5.11 尺寸评价 ……………………… 136

5.5.12 产品复检及超差尺寸抽检 …… 146

5.5.13 输出 PDF 报告并保存测量
程序 …………………………… 147

5.6 项目考核 ………………………… 148

5.7 项目总结 ………………………… 148

附录 …………………………………… 149

附录 A 零件图样 …………………… 149

附录 B 三坐标测量技术专业术语中英文
对照 ………………………… 154

附录 C PC-DMIS 软件常用快捷键功能 … 159

附录 D 三坐标测量机精度指标 …… 162

附录 E 三坐标测量机测头半径补偿和
余弦误差 …………………… 163

参考文献 ……………………………… 165

精密检测技术工作页

项目1　已有测量程序的DEMO零件的检测

1.1　学习目标

1. 三坐标测量机的介绍

通过本项目的学习，学生应达到以下基本要求。

1. 能规范完成三坐标测量机的开机和关机。
2. 能够正确使用三坐标测量机的操纵盒。
3. 能够正确打开和关闭 PC-DMIS 测量软件，并且熟悉测量软件界面。
4. 能够正确完成三坐标测量机测头的配置和校验。
5. 能够正确装夹零件。
6. 能够运行已有测量程序，完成零件的检测。
7. 能够查看测量报告并保存。
8. 能够严格执行操作规程、现场管理规定和"6S"管理规定，注重培养质量和成本意识、规范/公正/严谨/细致等良好的职业素养、劳动精神以及工匠精神。
9. 能够与班组长等相关人员进行有效沟通与合作，理解有效沟通和团队合作的重要性。

1.2　考核要点

在已有测量程序的前提下，完成零件的检测，并输出检测报告。

1.3　项目主线

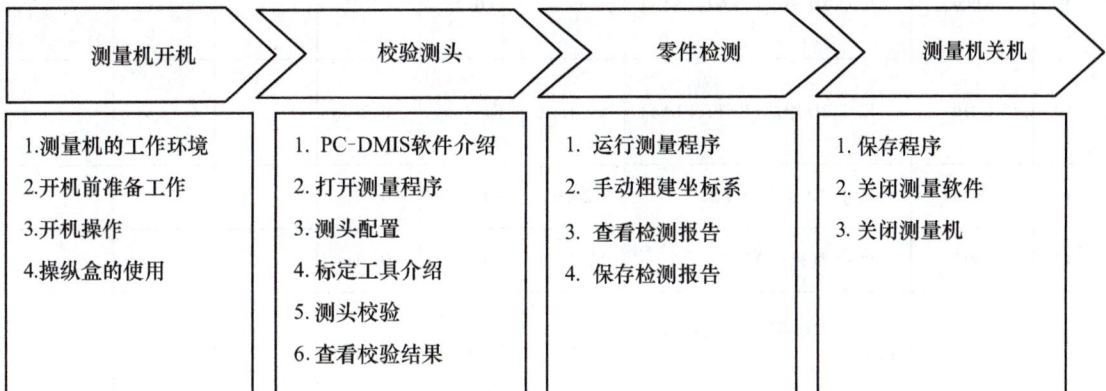

测量机开机	校验测头	零件检测	测量机关机
1.测量机的工作环境 2.开机前准备工作 3.开机操作 4.操纵盒的使用	1. PC-DMIS软件介绍 2.打开测量程序 3.测头配置 4.标定工具介绍 5.测头校验 6.查看校验结果	1. 运行测量程序 2. 手动粗建坐标系 3. 查看检测报告 4. 保存检测报告	1.保存程序 2.关闭测量软件 3.关闭测量机

1.4 项目描述

某测量室接到生产部门的零件检测任务，零件图样如图 1-1 所示，目标尺寸检测见表 1-1，该零件为批量加工件，已有测量程序（Hexagon Demo_1.prg），要求检测零件是否合格。

1）完成尺寸检测表中尺寸项目的检测。

2）给出检测报告，检测报告输出项目包括尺寸名称、实测值、偏差值、超差值，格式为 PDF。

3）测量任务结束后，检测人员打印报告并签字确认。

表 1-1 尺寸检测

序号	尺寸	描述	理论值	上极限偏差	下极限偏差	实测值	偏差值	超差值
1	D001	尺寸 2D 距离(PLN4)	239mm	+0.3mm	−0.3mm			
2	DF002	尺寸 直径(CYL_D2)	60.5mm	+0.1mm	−0.1mm			
3	P003	FCF 位置度 *4(CYL_D2)	0mm	+0.3mm	0mm			
4	PE004	FCF 垂直度(CYL_D2)	0mm	+0.2mm	0mm			
5	CY005	FCF 圆柱度(CYL_D2)	0mm	+0.1mm	0mm			
6	D006	尺寸 直径(CYL_D6)	44mm	+0.3mm	−0.3mm			
7	C0007	FCF 同轴度(CYL_D2)	0mm	+0.3mm	0mm			
8	D008	尺寸 2D 距离(CYL3)	10mm	+0.3mm	−0.3mm			
9	A009	尺寸 2D 角度(PLN1,CYL3)	45°	+0.2°	−0.2°			
10	D010	尺寸 2D 距离(PNT1,PLN4)	59.1mm	+0.3mm	−0.3mm			
11	D011	尺寸 2D 距离(CYL1)	124mm	+0.3mm	−0.3mm			
12	D012	尺寸 直径(CYL1)	12.7mm	+0.3mm	−0.3mm			
13	D013	尺寸 2D 距离(CYL_L1, PLN1)	15mm	+0.3mm	−0.3mm			

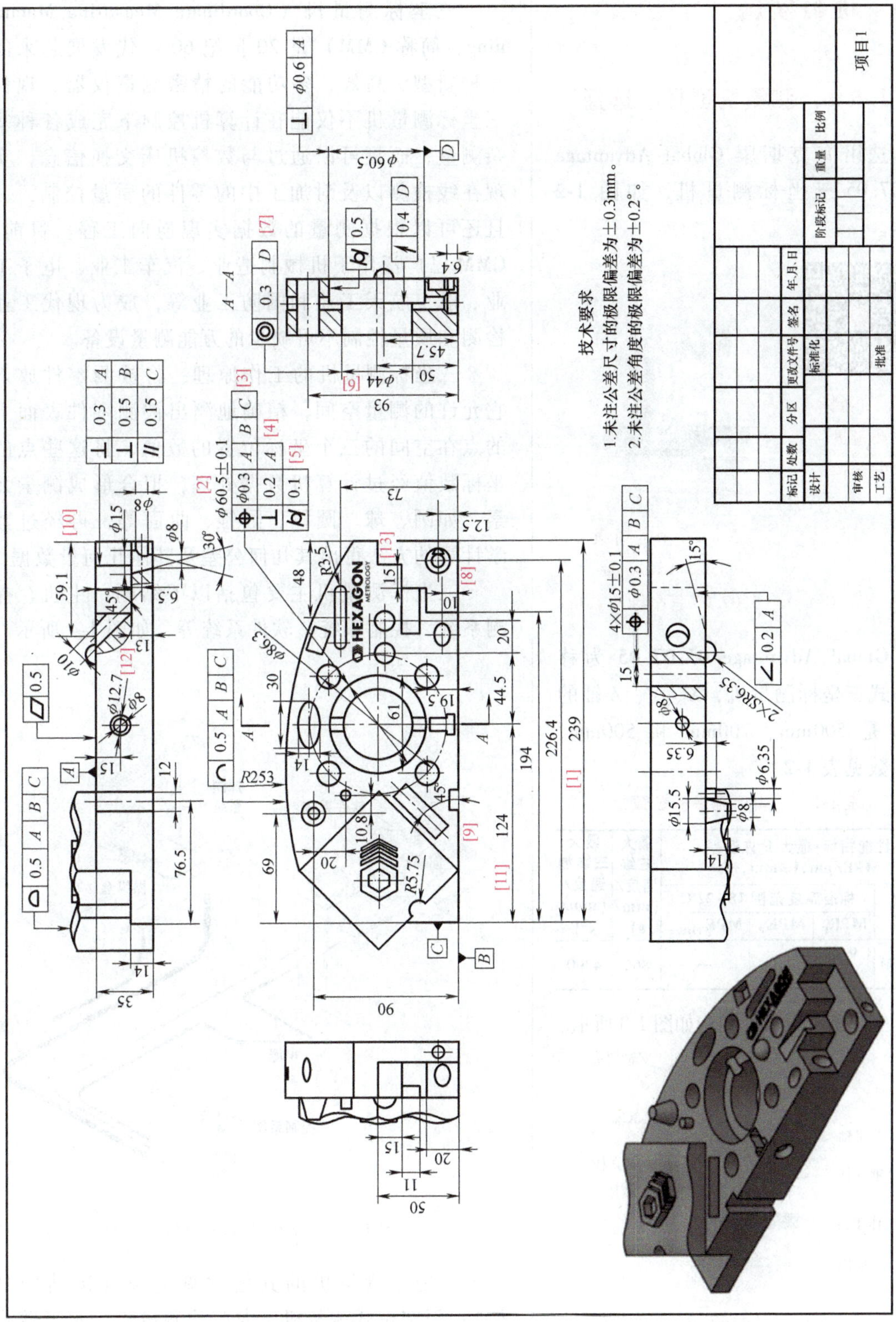

图 1-1 零件图样

1.5 项目实施

1.5.1 测量机型号的选择

选用海克斯康 Global Advantage 05.07.05 三坐标测量机，如图 1-2 所示。

2. 三坐标测量机的结构

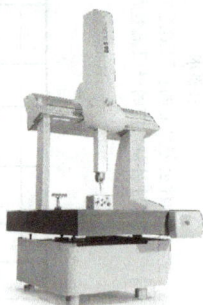

图 1-2 海克斯康 Global Advantage 05.07.05 三坐标测量机

Global Advantage 05.07.05 为移动桥式三坐标测量机，X、Y、Z 轴的行程是 500mm、700mm 和 500mm，其参数见表 1-2。

表 1-2 三坐标测量机参数

性能指标：最大允许误差 MPE/μm，L/mm，τ/s				最大三维速度/(mm/s)	最大三维加速度/(mm/s²)
测头配置	标准温度范围 18~22℃				
	MPE$_E$	MPE$_P$	MPE$_{THP/\tau}$		
HP-TM	1.9+3L/1000	2.0	—	866	4300

三坐标测量机的结构如图 1-3 所示。

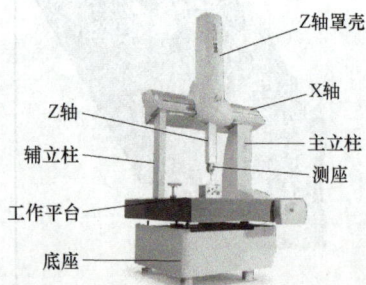

图 1-3 Global Advantage 05.07.05 三坐标测量机的结构

测量机介绍

三坐标测量机（Coordinate Measuring Machining，简称 CMM）是 20 世纪 60 年代发展起来的一种新型、高效、多功能的精密测量仪器。现代三坐标测量机不仅能在计算机控制下完成各种复杂测量，而且可以通过与数控机床交换信息，实现在线检测以及对加工中的零件的质量控制，并且还可以根据测量的数据实现逆向工程。目前，CMM 已广泛用于机械制造业、汽车工业、电子工业、航空航天工业和国防工业等，成为现代工业检测和质量控制不可缺少的万能测量设备。

三坐标测量机的工作原理：将被测零件放入它允许的测量空间，精确地测出被测零件表面上的点在空间的三个坐标位置的数值，将这些点的坐标数值经过计算机数据处理，拟合形成测量元素，如圆、球、圆柱、圆锥、曲面等，再经过数学计算的方法得出其几何公差及其他几何量数据。

三坐标测量机主要包括以下结构：主机、探测系统、控制系统、软件系统等，如图 1-4 所示。

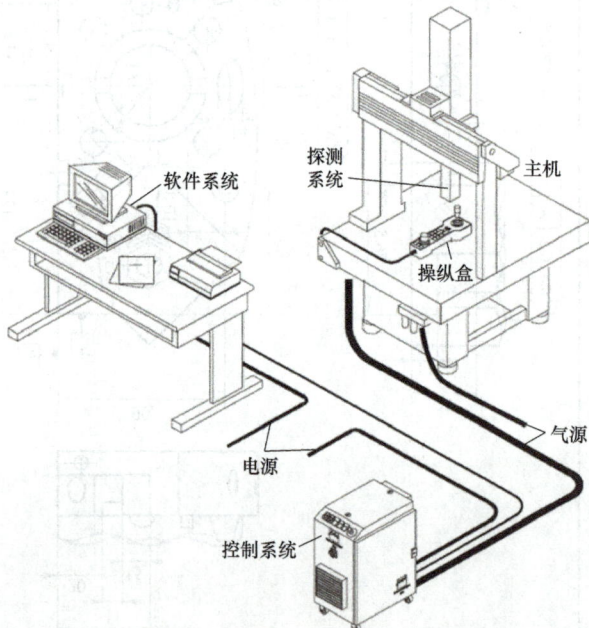

图 1-4 三坐标测量机的结构组成

三坐标测量机的其他常见类型（按结构分类）：固定桥式测量机、龙门式测量机、水平臂式测量机、关节臂式测量机，如图 1-5 所示。

a) 固定桥式测量机　　b) 龙门式测量机

c) 水平臂式测量机　　d) 关节臂式测量机

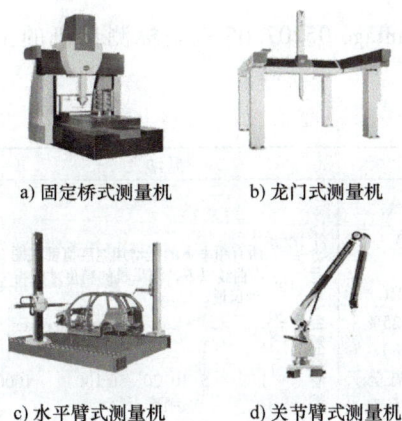

图 1-5　三坐标测量机的其他常见类型

1.5.2　测座及测头配置

选用 HH-A-T5 自动旋转分度测座，如图 1-6 所示。

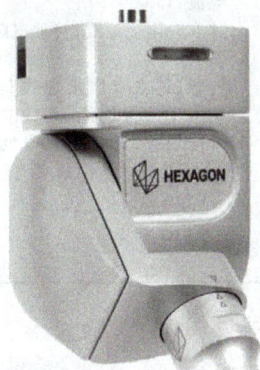

图 1-6　HH-A-T5 测座

HP-TM 是带吸盘的模块化五方向触发式测头，选用标测力黄色测头，如图 1-7 所示。

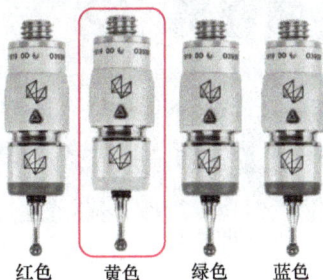

红色　　黄色　　绿色　　蓝色

图 1-7　HP-TM 触发式测头

知识链接

如图 1-8 所示，测座可分为固定式测座和旋转式测座。

1）固定式测座。测座不能够旋转，可以消除旋转定位重复性误差，通常应用于高精度的测量机。

2）旋转式测座。分为自动旋转测座和手动旋转测座，可以灵活配置测头角度。

3. 设备测座及传感器配置

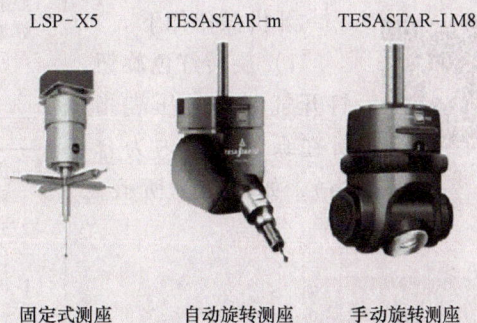

LSP-X5　　TESASTAR-m　　TESASTAR-I M8

固定式测座　　自动旋转测座　　手动旋转测座

图 1-8　测座的分类

测头是采集测量信息的组件。测量方式可分为接触式触发测量、接触式连续扫描测量和非接触式光学测量，对应测头如图 1-9 所示。

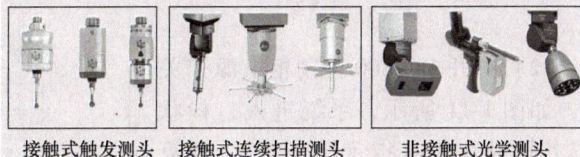

接触式触发测头　　接触式连续扫描测头　　非接触式光学测头

图 1-9　测头的分类

1

PROJECT

1.5.3　测量机开机

4. 开机前准备工作

开机前准备工作如下。

1）检查机器的外观及机器导轨是否有障碍物。

2）对导轨及工作台进行清洁。

3）检测温度、湿度、气压、配电等条件是否符合要求。

开机操作如下。

5. 开机步骤

1）旋转红色旋钮打开气源（气压表指针在绿色区间内为合格），如图1-10所示。

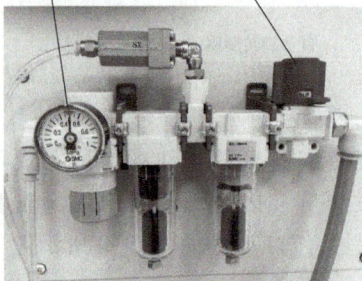

图1-10　打开气源

2）打开DC 800控制柜电源开关1，如图1-11所示，系统进入自检状态（操纵盒所有指示灯全亮），计算机开机。

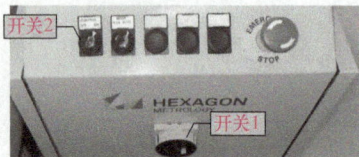

图1-11　打开DC 800控制柜电源开关

测量机的工作条件

Global Advantage 05.07.05 三坐标测量机的工作条件见表1-3。

表1-3　测量机的工作条件

温/湿度	振动
温度范围：(20±2)℃ 温度时间梯度：≤1℃/h & ≤2℃/24h 温度空间梯度：≤1℃/m 空气相对湿度：25%~75%（推荐40%~60%） 注意：测量机空调全天24h开放，不应受到太阳光照射，不应靠近暖气，不应靠近进、出通道，推荐根据房间大小使用相应功率的变频空调	 如果机床周围有大的振源，需要根据减振地基图样准备地基或配置主动减振设备
气源	电源
供气压力：>0.5MPa 耗气量：>150NL/min = 2.5dm³/s (NL：标准升，代表在20℃、1个大气压下的1L) 含水：<6g/m³ 含油：<5mg/m³ 微粒大小：<40μm 微粒浓度：<10mg/m³ 气源的出口温度：(20±4)℃ 推荐使用空气压缩机+前置过滤+冷冻干燥机+二级过滤	电压：交流220V×(1+10%) 电流：15A 独立专用接地线：接地电阻≤4Ω 注意：独立专用接地线是指非供电网络中的接地线，是独立专用的安全接地线，以避免供电网络中的干扰与影响，建议配置稳压电源或UPS

不同类型控制柜开关所处的位置（图1-12）

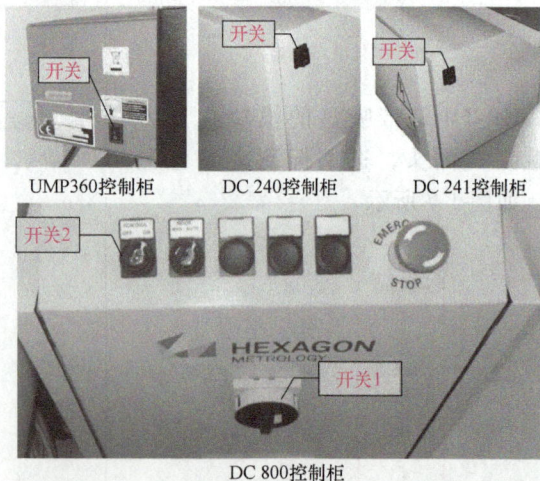

UMP360控制柜　　DC 240控制柜　　DC 241控制柜

DC 800控制柜

图1-12　控制柜开关位置

1 PROJECT

3）系统自检完毕（操纵盒部分指示灯灭）后，长按操纵盒上的加电按钮（图1-13）2s，给驱动部分加电。

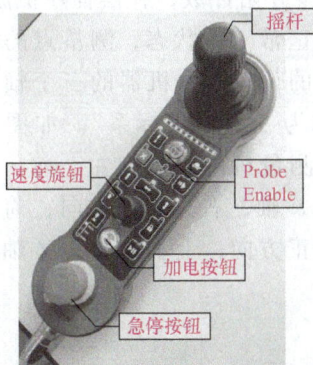

图1-13　通过操纵盒给驱动部分加电

4）启动 PC-DMIS 软件，测量机进入回零（回家）过程；使用管理员权限打开软件，如图1-14所示。

图1-14　打开软件

5）选择当前的默认测头文件，如当前未配置测头，则选择"未连接测头"，如图1-15所示。

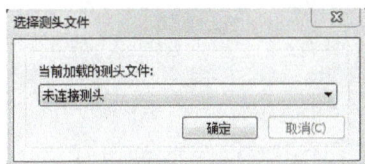

图1-15　选择测头文件

操纵盒介绍

海克斯康 NJB 操纵盒如图1-13和图1-16所示，各功能键介绍如下。

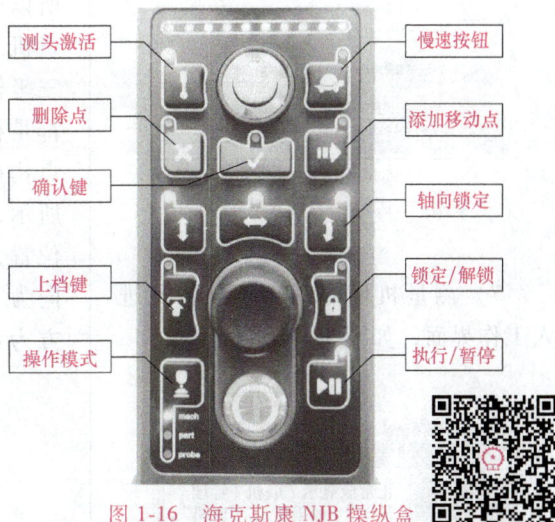

图1-16　海克斯康 NJB 操纵盒

6. 操纵盒按键介绍

摇杆+Probe Enable：手动驱动三坐标测量机进行沿 X、Y、Z 轴方向的移动。

速度旋钮：用来控制三坐标测量机的运行速度。

加电按钮：启动控制柜，完成自检后需要按此按钮给驱动部分加电。

急停按钮：在三坐标测量机测量过程中，将要发生碰撞等事故时，可按下此按钮。

测头激活：灯亮表示测头处于激活状态，测量过程中应保持长亮。

慢速按钮：灯亮表示测量机进入慢速移动状态（仅手动模式有效）。

删除点：用于手动测量误采点后删除该点。

添加移动点：在三坐标测量机自动测量编程过程中手动添加移动点。

轴向锁定：手动驱动三坐标测量机按照指定轴向移动（灯亮表示三坐标测量机可沿目标轴移动）。

锁定/解锁：通过该按钮取放测头吸盘。

上档键：特定机型（配置 CW43 测座）可使用，用于旋转角度。

操作模式：在三坐标测量机手动测量过程中进行 mach/part/probe 三个模式的切换。

执行/暂停：灯亮表示三坐标测量机处于执行状态。

6）单击"确定"按钮，测量机自动回到零点，如图1-17所示。

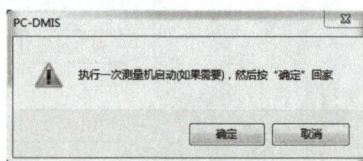

图1-17 测量机回零

7）测量机回零后，PC-DMIS进入工作界面，如图1-18所示。

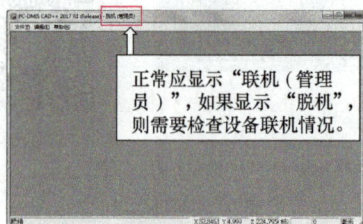

正常应显示"联机（管理员）"，如果显示"脱机"，则需要检查设备联机情况。

图1-18 PC-DMIS工作界面

三坐标测量机的机器坐标系及原点介绍

三坐标测量机使用的光栅尺一般都是相对光栅，需要一个其他信号（零位信号）确定零位，所以开机时必须执行回零操作，回零后三坐标测量机三轴光栅都从零开始计数，补偿程序被激活，三坐标测量机处于正常工作状态，测量点的坐标都是相对机器零点的位置，由机器的三个轴和零点构成的坐标系称为"机器坐标系"。如图1-19所示，一般三坐标测量机的原点在左、前、上方位置，左右方向为X轴，右方为正方向；前后方向为Y轴，后方为正方向；上下方向为Z轴，上方为正方向。

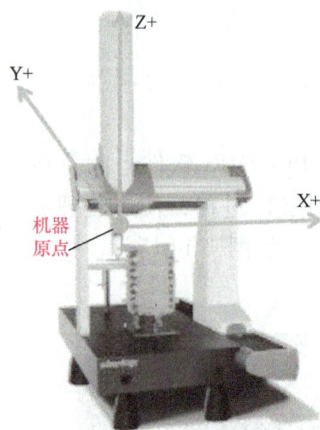

图1-19 机器坐标系及原点

1 PROJECT

1.5.4 校验测头

1）打开 DEMO 零件的测量程序（Hexagon Demo_1.prg），如图 1-20 所示，了解编程时的测头的配置，按照此配置定义并校验测头。

7. 校验测头

图 1-20 打开测量程序

2）将指针置于"加载测头"处，如图 1-21 所示，按<F9>键（或右击选择"编辑"），弹出"测头工具框"对话框。

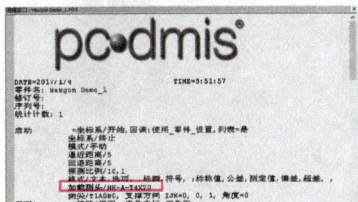

图 1-21 加载测头

3）如图 1-22 所示，配置测头文件：在"测头文件"文本框中输入测头文件名（格式可以为"名字缩写_测针型号"，如 ZN_3X40）；然后在"测头说明"下拉框中选择测头文件信息。

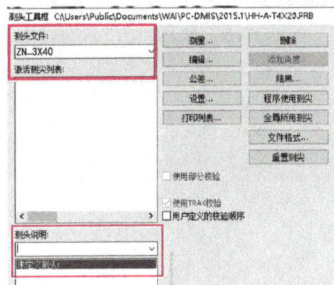

图 1-22 配置测头文件

测头校验流程（图 1-23）

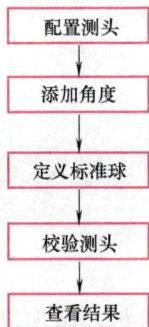

图 1-23 测头校验流程

知识链接

编程人员应将编程时的测头配置保存并存档（照片），在测量程序中做好备注，最好的方法是保存测头文件（.prb 格式），以便操作人员测量零件时能够得到相关的测头配置信息。保存的测头配置信息应包含测座、测头、转接、加长杆、测针、所使用的角度等。

操作人员在使用新的测量程序时，首先要了解该程序的测头配置信息，并按照该信息配置测头，否则有可能导致测针干涉，甚至碰撞。当所使用的测头与编程时使用的测头不一致时，要尽量保证与编程时配置的测针长度相近，并在第一次运行时进行程序调试。

选择测针和加长杆时要考虑测头的加长能力和承载能力，HP-TM 测头的参数见表 1-4。

表 1-4 HP-TM 测头的参数

测头名称 （数据基于 8mm/s 速度测试）	低测力	标测力	中测力	高测力
颜色	红	黄	绿	蓝
选用依据	橡胶等非金属表面需要低测力，细测针需要低测力	大多数情况适用	比标测力要求大，测针较长的场合	大测针或容易误触发机器的场合
推荐使用配置和设置	触测距离≥0.8μm；触测速度≤8mm/s			
最大允许不锈钢和碳化钨测针长度	30mm	30mm	60mm	60mm
最大允许碳纤维测针长度	30mm	50mm	60mm	60mm
最大允许星形测针长度	不能接	20mm	20mm	20mm

测头配置完成后如图 1-24 所示。

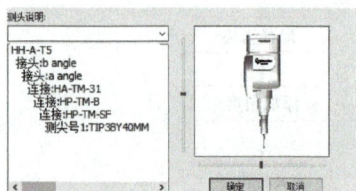

图 1-24 测头配置完成

4）如图 1-25 所示，添加测头角度：配置好测头后，会自动添加角度 A0 B0，本程序还需要添加角度 A90 B180，A45 B90。

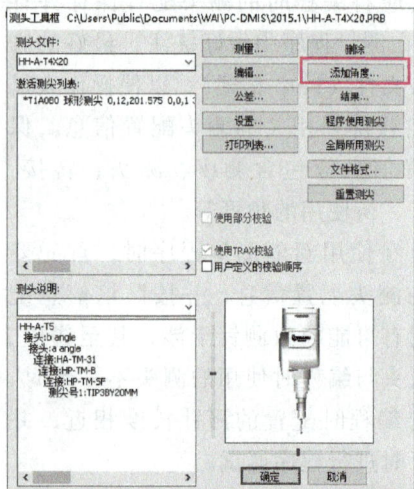

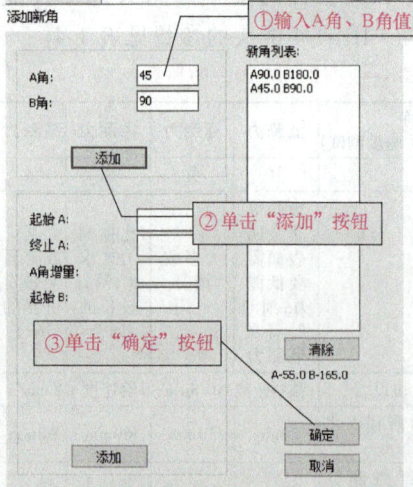

图 1-25 添加测头角度

HH-A-T5 测座测头组件（图 1-26）

Z轴

测座HH-A-T5

8. 测针的更换

转接HA-TM-31

传感器HP-TM-B

标测力吸盘HP-TM-SF

测针TIP3BY40

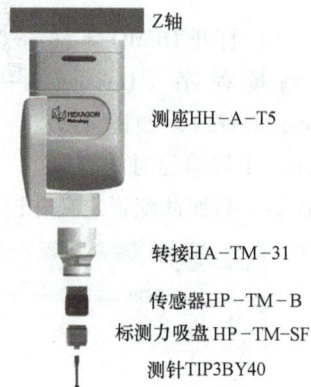

图 1-26 HH-A-T5 测座测头组件

HH-A-T5 测座测头角度范围和分度（图 1-27）

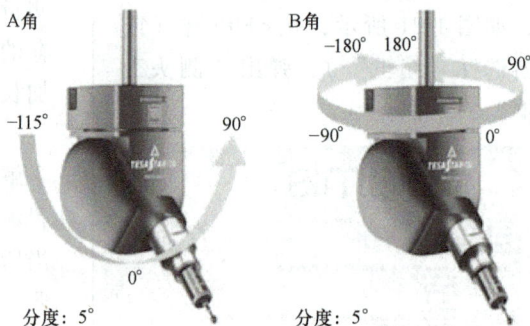

A角

B角

−115°

90°

0°

−180° 180°

90°

−90°

0°

分度：5°

分度：5°

图 1-27 HH-A-T5 测座测头角度范围和分度

5）把校验用标准器（标准球）固定到机器上，如图 1-28 所示，保证标准球的稳固和清洁，同时检查测头各连接部分的稳定以及红宝石球的清洁。

图 1-28 固定标准器

6）如图 1-29 所示，单击"测量"按钮，弹出"校验测头"对话框，参数设置如图 1-30 所示。

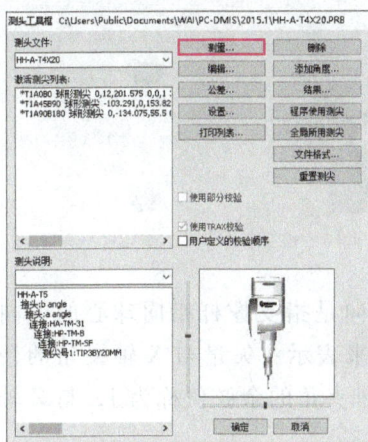

图 1-29 "测头工具框"对话框

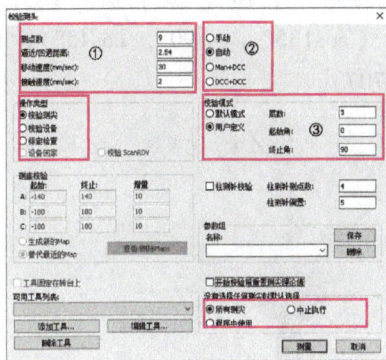

图 1-30 "校验测头"参数设置

未校验角度的星号标识（图 1-31）

图 1-31 未校验角度的星号标识

标准球介绍

标准球一般都会随测量机配置，是高精度的标准器，在使用过程中要注意保护。测头校验的结果对测量精度影响很大，要保证测量精度，标准球需要定期校准。

1）如图 1-32 所示，校验测头设置的参数含义如下。

测点数：校验测头时每个角度测量标准球的采点数。

逼近/回退距离：规定探测系统开始减速时与零件间的距离。

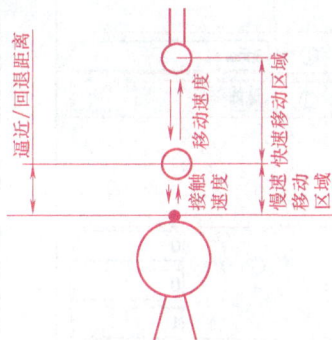

图 1-32 参数含义

设置完毕后，单击"确定"按钮，返回"校验测头"对话框。

移动速度：探测系统与零件间距离大于"逼近/回退距离"时的常规移动速度。

接触速度：探测系统与零件间距离小于"逼近/回退距离"时的触测移动速度。

2）校验方式：一般采用"自动"方式。

3）校验模式：测量点在标准球上的分布，一般应采用"用户定义"，层数应选择 3 层；"起始角"和"终止角"可以根据情况选择，如图 1-35 所示，一般球形和柱形测针采用 0°~90°。对于特殊测针（如盘形测针），校验时起始角、终止角要进行必要的调整。

7）如图 1-33 所示，单击"添加工具"按钮，弹出"添加工具"对话框，进行标准球参数设置，如图 1-34 所示。如果已有定义好的标准球，可以在下拉框中直接选择。

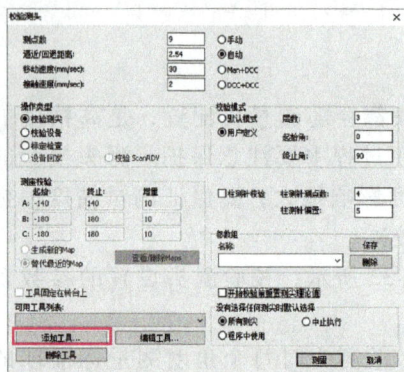

图 1-33 "校验测头"对话框

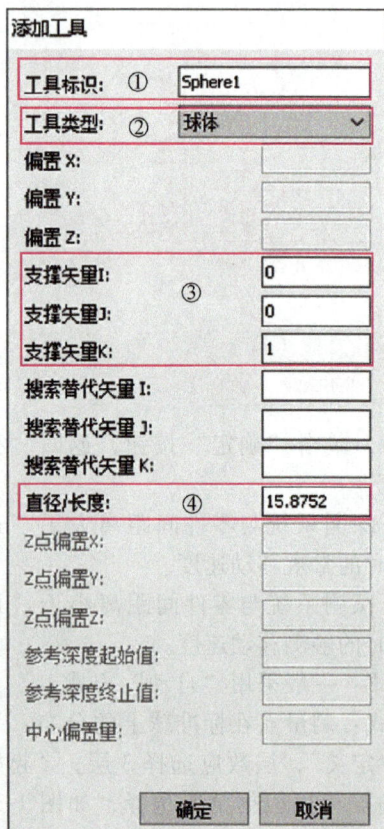

图 1-34 标准球参数设置

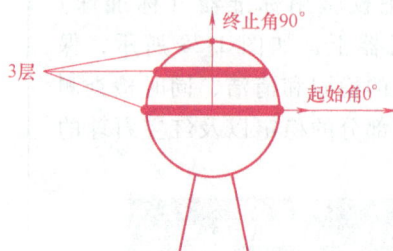

图 1-35 校验模式

标准球参数含义

1）工具标识：不能使用"！@＃＄％^＆＊（）－＋＝\"等特殊字符，建议使用英文字母。

2）工具类型：一般选择"球体"。

3）支撑矢量：标准球固定在机器上，为了避免校验测头时测针与支撑杆干涉，需要告知标准球的方向，如图 1-36 所示。

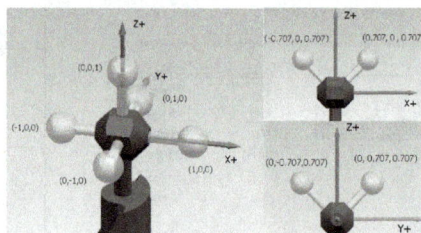

图 1-36 支撑矢量

标准球的方向是指支撑杆指向球心的方向矢量，用 I、J、K 来表示：矢量与 X 轴夹角的余弦值称为 I，与 Y 轴夹角的余弦值称为 J，与 Z 轴夹角的余弦值称为 K。

如图 1-37 所示，此标准球支撑方向与 X、Y、Z 轴的夹角分别为 135°、90°、45°，所以其矢量（I，J，K）为（cos135°，cos90°，cos45°），即（-0.707，0，0.707）。

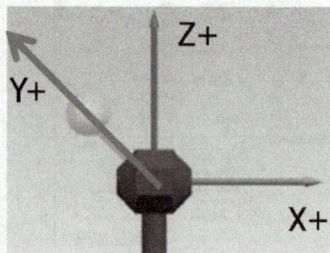

图 1-37 标准球支撑方向

8）进行校验设置，单击"测量"→"是-手动采点定位工具（M）"→"确定"按钮，如图1-38所示。

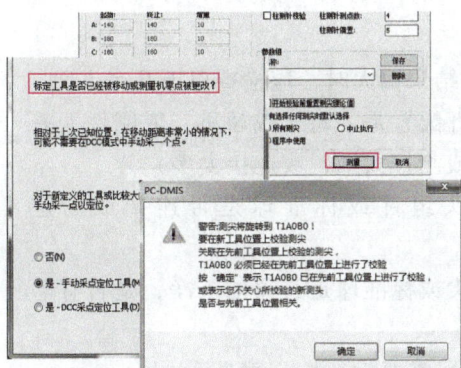

图1-38 校验设置

弹出采点"执行"提示框，如图1-39所示。

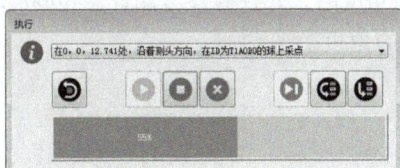

图1-39 采点"执行"提示框

如图1-40所示，当提示框显示采点结束时，按一下操纵盒上的"确认"键。

图1-40 采点结束提示

机器自动运行，按顺序校验所有角度，校验完成后，"激活测尖列表"中的星号消失。

4）直径/长度：在标准球（或其他标准器）的说明书上有标定直径（长度），定期校准后，要输入新的校准值。

"标定工具是否已经被移动或测量机零点被更改？"提示说明

1）如果是第一次校验，需要选择"是-手动采点定位工具"。

2）如果是重新校验测头，且标准球没有移动，则需要选择"否"，自动测量。

3）如果是重新校验测头，且标准球移动过，则需要先校验参考测针（A0B0），并且选择"是-手动采点定位工具"。

海克斯康NJB操纵盒采点定位操作

如图1-41所示，手动操作时，必须先按亮"慢速按钮"，然后按住"Probe Enable"键，操作"摇杆"，控制X轴方向的左右移动、Y轴方向的前后移动、Z轴方向的旋转。

移动时应速度均匀，快接触采点位置时，速度更要变慢。听到采点提示音时，采点结束，将测针反方向移开。

如果采点错误，可按"删除点"键删除，并重新采点。

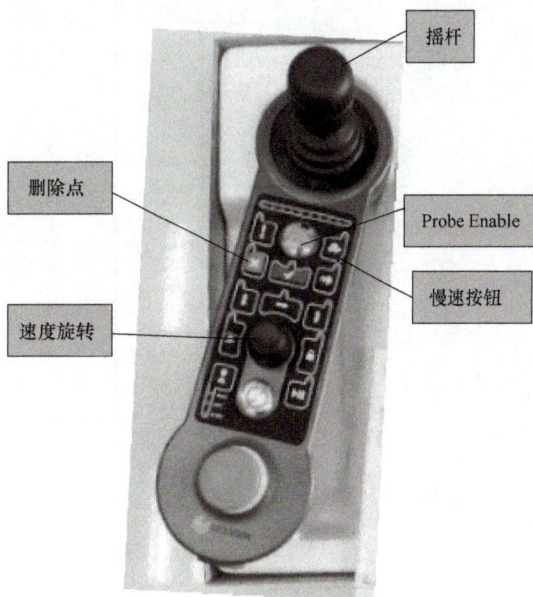

图1-41 海克斯康NJB操纵盒

1
PROJECT

9）单击"结果"按钮，查看校验结果，如图1-42所示。

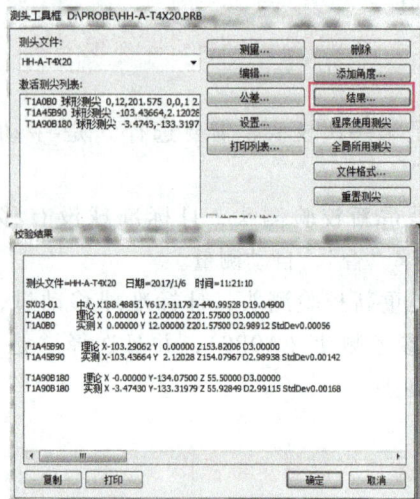

图1-42 校验结果

校验结果

"StdDev"是校验结果的标准差，这个误差越小越好，一般小于0.002mm。

知识链接

当校验结果偏大时，应检查以下几个方面。

1）测针配置是否超长或超重，或刚性太差（测力太大或测杆太细，或连接太多）。

2）测头组件或标准球是否连接或固定牢固。

3）测尖或标准球是否清洁干净，是否有磨损或破损。

以下情况需要重新校验测头。

1）测量系统发生碰撞，使用的测针角度需要全部校验。

2）测头部分更换测针或重新旋紧时，测针角度需要全部校验。

3）增加新角度时，先校验参考测针"A0B0"，再校验新添加的角度。

1.5.5　零件检测

（1）检测前准备工作

9. 零件测量

1）零件恒温处理。在检测前需要在恒温间对零件做恒温处理。

2）零件清洁。可使用无纺布沾无水酒精擦拭零件，如果有螺纹孔需要检测，可使用细毛刷做进一步处理。

（2）零件装夹　将标准球从测量机上卸下，根据编程时的夹具设置进行零件装夹，夹具的位置最好与编程时的设置一致，避免运行中发生碰撞。零件尽量放在机器的中间位置，并进行粗略找正。装夹时应保证零件稳固，但不能使之变形，如图1-43所示。为了安全，本项目中装夹零件前请将标准球从测量机上卸下。实际应用中，如果确定标准球不会干涉零件的测量，可以将标准球固定在某一位置，以提高工作效率。

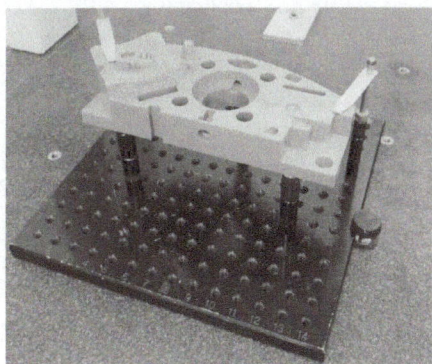

图1-43　零件装夹

待测零件的处理

加工留下的切屑、切削液和机油对测量精度有影响，如果这些切屑和油污黏附在测针的红宝石球上，会影响测量机的性能和精度。在测量机开始工作之前和完成工作之后，应分别对零件进行必要的清洁和保养（通常可使用无水酒精和无纺布擦拭零件），避免将不必要的误差带入到测量结果中。

零件找正

装夹时要进行零件的找正，要求零件与三坐标测量机机器坐标系轴线保证垂直或平行关系，避免测针的干涉，如图1-44所示（本例简单找正，找正方法详见项目2）。

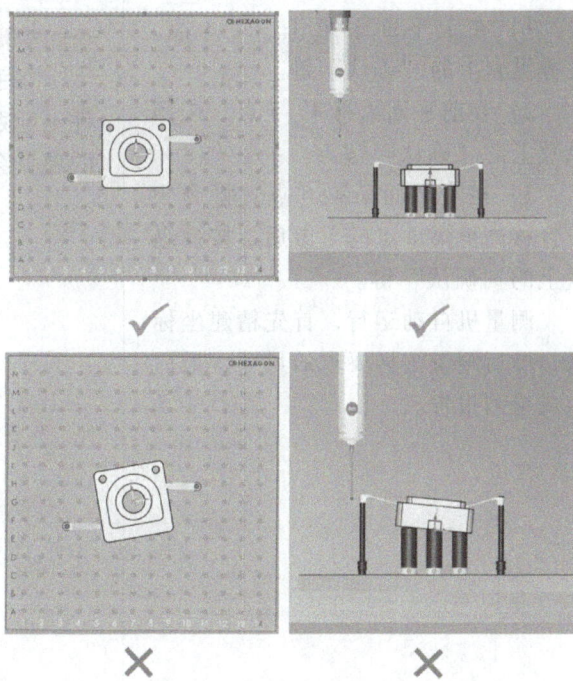

图1-44　零件找正

（3）粗建零件坐标系　定位零件在测量机上的位置。使用组合键 <Ctrl+Q> 或单击"文件"→"执行运行测量程序"按钮，根据软件提示，按照图 1-45 所示位置采点。

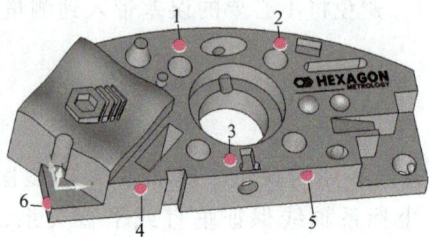

图 1-45　采点位置

1）在上平面采第 1、2、3 点，按操纵盒上的"确认"键。

2）在前平面采第 4、5 点，按操纵盒上的"确认"键。

3）在左平面采第 6 点，将测头位置移高至第 1 点的上方后，按操纵盒上的"确认"键。

测量机自动运行，首先精建坐标系，然后测量图样要求的尺寸，最后生成检测报告。

建立完成的零件坐标系（图 1-46）

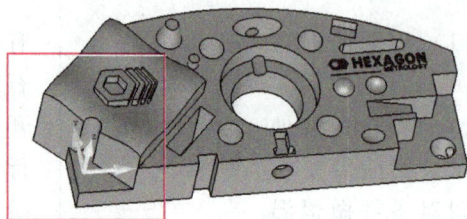

图 1-46　零件坐标系

手动建立坐标系的目的

手动建立坐标系是为了确定零件的位置，为后面程序自动运行做准备，所以通常会取最少的测量点数，又称粗建坐标系。

自动精建坐标系的目的

在手动建立坐标系之后，还需要自动建立零件坐标系，用来进行自动检测和尺寸测量。后面的项目会详细介绍自动建立坐标系的方法。

1

PROJECT

1.5.6　报告查看和保存

单击"视图"→"报告窗口",打开报告窗口查看报告,如图1-47所示。

10. 报告查看和保存

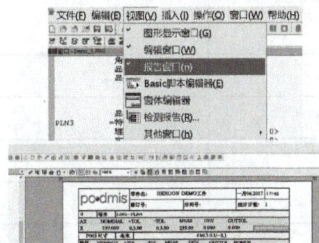

图1-47　查看报告

单击"打印报告"按钮,保存报告,如图1-48所示。

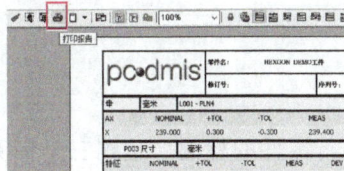

图1-48　保存报告

选择路径并保存,如图1-49所示。

图1-49　选择路径并保存

1.5.7　测量机关机

三坐标测量机关机操作如下:

1)首先将测头移动到安全的位置和高度(避免造成意外碰撞)。

11. 关机步骤

2)退出PC-DMIS软件,关闭控制系统电源和测座控制器电源。

3)关闭计算机,关闭气源。

检测报告的识读（图1-50）

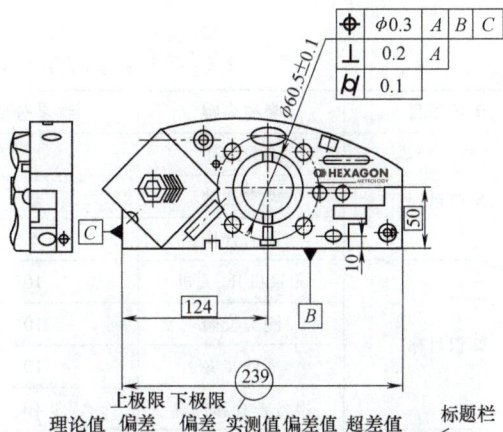

上极限　下极限
理论值　偏差　偏差　实测值偏差值　超差值　标题栏

图1-50　检测报告

三坐标测量机关机后测头推荐位置（图1-51）

注意:测头位置及测座指向。

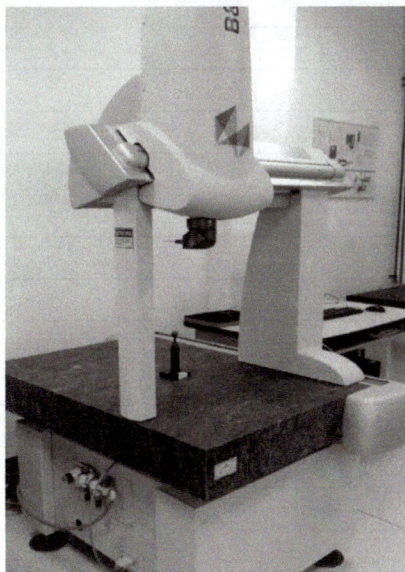

图1-51　关机位置

17

1.6 项目考核（表 1-5）

表 1-5 已有测量程序的 DEMO 零件的检测考核表

考核项目	考核内容	参考分值	考核结果	考核人
素质目标	遵守纪律	5		
	课堂互动	10		
	团队合作	5		
知识目标	测量机开、关机	10		
	测头校验	10		
	零件装夹	10		
	报告查看和保存	10		
能力目标	测针的选用	10		
	坐标系的建立	10		
	零件的检测	20		
小计		100		

1.7 项目总结

通过对本项目的学习，应能够运行已有的测量程序，进行零件的检测，达到三坐标测量机操作的入门级能力要求。后续项目将介绍测量程序的编写方法。

1

PROJECT

项目2 数控铣零件的手动测量

2.1 学习目标

通过本项目的学习，学生应达到以下基本要求。
1）能够完成多角度测针的校验。
2）能够根据零件测量要求使用"3-2-1"法建立零件坐标系。
3）能够操作三坐标测量机手动测量零件。
4）能够叙述工作平面的意义及选用。
5）能够完成"距离"的评价。
6）能够正确设置检测报告的输出。
7）能够严格执行操作规程、现场管理规定和"6S"管理规定，注重培养质量和成本意识、规范/公正/严谨/细致等良好的职业素养、劳动精神以及工匠精神。
8）能够与班组长等相关人员进行有效沟通与合作，理解有效沟通和团队合作的重要性。

2.2 考核要点

根据数控铣零件检测图样，以手动测量的方式完成尺寸检测表中尺寸的检测，并输出检测报告。

2.3 项目主线

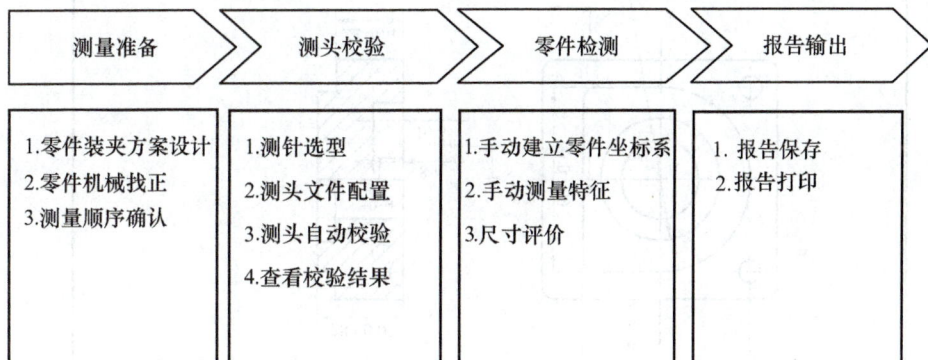

2.4 项目描述

某测量室接到生产部门的零件检测任务，零件图样如图 2-1 所示，测量特征布局图如图 2-2 所示，等轴测图如图 2-3 所示，目标检测尺寸见表 2-1，要求检测零件是否合格。

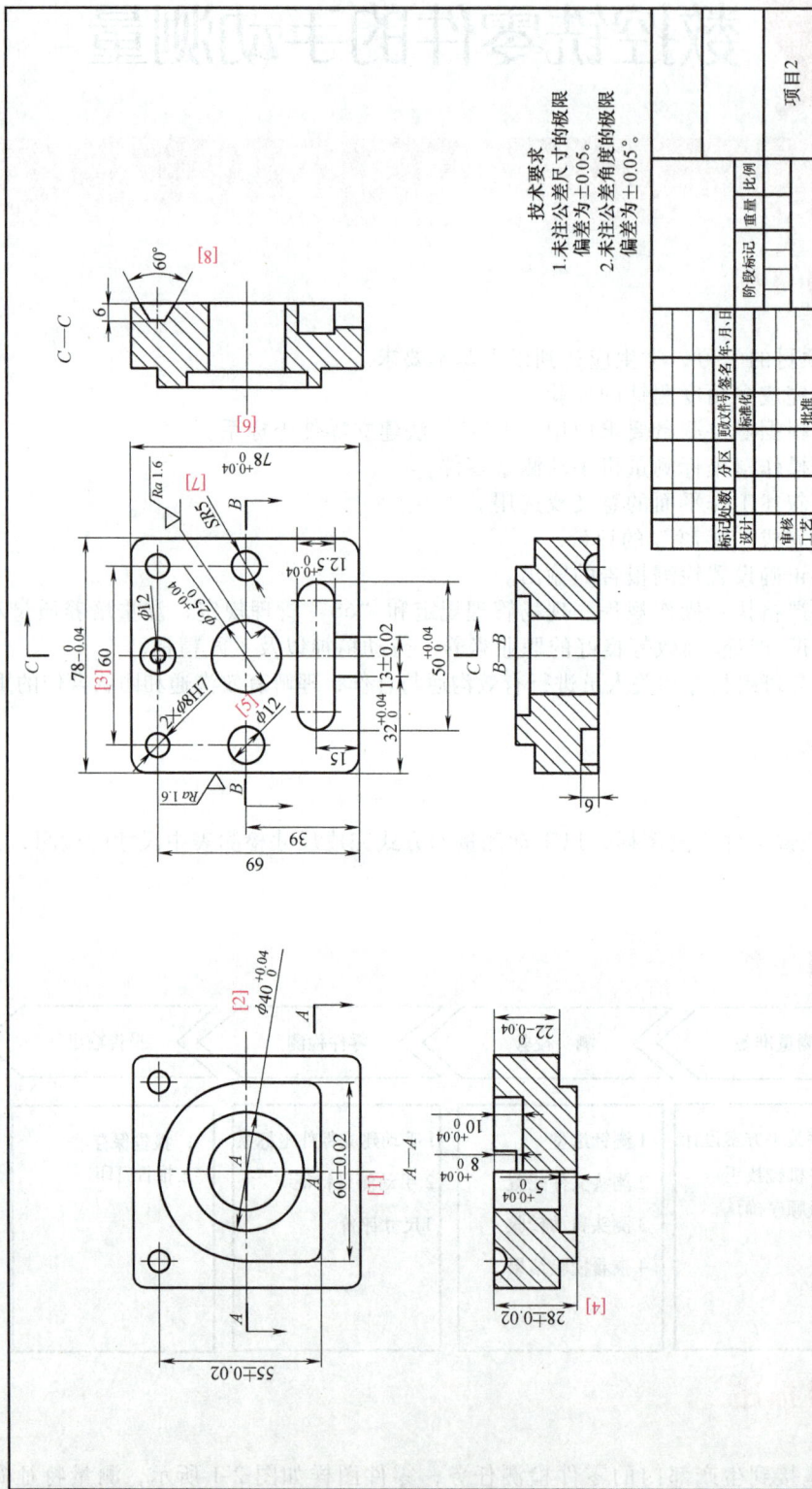

图 2-1 零件图样

1）完成尺寸检测表中数控铣零件尺寸项目的检测。

2）给出检测报告，检测报告输出项目包括尺寸名称、实测值、极限偏差值、超差值，格式为 PDF。

3）测量任务结束后，检测人员打印报告并签字确认。

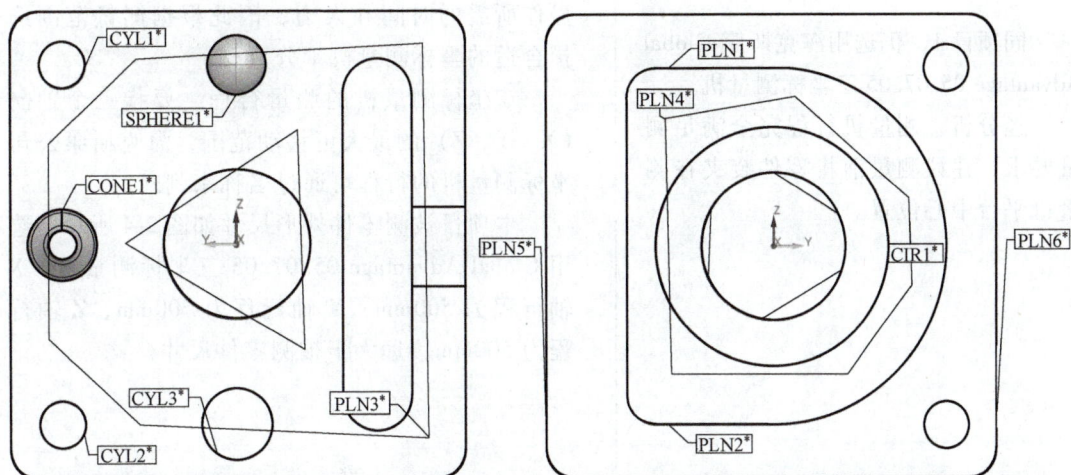

图 2-2　测量特征布局图

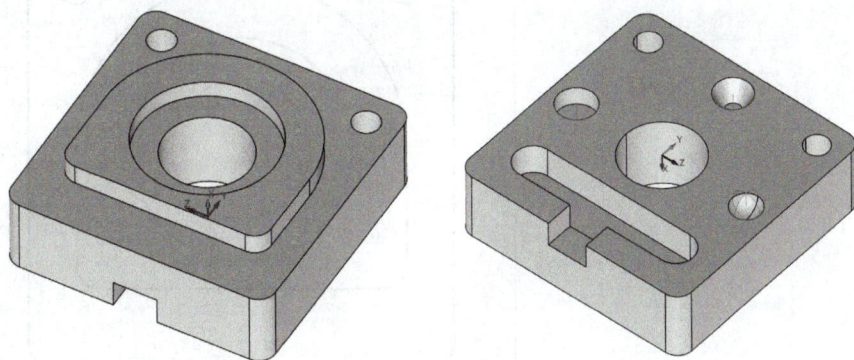

图 2-3　等轴测图

表 2-1　尺寸检测

序号	尺寸	描述	理论值	上极限偏差	下极限偏差	实测值	偏差值	超差值
1	D001	尺寸 2D 距离（PLN1，PLN2）	60mm	+0.02mm	−0.02mm			
2	DF002	尺寸 直径（CIR1）	40mm	+0.04mm	0mm			
3	D003	尺寸 2D 距离（CYL1，CYL2）	60mm	+0.05mm	−0.05mm			
4	D004	尺寸 2D 距离（PLN3，PLN4）	28mm	+0.02mm	−0.02mm			
5	DF005	尺寸 直径（CYL3）	12mm	+0.05mm	−0.05mm			
6	D006	尺寸 2D 距离（PLN5，PLN6）	78mm	+0.04mm	0mm			
7	SR007	尺寸 球半径（SPHERE1）	5mm	+0.05mm	−0.05mm			
8	A008	尺寸 锥角（CONE1）	60°	+0.05°	−0.05°			

2

PROJECT

2.5 项目实施

2.5.1 测量机型号的选择

同项目1，仍选用海克斯康 Global Advantage 05.07.05 三坐标测量机。

经分析，测量机行程完全满足测量要求，建议测量前将零件装夹在测量机平台中心位置。

知识链接
测量机的选型

现代制造的检测环节中，坐标测量机已经逐步取代传统的检测方法，并减少了质量控制操作所需的时间和人力，因此根据测量范围选择合适的坐标测量机十分重要。

三坐标测量机的测量行程主要指三个轴向（X、Y、Z）的最大可移动范围，海克斯康公司坐标测量机的行程可通过名称来判断。

本项目被测零件外形尺寸如图 2-4 所示，选用 Global Advantage 05.07.05 三坐标测量机，X 轴行程为 500mm，Y 轴行程为 700mm，Z 轴行程为 500mm，远大于被测零件尺寸。

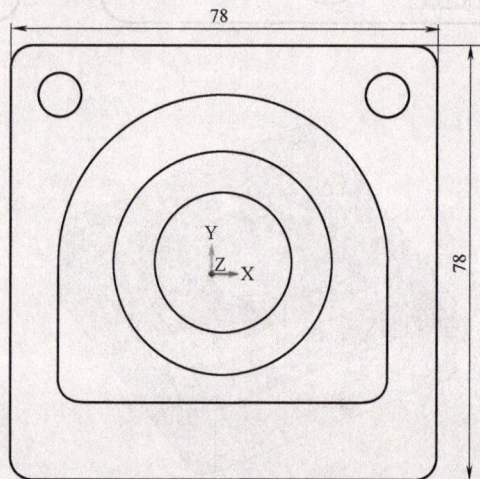

图 2-4 零件外形尺寸

如果零件的测量需要使用测针加长杆和夹具，则三坐标测量机的实际最小测量范围可能远大于零件尺寸。考虑到零件测量情况比较复杂，可选择 X 轴、Y 轴和 Z 轴测量范围为预估测量尺寸两倍以上的坐标测量机。

2

PROJECT

2.5.2　测座及测头配置

选择 HH-A-T5 测座，TESASTAR-P 测头，如图 2-5 所示。

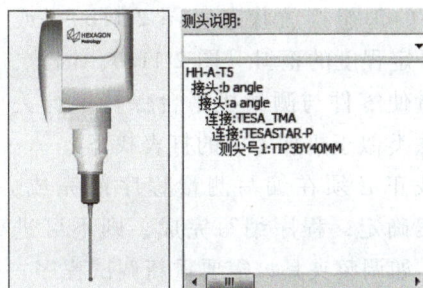

图 2-5　测头配置

本项目选用的 TIP3BY40 测针与项目 1 配置相同，仍需要进行如下操作：

1）将测针再次紧固在测头上，如图 2-6 所示。

2）清洁标准球表面的污垢，如有明显划痕，需要更换测针。

图 2-6　安装测针

知识链接

测针的选型

对于标准的球形测针，选型时主要关注以下参数：

（1）测针连接螺纹　本项目中的 TESASTAR-P 测头使用 M2 的测针连接螺纹（图 2-7 中的 e）。除了 M2 标准螺纹，部分测头还需要使用 M3 或 M5 规格的测针。

（2）测针总长度　测针连接端面至红宝石球心的距离（图 2-7 中的 b）。注意将其与有效工作长度（图 2-7 中的 d）区别开来。

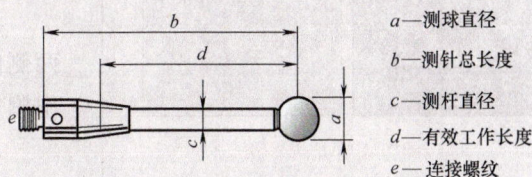

a—测球直径
b—测针总长度
c—测杆直径
d—有效工作长度
e—连接螺纹

图 2-7　测针

根据本项目零件实际的几何尺寸，推荐使用总长度为 40mm 的测针，如图 2-8 所示。

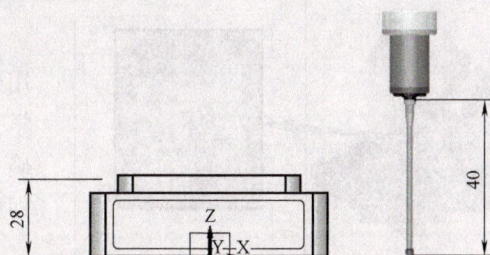

图 2-8　测针的选型

（3）红宝石测球直径　红宝石测球直径（图 2-7 中的 a）需要根据零件被测特征尺寸合理选择。本项目待检零件的最小孔径为 8mm，选用常规的 $\phi3$mm 测针即可。

23

2.5.3 零件的装夹

12. 零件装
夹与找正

零件装夹的最基本原则是在满足测量要求的前提下以尽量少的装夹次数完成全部尺寸的测量。

本项目中检测尺寸集中分布在上表面和下底面。如果选用图 2-9 所示的装夹方式，底部特征无法测量。

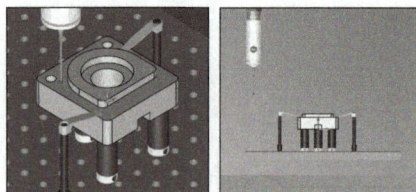

图 2-9　零件正面装夹

为了保证一次装夹完成所有目标尺寸的检测，本项目采用零件侧向装夹方案（使用海克斯康柔性夹具），零件相对测量机的姿态如图 2-10 所示。

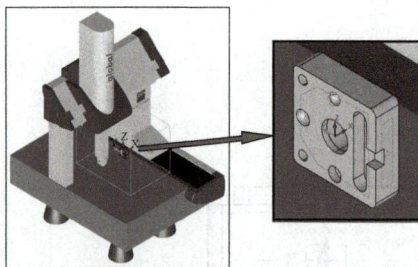

图 2-10　零件侧向装夹

知识链接

零件的机械找正

零件装夹在测量机平台上，除非使用定制夹具，常规夹具很难保证一次装夹后，零件为"横平竖直"的理想摆放状态（图 2-11b），或多或少都有一定程度的歪斜（图 2-11a）。因此，测量前应尽量使零件与测量机平台保持平行关系（操作方法类似于机加工中的打表找正）。

零件的找正必须在编写测量程序前完成，一旦装夹方案确定，程序编写完成，则不可进行装夹调整。如调整夹具，需要重新调试程序。

找正零件最主要的目的是避免测量过程中测针干涉。

测量长方体零件的长度 L 时，必须在零件两侧向端面上采点。如果零件没有放平，测量中测针干涉，将导致测量误差。

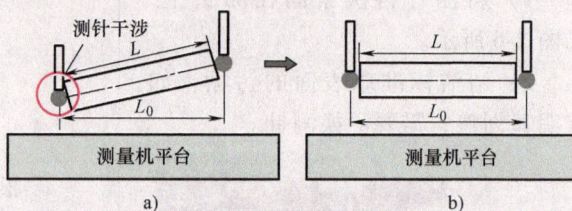

图 2-11　零件机械找正

三坐标测量机使用专业的测量软件，可以用建立零件坐标系（Alignment）的方式实现数学找正，所以三坐标测量机不严格要求零件精确找正，理论上只要装夹稳固、测杆不干涉即可。

零件找正的方法有两种，本项目通过操纵盒上的"轴向锁定"按键来找正零件（第二种方法在项目3中介绍），具体操作步骤如下。

1）将零件侧向放置，调整零件上平面与测量机Z轴近似垂直，零件底面由两个相同规格的支撑柱支撑，因此不需要调整上平面位置。

2）调整侧面轴向位置，如图2-12所示。

将操纵盒的X轴锁定灯按灭，这时测量机只能沿Y、Z轴移动；使用操纵盒将测量机的测针贴近零件侧面的后边缘，并保留微小间隙（约1mm），然后沿Y轴移动测量机至侧面前边缘，使两次的间隙大小尽量保持一致。

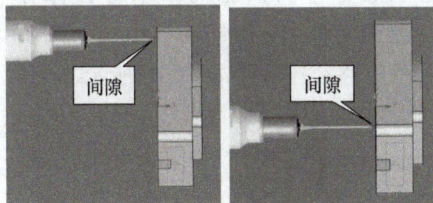

图2-12　调整侧面轴向位置

"轴向锁定"按键

如图2-13所示，"轴向锁定"按键共3个，分别控制Y、X、Z轴的移动。按键指示灯亮，表示三坐标测量机可以沿该轴移动。如果要锁定该轴的移动，按灭此按键指示灯即可。该功能在零件找正或精准位置手动测量中经常使用。

图2-13　"轴向锁定"按键

2.5.4 新建测量程序

打开软件 PC-DMIS，单击"文件"→"新建"按钮，弹出"新建测量程序"对话框，输入零件名，如图 2-14 所示。

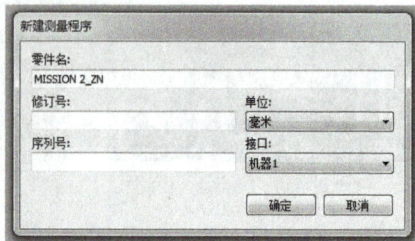

图 2-14 "新建测量程序"对话框

单击"确定"按钮，进入程序编辑界面，随后将程序另存在路径"D：\ PC-DMIS \ MISSION2"中。

2.5.5 添加测头角度

调用项目 1 测头文件，添加两个测头角度 A90B90、A90B-90，用于测量两个侧面，如图 2-15 所示。

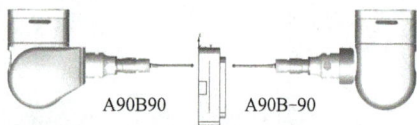

A90B90   A90B-90

图 2-15 添加测头角度

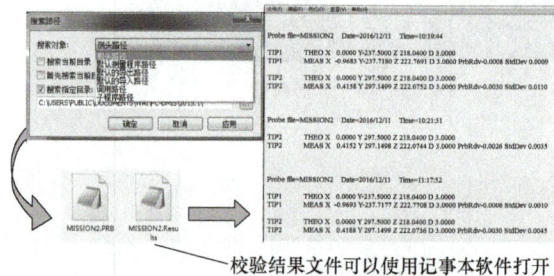

13. 校验
    测头

2.5.6 校验测头

校验测头前，做以下检测工作。

1) 保证测头、测针各连接件安装紧固，不能有松动。

2) 注意标准球支座各连接件不能有松动，底座必须紧固于测量机平台上。

3) 使用无纺布擦拭测针红宝石测球及标准球，保证表面清洁无污渍。

知识链接

零件图样一般以两种单位制进行尺寸标注，一种是米制，一种是英制。

二者的换算关系为 $1in = 25.4mm$。

可通过以下方法来区分图样尺寸所采用的单位制。

1) 对比图样标注的尺寸与实际产品尺寸。

2) 了解惯用英制尺寸的国家，进行推测。

3) 识读图样注释，然后对照标题栏。

本书中图样采用公制尺寸绘制和标注，因此在新建程序时选用"毫米"作为单位。

"将校验结果附加到结果文件"选项的使用

为了将不同时间的测头校验结果累计，可通过校验结果的附加设置来实现。

勾选该选项后，每次校验的结果都会保存在结果文件"测头文件名 . Results"中，与测头文件同在默认调用路径下，如图 2-16 所示。

校验结果文件可以使用记事本软件打开

图 2-16 将校验结果附加到结果文件

校验测头的操作步骤如下。

1）如图 2-17 所示，打开"测头工具框"对话框，单击"设置"按钮进入设置界面。

2）勾选"将校验结果附加到结果文件"复选框，单击"确定"按钮。

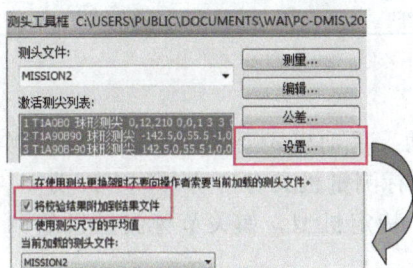

图 2-17　测头设置

3）勾选"测头工具框"对话框中的"用户定义的校验顺序"复选框，如图 2-18 所示。

图 2-18　选择校验顺序

知识链接

校验测头的目的

由于测头触发有一定的延迟，且测针会有一定的形变，测量时测头的有效直径会小于该测针红宝石测球的理论直径。所以需要通过校验得到测量时的有效直径，对测量进行测头补偿（详见附录 E），如图 2-19 所示。

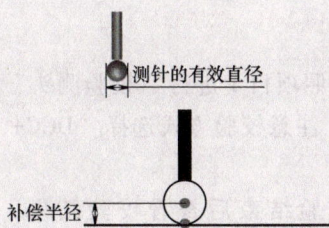

图 2-19　测头补偿

参考测针

参考测针（Master Tip）与所有校验测针的中心坐标相关联，以参考测针位置为中心，可得到与其他不同角度测针之间的位置关系，如图 2-20 所示。

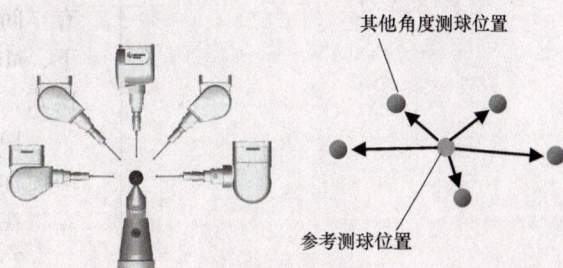

图 2-20　参考测针

参考测针通过测头校验过程指定。若首次校验测头选择的标准球已移动，随后校验的第一个测针就被定义为参考测针，而在实际测量中，通常以 A0B0 角度测针作为参考测针，而将其他角度测针与之关联。

2

PROJECT

27

4）按键盘上的〈Ctrl〉键，首先选择参考测针 A0B0，然后依次选择测针 A90B90、A90B-90，这时列表中会显示顺序标号，如图 2-21 所示。

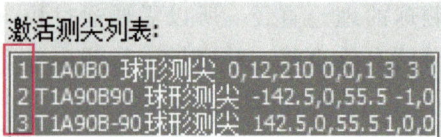

激活测尖列表：
1	T1A0B0 球形测尖 0,12,210 0,0,1 3 3 (
2	T1A90B90 球形测尖 -142.5,0,55.5 -1,0,0
3	T1A90B-90 球形测尖 142.5,0,55.5 1,0,0

图 2-21　顺序标号

5）参照项目 1 进行"校验测头"参数设置，注意校验方式选择"DCC+DCC"。

6）校验结束后查看校验结果，如图 2-22 所示，确认满足要求后，单击"确定"按钮，进入建立坐标系环节，否则需要排查问题后再次校验测头。

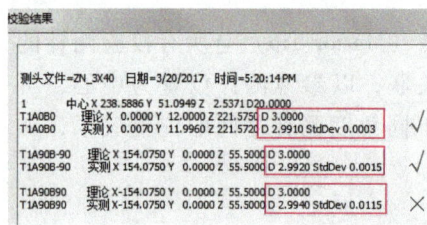

图 2-22　校验结果

知识链接
三坐标测量机测头的校验模式

PC-DMIS 软件提供了 4 种测头校验模式，分别为：手动、自动、Man+DCC、DCC+DCC，如图 2-23 所示。

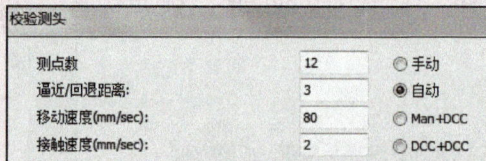

图 2-23　测头校验模式参数

（1）手动　手动模式要求手动采集所有测点，即使三坐标测量机具有自动（DCC）功能。此模式多用于特定机型，如关节臂测量机的测头校验。

（2）自动　三坐标测量机使用自动模式在标准球上自动采集所有测点。如果标准球是第一次安装并首次校验测头，或在校验测头前已移动校验工具，则必须手动在标准球上采集第一个测点。

（3）Man+DCC　Man+DCC 模式为混合模式。此模式有助于校准不易模拟的奇异测头配置，如图 2-24 所示，尤其是测针具有空间特定角度时。在多数情况下，Man+DCC 模式类似于 DCC 模式，但具有以下特点。

图 2-24　特定角度

1）必须手动为每个测头采集第一个测点，即使标定工具尚未移动。该测头的所有其他测点将在 DCC 模式下自动采集。

2）因为所有第一次触测均手动执行，所以校准前、后不对每个测头进行测量的安全移动。

（4）DCC+DCC　DCC+DCC 模式与 Man+DCC 模式类似，两个模式取点的方式是一致的，不同的是，DCC+DCC 模式用于定位标准球的第一个测点是自动采集的，而 Man+DCC 模式则需要手动采集第一点。如果想全过程都自动校准，则此模式非常有用。但是，使用 Man+DCC 模式会获得更准确的结果。

2.5.7 建立零件坐标系

分析本项目图样，以经典的"3-2-1"法粗建零件坐标系。

14. 建立零件坐标系

1）测量模式必须为手动模式（默认模式），如图2-25所示。

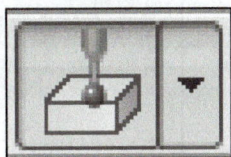

图2-25 手动模式按钮

2）手动测量主找正平面，如图2-26所示的外侧面，操作步骤如下。

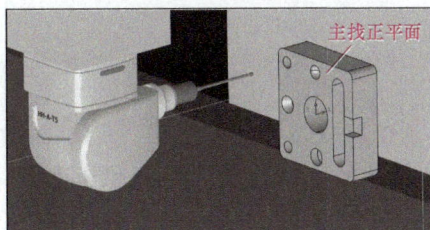

图2-26 主找正平面

① 切换测针为"测尖/T1A-90B90"。

② 单击"视图"→"其他窗口"→"状态窗口"按钮，开启"状态窗口"显示功能。

③ 通过操纵盒操纵测头在此平面采集3个点，按操纵盒上的"确认"键，得到"平面1"测量命令，如图2-27所示。

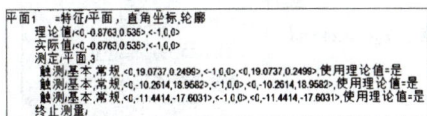

图2-27 "平面1"测量命令

建立零件坐标系思路分析

零件坐标系的建立方法虽然只能从现有的图样资源来判断，但是原则上必须符合产品的设计、加工及装配方式要求。

下面介绍零件坐标系的建立及图样基准的标注方法。

1. 无基准标注情况下，分析图样距离尺寸的引出线

常规图样中，如果没有几何公差，可不标注基准，在这种情况下，主要通过尺寸线的引出方向确定基准元素。

如图2-28所示，本项目图样中所有竖向尺寸的指引线都从下侧端面引出，表明该侧面为加工基准，用于其他元素的加工。但此端面作为第一基准还是第二基准，需要结合其他因素综合判断，同样也需要充分的经验积累。

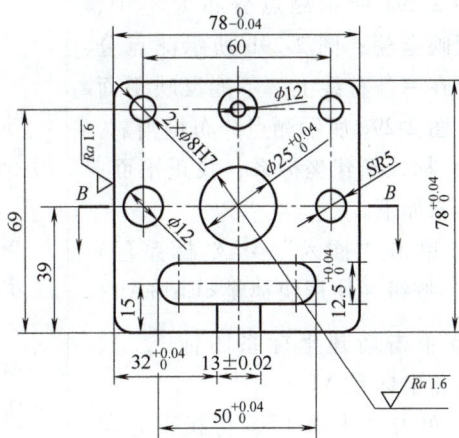

图2-28 图样

结合零件加工过程建立零件坐标系的步骤如下。

首先铣大端面平面，因此首先测量大端面并找正，确定第一轴向，锁定三个自由度，对应"3-2-1"中的"3"。

其次铣基准侧面，在这个侧面上测量一条直线来控制第二轴向，锁定两个自由度，对应"3-2-1"中的"2"。

最后在上表面测量一点，用于定义坐标系轴向的零点，锁定一个自由度，对应"3-2-1"中的"1"。

2

PROJECT

由于首次使用粗建基准为零件定向、定位，因此不需要在基准面上大量采点，建议测点数为 3~4，推荐测点分布位置如图 2-29c 所示。

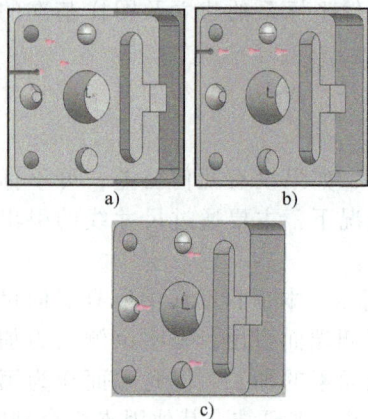

图 2-29 测点分布

图 2-29a 所示测点分布太集中，不能反映全貌；图 2-29b 所示测点分布近似在一条直线上，不能反映平面矢量；图 2-29c 所示测点分布得当。

3）插入新建坐标系，找正平面，操作步骤如下。

① 单击"插入"→"坐标系"→"新建"按钮（使用快捷键<Ctrl＋Alt＋A>，或单击新建坐标系图标 ），插入新建坐标系 A1。

② 单击"平面 1"，将找正方向选择为"X 负"，单击"找正"按钮，信息提示栏显示"X 负 找正到平面 标识＝平面 1"命令，如图 2-30 所示。

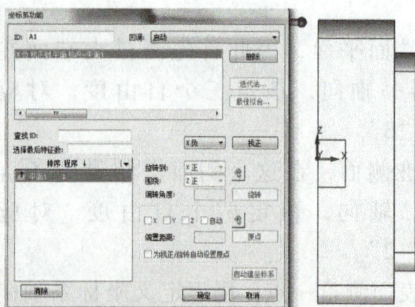

图 2-30 "平面 1"找正

2. 有基准标注的情况下，分析图样基准的标注

如图 2-31 所示，图样中标注有基准 A、B（基准 A 对应圆柱特征，基准 B 对应平面特征）。按照常规基准标注编号规则，基准 A 为第一基准，优先控制第一轴向，因此需要用圆柱来找正轴向。

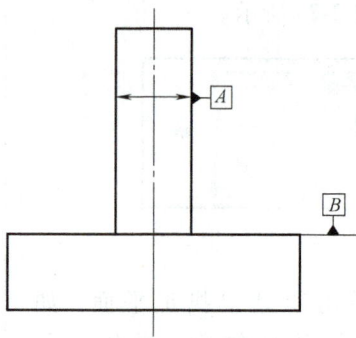

图 2-31 基准标注

知识链接
"状态窗口"的功能

PC-DMIS 软件的"状态窗口"提供了非常多的测量信息，可以实时提供测量进程的每一步信息，因此推荐开启"状态窗口"显示功能。

"状态窗口"可通过单击"视图"→"其他窗口"→"状态窗口"按钮开启，如图 2-32 所示。

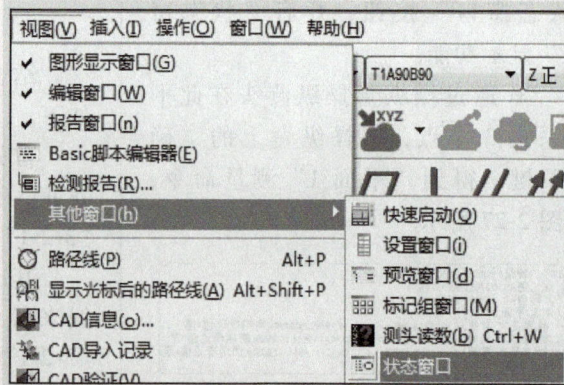

图 2-32 开启"状态窗口"

③ 再次单击"平面1"，勾选"X"复选框，单击"原点"按钮，信息提示栏显示"X 正 平移到平面标识 = 平面 1"命令，如图 2-33 所示。

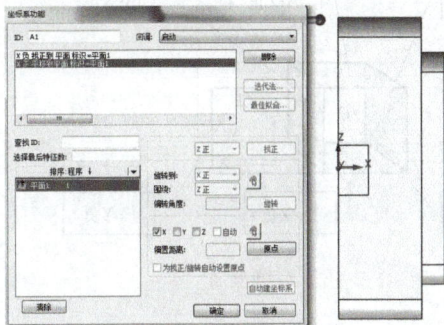

图 2-33 "平面 1"原点

4）手动测量次基准平面上的一条直线，测量顺序如图 2-34 所示，操作步骤如下。

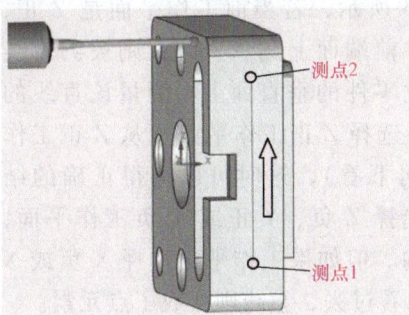

图 2-34 直线测量顺序

① 将工作平面切换为"Y 负"，如图 2-35 所示。

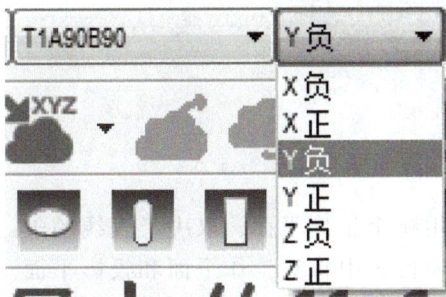

图 2-35 切换工作平面

"状态窗口"默认显示在软件界面的右下角位置，其初始界面如图 2-36 所示。

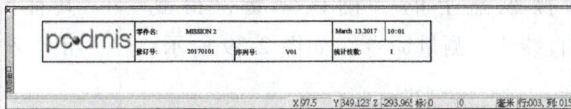

图 2-36 "状态窗口"初始界面

下面以平面测量为例说明"状态窗口"显示的信息。

如图 2-37 所示，测量平面特征时，"状态窗口"显示该平面的总测点数、矢量方向的坐标信息（平面矢量为 Z 正）、形状误差以及测点的分布。

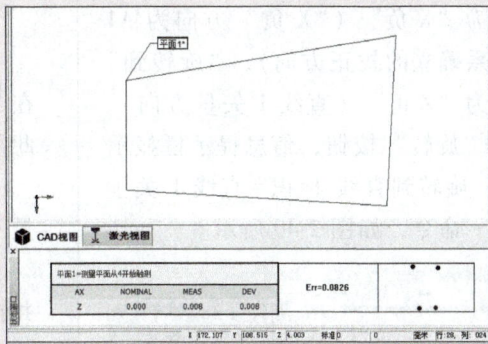

图 2-37 "状态窗口"显示信息

对平面来讲，形状误差即平面度结果（Err = 0.0826），测点颜色表明超差程度，可根据图 2-38 所示尺寸颜色示意图判断。

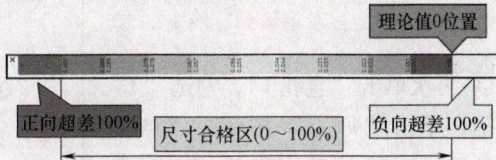

图 2-38 颜色对应的超差程度

"状态窗口"功能要点如下。

1）在程序执行过程中，"状态窗口"通常仅显示最后执行的特征和尺寸。

2）"状态窗口"可以在特征尺寸还未创建时提供预览效果。

3）将指针置于报告命令位置，"状态窗口"显示其预览结果。

2

PROJECT

② 通过操纵盒操纵测头在此平面连续采集两个点（注意测量顺序），按操纵盒上的"确认"键，得到"直线 1"测量命令，如图 2-39 所示。

```
直线1：  特征/直线，直角坐标,非定界
理论值：<10.011,-39.575,1.215>,<-0.6167327,-0.7871727,0>
实际值：<10.01,-39.575,1.215>,<-0.6158474,0.7878656,0>
测定：直线,2,2,三
触测基本常规,<10.011,-39.575,-24.154>,<0.7872594,-0.6166216,0>,<10.01,-39.576,-24.154> 使用理论值:是
触测基本常规,<10.011,-39.575,26.585>,<0.7872594,-0.6166216,0>,<10.01,-39.576,26.585> 使用理论值:是
终止测量
```

图 2-39 "直线 1"测量命令

5）插入新建坐标系并旋转到直线 1，操作步骤如下。

① 插入新建坐标系 A2。

② 单击"直线 1"，将"围绕"选择为"X 负"（"X 负"方向为 A1 坐标系确立的找正方向），"旋转到"选择为"Z 正"（直线 1 矢量方向），单击"旋转"按钮，信息提示栏显示"Z 正 旋转到直线 标识=直线 1 关于 X 负"命令，如图 2-40 所示。

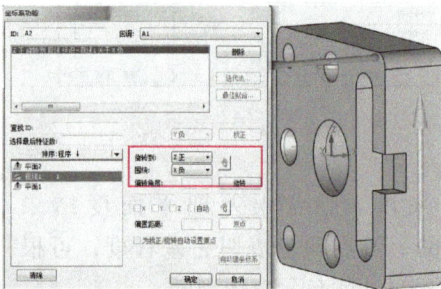

图 2-40 将坐标系旋转到直线 1

③ 再次单击"直线 1"，勾选"Y"复选框，单击"原点"按钮，信息提示栏显示"Y 正 平移到直线 标识=直线 1"命令，如图 2-41 所示。

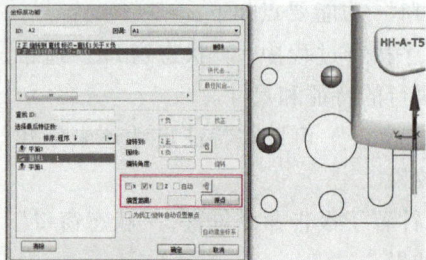

图 2-41 "直线 1"原点

工作平面的意义及选用

工作平面是测量时的视图平面，工作平面共有 6 个，分别为 X 正、X 负、Y 正、Y 负、Z 正、Z 负，其分布及对应轴向如图 2-42 所示。

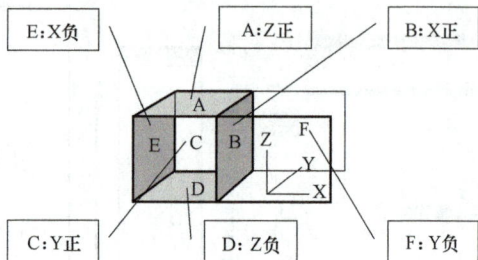

图 2-42 工作平面

测量二维元素（如直线、圆等）时，要求在与当前工作平面垂直的矢量上采集测点，因此需要对工作平面进行相应的调整。

对于三维元素（如圆柱、圆锥等）的测量，是不需要调整工作平面的。

如图 2-43 所示，若当前工作平面是 Z 正，并在块状零件前端面上测量直线，则被测直线的测点位于此零件的垂直面上。测量该直线的线特征，需要选择 Z 正工作平面（从 Z 正工作平面正上方向下看），这时可以测得正确的结果。另外，选择 Z 负、Y 正或 Y 负工作平面，也都是可以的。但如果工作平面选择 X 负或 X 正，从该视角看过去，直线则变成了点元素。

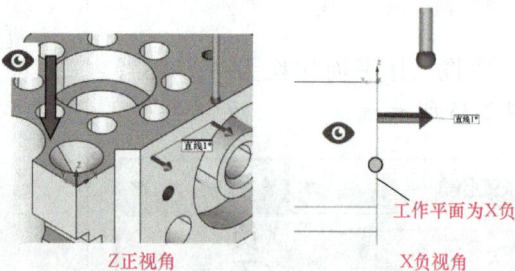

图 2-43 选用工作平面

具体选用哪个工作平面，取决于直线的矢量方向。在项目 3 中将对工作平面和投影平面的使用做进一步讲解。

6）手动测量第三基准平面上的一点。操纵测量机测头在上表面测量1个测点，触测完毕后按操纵盒上的"确认"键，完成"点1"测量命令的创建，测量位置参考图2-44。

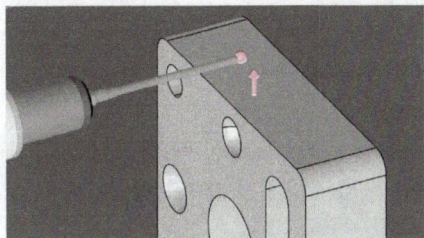

图 2-44　上表面测点

7）插入新建坐标系且 Z 轴置零，步骤如下。

① 插入新建坐标系 A3，单击"点1"，勾选"Z"复选框，单击"原点"按钮，信息提示栏显示"Z正 平移到点 标识＝点1"命令，如图 2-45 所示。

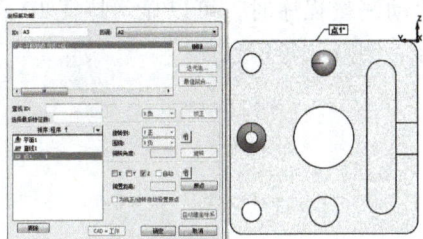

图 2-45　"点1"原点

② 将坐标系名称"A3"更改为"MAN_ ALN"，作为后期程序执行或维护的标识，便于识别，如图 2-46所示。

```
MAN_ALN =坐标系/开始,回调:A2,列表=是
        建坐标系/平移,Z轴,点1
        坐标系/终止
```

图 2-46　更改坐标系名称

直线矢量对坐标系建立的影响

本项目中，"直线1"从下向上测量，直线矢量指向 Z 正，因此将"围绕"选择为"X 负"（A1 坐标系确立的找正方向），"旋转到"选择为"Z 正"（直线1矢量方向）；如果"直线1"从上向下测量，则"旋转到"选择为"Z 负"。

注意：粗建坐标系是手动测量零件尺寸的开始阶段，触测过程要尽量保持平稳慢速测量，当测头远离被测零件时，可适当提高移动速度。创建完毕的坐标系如图 2-47 所示。

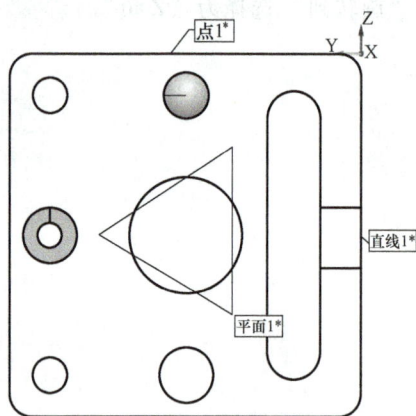

图 2-47　粗建坐标系

8）移动测量机确认坐标系建立是否准确，步骤如下。

① 确认坐标系零点位置。通过移动测针至坐标系零点大致位置，观察读数窗口中三个轴向坐标值是否接近零。

② 确认坐标系方向。沿着坐标系某个轴向移动测量机，观察读数窗口中轴向坐标的变化，如果向正方向移动，那么这个数字就应该变大。

知识链接

结合读数窗口检查坐标系

读数窗口向操作者展示了测量机当前测头位置的读数及其他有用信息，如图 2-48 所示。

本项目介绍的相关操作在测量过程中是会经常用到的。可通过快捷键<Ctrl+W>调出读数窗口，或通过单击"视图"→"其他窗口"→"测头读数"按钮开启读数窗口。

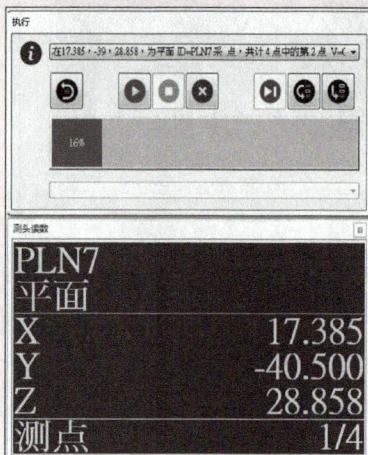

图 2-48　读数窗口

当运行手动测量程序时，可以显示特征 ID、当前测头坐标、测点数等信息。

2.5.8 手动测量特征

PC-DMIS 可以通过手动操作操纵盒让测针在零件表面触测，采集得到触测点信息，自动计算并推测所测量的元素类型。

15. 手动测量特征

操作操纵盒时应注意，在手动测量的即将触测阶段，先按"慢速按钮"再进行触测，避免因速度过快导致测头体或测针损坏。

1）测量特征 PLN1、PLN2，步骤如下。

① 切换测针为"测尖/T1A90B-90"，如图 2-49 所示。

图 2-49　切换测针

注意：初始测头应远离零件，避免测头旋转时碰撞到零件，而且应使测针与被测平面无干涉，如图 2-50 所示。

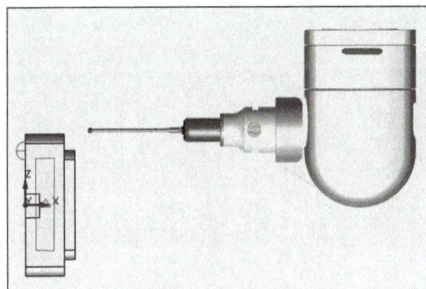

图 2-50　测头远离零件

手动测量特征（表 2-2）

表 2-2　手动测量特征

特征类型	说明	工作平面	测点数
测量点	使用该命令可以测量与参考平面对齐的平面上的点或空间点的位置	不需要	1
测量直线	使用该命令可以测量与参考平面对齐的平面上的直线或空间直线的方位和线性。测量直线时，PC-DMIS 要求测量点的法矢垂直于当前的工作平面	需要	≥ 2
测量平面	要创建测定平面，必须至少在任意 1 个平面上采集 3 个测点。如果仅使用 3 个测点，最好以构成 1 个较大的三角形的方式选择点，以便覆盖曲面上尽可能大的区域	不需要	≥ 3
测量圆	要创建测定孔或键，必须至少采集 3 个测点。系统会在测量时自动识别和设置平面。要采集的点必须均匀分布在圆周上	需要	≥ 3
测量圆槽	要创建圆槽，必须至少在槽上采集 6 个测点，通常在每竖直侧面采集 2 点，在圆弧上各采集 1 点。同理，可以在每条圆弧上采集 3 点	需要	≥ 6
测量方槽	要创建方槽，必须至少在方槽上采集 5 个测点，2 个点在槽的长边侧面上，其他各点分布在剩下的 3 个侧面上。采集这些点必须沿顺时针（CW）或逆时针（CCW）方向	需要	≥ 5
测量圆柱	要创建柱体，必须至少在柱体上采集 6 个测点。这些点必须一律在表面上，前 3 个点必须在与主轴垂直的平面上	不需要	≥ 6 8点圆柱示例

2

PROJECT

② 手动操纵测头触测 PLN1。使用操纵盒将测针靠近被测表面，按亮"慢速按钮"，触测图 2-51 所示 4 个测点，触测完毕后按操纵盒上的"确认"键，完成命令创建。

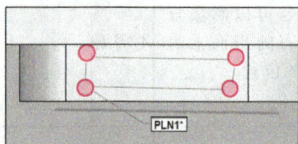

图 2-51　测点分布 1

③ 采用相同的方法完成 PLN2 触测。由于这两个平面测量区域是长方形，因此直接测量很容易得到直线特征（图 2-51 所示特征 PLN1）。可使用"替代推测"功能来实现元素类型的纠正，具体操作步骤如下。

a. 将指针移至编辑窗口中该特征命令位置。

b. 单击"编辑"→"替代推测"→"平面"按钮来进行纠正（注意指针在特征命令处），如图 2-52 所示。

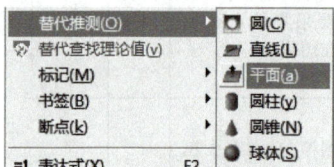

图 2-52　替代推测

PLN2 是位于下底面的特征，测量时应注意避免干涉，如图 2-53 所示。

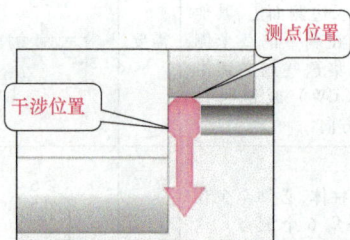

图 2-53　底面测量

（续）

特征类型	说明	工作平面	测点数
测量圆锥	要创建锥体，必须至少采集 6 个测点。要采集的点必须均匀分布在曲面上，前 3 个点必须在与主轴垂直的平面上	不需要	≥6 8点圆锥示例
测量球	要创建球体，必须至少采集 4 个测点，这些点必须一律在表面上采集。首先，4 个点不能取在相同的圆周上。其中一个点应该是球体的极点，另外 3 个点取在同一圆周上	不需要	≥4
测量圆环	要创建一个测量环，必须至少采集 7 个测点。在环中心线圆周的同一水平面上采集前 3 个测点。这些测点必须代表环的方向，以使通过这 3 个测点生成的假想圆的矢量与环的大致相同	不需要	≥7

2）测量特征 CIR1 的步骤如下。

① 切换测针为"测尖/T1A90B-90"。

② 将工作平面设置为"X 正"。

③ 在特征 CIR1 所在圆柱面的中间截面位置测量多个测点，本项目采用 8 点，测量位置最好均匀分布，如图 2-54 所示。

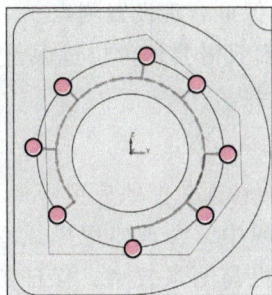

图 2-54　测点分布 2

④ 触测完毕后，按操纵盒上的"确认"键，完成命令创建。

3）测量特征 CYL1、CYL2 的步骤如下。

① 切换测针为"测尖/T1A90B-90"。

② 在特征 CYL1、CYL2 所在圆柱面靠近中间的位置测量多个测点。本项目采用 8 点，测量位置最好均匀分布，测点分布在两层截面上，即每层 4 个测点，如图 2-55 所示。

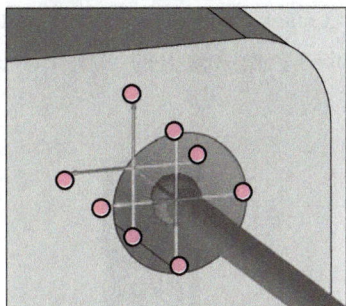

图 2-55　测点分布 3

③ 触测完毕后，按操纵盒上的"确认"键，完成命令创建。

特征 CIR1 手动测量命令详解

特征 CIR1 的手动测量命令如图 2-56 所示。

图 2-56　特征 CIR1 手动测量命令

命令解读如下。

第 1 行：表明了特征类型、所用坐标系类型、内/外圆类型、拟合圆算法（默认使用最小二乘法）。

第 2 行：表明了圆理论值（包括理论坐标及理论矢量值）。

第 3 行：表明了圆实际值（包括实测坐标及实测矢量值）。

第 4 行：表明了圆测量总点数及工作平面。

第 5 行：基本测点（首个测点）信息，依次显示了测点的理论坐标、理论矢量、实测坐标。

第 6 行：移动圆弧命令，对于外圆柱测量非常有用。

2

PROJECT

4）测量特征 PLN3、PLN4 的步骤如下。

PLN3 与 PLN4 是相对的两个平面（平面矢量相反），因此必须使用两个角度的测针分别进行测量。

PLN3 是之前测量过程中的基准平面，这里不需要重复测量。

① 切换测针为"测尖/T1A90B-90"。

② 在特征 PLN4 所在平面测量多个测点。本项目采用 6 点，如图 2-57 所示，测量位置最好均匀分布，避免所有测点集中在平面的局部，避免测量平面边缘位置（边缘位置容易受到倒角和毛刺的影响）。

③ 触测完毕后，按操纵盒上的"确认"键，完成命令创建。

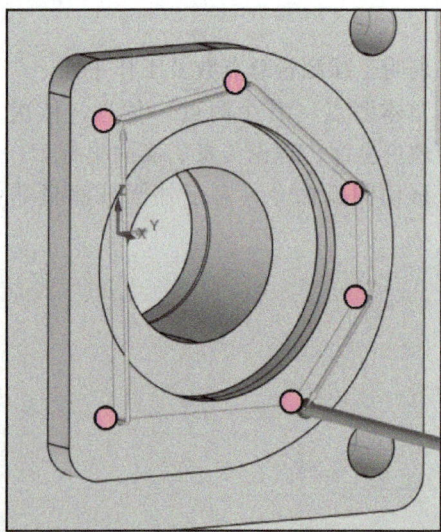

图 2-57　测点分布 4

5）测量特征 CYL3。切换测针为"测尖/T1A90B90"，参考 CYL1、CYL2 的测量方法测量 CYL3。本项目采用 8 点，测量位置最好均匀分布，测点分布在两层截面上，即每层 4 个测点，如图 2-58 所示。

平面测量测点的选择

1）三个测点可以确定一个唯一的测量平面，但该平面的平面度测量结果为 0。

2）如果被测平面为基准平面，则必须保证平面测量范围和测量点数的选择能反映该平面的加工质量。

3）如果被测平面需要评价平面度误差或轮廓度误差，则需要考虑安装接合面位置的加工精度，这些关键区域也需要保证合理设置测点。

4）如果被测平面只需要评价位置误差，则可以考虑适当减少测点数。

知识链接
操纵盒锁定坐标轴向移动功能的应用

在手动测量过程中，合理使用操纵盒上的功能键可以极大地提高测量效率，保证测点的精准度。

1."慢速按钮"的应用

在实际测量中，自动运行的速度一般为 $100\sim200mm/s$，使用操纵盒手动测量，如速度较快则不好控制触测力度，因此推荐使用慢速模式。操纵盒上的"慢速按钮"如图 2-60 所示。

图 2-60　慢速按钮

2."操作模式"按键的应用

操纵盒提供了三种测头移动操作模式，分别为机器坐标系（mach）、零件坐标系（part）、测头坐标系（probe）。操纵盒上的"操作模式"按键如图 2-61 所示。

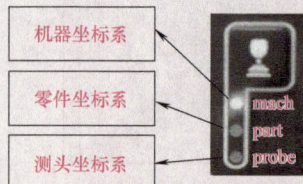

图 2-61　操作模式按键

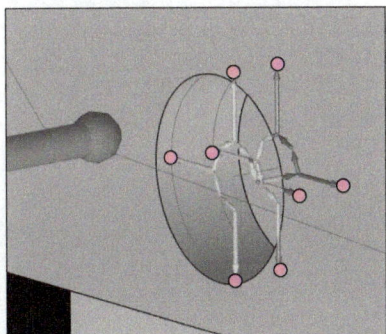

图 2-58　测点分布 5

6）测量特征 PLN5、PLN6。PLN5 与 PLN6 虽然也是相对的两个平面，但由于其平面区域狭长，可通过一个角度的测针完成这两个特征的测量，无须切换测针角度。沿用测针"测尖/T1A90B90"，测点位置如图 2-59 所示。

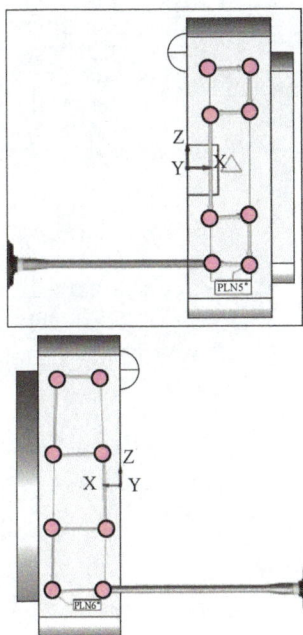

图 2-59　测点分布 6

7）测量特征 SPHERE1。使用测针"测尖/T1A90B90"完成内半球的测量，推荐 3 层 9 点的测点分布，如图 2-63 所示。

1）机器坐标系。该操作模式下使用操纵盒移动测头的方向与机器轴向一致。机器坐标系如图 2-62 所示。

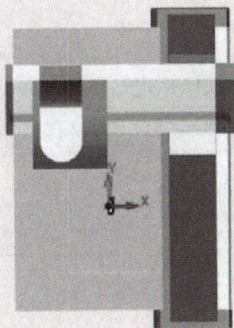

图 2-62　机器坐标系

2）零件坐标系。该操作模式下使用操纵盒移动测头的方向与零件坐标系的方向一致。

3）测头坐标系。使用特殊角度的测针手动测量斜圆柱时，如果使用默认的机器坐标系模式测量，是很难操作的。这时可以将模式切换为"测头坐标系"，方便在圆柱的各个方位进行触测。测头坐标系如图 2-65 所示。

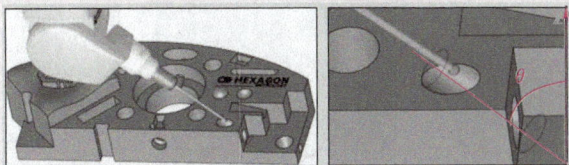

图 2-65　测头坐标系

2 PROJECT

39

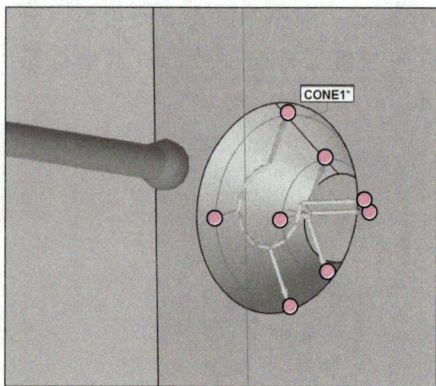

图 2-63　测点分布 7

8）测量特征 CONE1。使用测针"测尖/T1A90B90"完成内圆锥的测量。

使用操纵盒控制测量机在内圆锥面上采集必要的测点。本项目采用 8 点，测点分布在两层截面上，即每层 4 个测点，如图 2-64 所示。

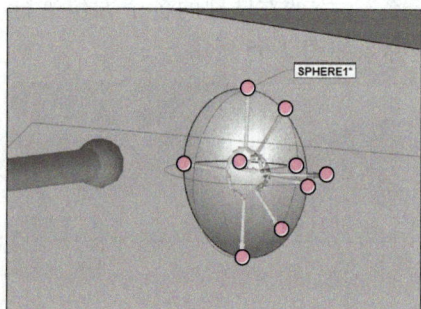

图 2-64　测点分布 8

2.5.9　尺寸评价

1. 尺寸 D001 评价

16. 尺寸评价

序号	尺寸	描述	理论值	上极限偏差	下极限偏差
1	D001	尺寸 2D 距离	60mm	+0.02mm	−0.02mm

被评价特征：PLN1 与 PLN2。操作步骤如下。

1）首先将工作平面调整为"X 负"，通过单击"插入"→"尺寸"→"距离"按钮（或单击距离图标按钮 H），插入距离评价。

2）在"距离"对话框左侧特征列表中选择被评价特征 PLN1 与 PLN2，输入"标称值"（理论值）与公差（"上公差"表示"上极限偏差"，"下公差"表示"下极限偏差"），"关系"选择"按 Z 轴"，"方向"选择"平行于"，其他设置如图 2-66 所示。

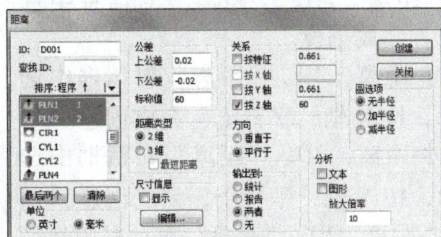

图 2-66　D001 评价设置

3）单击"创建"按钮后，编辑窗口生成的评价命令如图 2-67 所示。

图 2-67　D001 评价命令

2. 尺寸 DF002 评价

序号	尺寸	描述	理论值	上极限偏差	下极限偏差
2	DF002	尺寸 直径	40mm	+0.04mm	0mm

被评价特征：CIR1。操作步骤如下。

1）单击位置尺寸图标按钮 田，插入直径评价。

知识链接

PC-DMIS 尺寸评价概述

尺寸误差评价是三坐标测量技术最终的落脚点。尺寸评价功能用于评价尺寸误差和几何误差，尺寸误差包括位置误差、距离误差和夹角误差，几何误差包括形状误差和位置误差等。

PC-DMIS 软件支持所有类型的尺寸误差和几何误差评价。图 2-68 所示为尺寸评价快捷图标，可单击"视图"→"工具栏"→"尺寸"按钮显示。

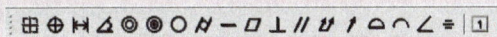

图 2-68　尺寸评价快捷图标

通过形状误差评价确认测量过程是否存在干涉或误触发

在零件的测量环节，由于可能出现的测针干涉或零件表面质量问题（如毛刺、铝屑等）导致的测量结果失真，在自动测量中是不容易辨识的，而手动测量尤其容易出现测针打滑的问题。可以通过评价特征的形状误差来快速判断是否出现误触发。

如图 2-69 所示，当勾选"坐标轴"中的"形状"复选框后，编辑窗口会出现该特征的形状评价结果。

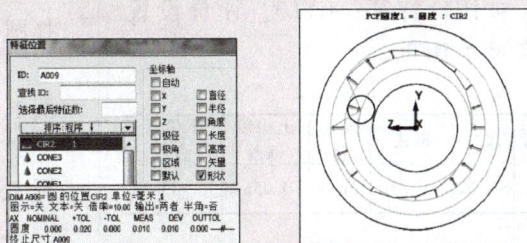

图 2-69　形状评价

上面得到的形状误差（圆度）结果为 0.21mm，但是结合加工中心的加工能力，该结果并不合理。

通过图形分析（此方法在项目 5 详细说明），可以发现只有标记处的测点是有凸跳的，这时可以结合零件表面状态及测量状态灵活判断问题原因。

2

PROJECT

2）在"特征位置"对话框左侧特征列表中选择被评价特征 CIR1，"坐标轴"需要先取消默认勾选的"自动"，重新选择"直径"，如图 2-70 所示。

3）输入待测尺寸理论值及公差，单击"确定"按钮，创建评价命令。

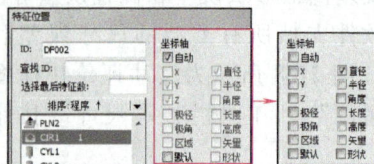

图 2-70　DF002 评价设置

3. 尺寸 D003/D004/D006 评价

序号	尺寸	描述	理论值	上极限偏差	下极限偏差
3	D003	尺寸 2D 距离	60mm	+0.05mm	-0.05mm
4	D004	尺寸 2D 距离	28mm	+0.02mm	-0.02mm
6	D006	尺寸 2D 距离	78mm	+0.04mm	0mm

被评价特征：CYL1、CYL2、PLN3、PLN4、PLN5、PLN6。评价设置参考尺寸 DF001。

4. 尺寸 DF005 评价

序号	尺寸	描述	理论值	上极限偏差	下极限偏差
5	DF005	尺寸直径	12mm	+0.05mm	-0.05mm

被评价特征：CYL3。评价设置参考尺寸 DF002。

5. 尺寸 SR007 评价

序号	尺寸	描述	理论值	上极限偏差	下极限偏差
7	SR007	尺寸球半径	5mm	+0.05mm	-0.05mm

被评价特征：SPHERE1。评价设置参考尺寸 DF002，不同的是"坐标轴"勾选输出"半径"值，如图 2-71 所示。

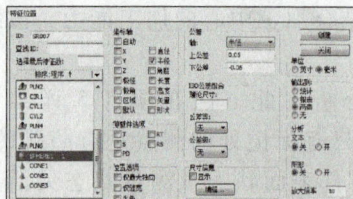

图 2-71　SR007 评价设置

"距离"评价概述

"距离"用于评价几何特征与基准或几何特征与几何特征之间，按照图样要求的方向得到的 2D/3D（二维/三维）距离。点与点之间的距离如图 2-72 所示。

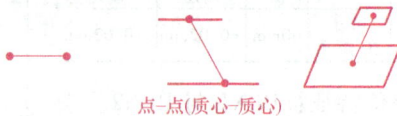

点—点（质心—质心）

图 2-72　点与点之间的距离

"尺寸-距离"评价设置：选择特征 1、特征 2；选择"距离类型"（"二维"是先投影，再求距离；"三维"是直接计算空间距离）；"创建"评价，得到质心连线的长度，一般不用于线和面。示例如图 2-73 所示，代号含义及评价设置如下。

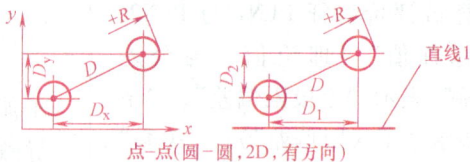

点—点（圆—圆，2D，有方向）

图 2-73　特征 2D/3D 距离

D：尺寸-距离，2D。"距离"对话框中选择圆 1、圆 2，完成创建。

D_x：尺寸-距离，2D。"距离"对话框中选择圆 1、圆 2，按 X 轴，平行于，完成创建。

D_y：尺寸-距离，2D。"距离"对话框中选择圆 1、圆 2，按 Y 轴，平行于，完成创建。

D_1：尺寸-距离，2D。"距离"对话框中选择圆 1、圆 2、直线 1，按特征，平行于，完成创建。

D_2：尺寸-距离，2D。"距离"对话框中选择圆 1、圆 2、直线 1，按特征，垂直于，完成创建。

当所求距离需要加上或减去半径时，在"圆选项"中选择"加半径"或"减半径"选项。示例如图 2-74 所示。

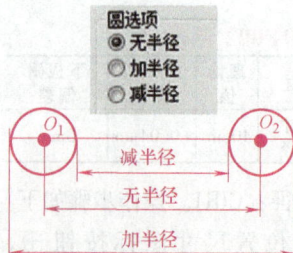

图 2-74　圆半径计算

6. 尺寸 A008 评价

序号	尺寸	描述	理论值	上极限偏差	下极限偏差
8	A008	尺寸锥角	60°	+0.05°	-0.05°

被评价特征：CONE1。评价设置参考尺寸 DF002，不同的是"坐标轴"勾选输出"角度"（对于圆锥特指锥角），如图 2-75 所示。

图 2-75　A008 评价设置

知识链接
锥半角输出

评价位置菜单不仅可以输出锥角尺寸，还可以输出半角尺寸。如图 2-76 所示，勾选"位置选项"中的"半角"复选框后，原"角度"选项则变为"A/2"，此时输出的结果就是半角尺寸。

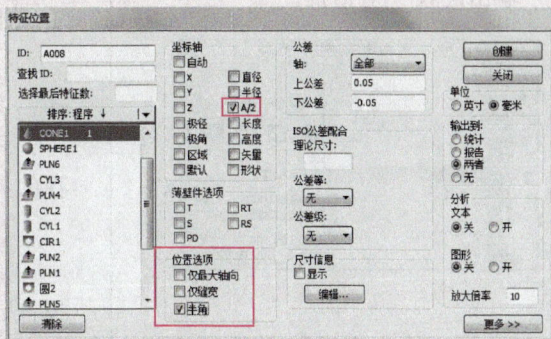

图 2-76　输出锥半角设置

2

PROJECT

2.5.10 报告输出

报告输出的操作步骤如下。

17. 报告输出

1）如图 2-77 所示，单击"文件"→"打印"→"报告窗口打印设置"按钮，弹出报告"输出配置"对话框。

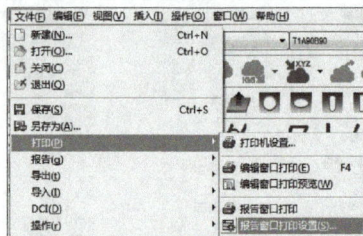

图 2-77 报告输出

2）在"输出配置"对话框中打开"报告"选项卡（默认）。

3）勾选"报告输出"复选框。

4）方式选择"自动"，输出格式选择"可移植文档格式（PDF）"，如图 2-78 所示。

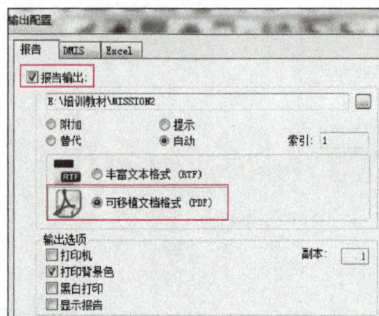

图 2-78 输出配置

5）通过快捷键<Ctrl+Tab>切换至"报告窗口"，单击打印报告按钮，在指定路径"D：\PC-DMIS\MISSION2"下生成测量报告。

PC-DMIS 软件支持生成报告后同步在打印机上联机打印报告，需要勾选"打印机"前的复选框。这时后面的"副本"选项被激活，可用于控制打印份数。

知识链接

报告输出方式详解

1. 附加（Append）

该方式设定下，PC-DMIS 将当前的报告数据添加至选定的文件。注意，操作者必须指定完整路径，否则 PC-DMIS 将把报告存放在与测量程序相同的目录中。此外，若不存在该文件，生成报告时将创建该文件。

2. 提示（Prompt）

该方式设定下，程序执行完毕后，显示"另存为"对话框，通过此对话框可选择报告保存的具体路径。

3. 替代（Overwrite）

该方式设定下，PC-DMIS 将以当前的检测报告数据覆盖所选文件。

4. 自动（Auto）

该方式设定下，PC-DMIS 使用索引框中的数值自动生成报告文件名。所生成文件名的名称与测量例程的名称相同，但会附加数字索引和扩展名。此外，生成的文件与测量例程位于同一目录。若存在与生成文件同名的文件，自动选项将递增索引值，直至找到唯一的文件名。

2.6　项目考核（表2-3）

表 2-3　数控铣零件的手动测量考核表

考核项目	考核内容	参考分值	考核结果	考核人
素质目标	遵守纪律	5		
	课堂互动	10		
	团队合作	5		
知识目标	多角度测针的校验	10		
	操纵盒功能应用	10		
	工作平面的意义及选用	10		
	"距离"评价	10		
能力目标	测针的选用	10		
	坐标系的建立	10		
	尺寸(55±0.02)mm 检测	10		
	尺寸 ϕ12mm 检测	10		
小计		100		

2.7　项目总结

通过对本项目的学习，学生应能够理解使用三坐标测量机进行零件测量编程的逻辑思路，并熟悉编程的操作步骤。但手动测量方式精度不高，一般应用于手动建立坐标系或小批量零件个别尺寸（如平面度）的检测。后续项目将详细介绍如何编写自动测量的检测程序。

项目3 数控铣零件的自动测量程序编写及检测

3.1 学习目标

通过本项目的学习，学生应达到以下基本要求：

1）能够正确选择三坐标测量机测针。
2）能够正确装夹数控铣零件。
3）能够识别基准和进行基准的测量。
4）能够完成自动特征测量程序的新建、参数编辑和复制移动。
5）能够正确添加移动点。
6）能够正确评价位置度、平行度和对称度。
7）能够严格执行操作规程、现场管理规定和"6S"管理规定，注重培养质量和成本意识、规范/公正/严谨/细致等良好的职业素养、劳动精神以及工匠精神。
8）能够与班组长等相关人员进行有效沟通与合作，理解有效沟通和团队合作的重要性。

3.2 考核要点

在无零件CAD数模的情况下，依据数控铣零件图样完成检测表中要求的检测项目，并输出检测报告。

3.3 项目主线

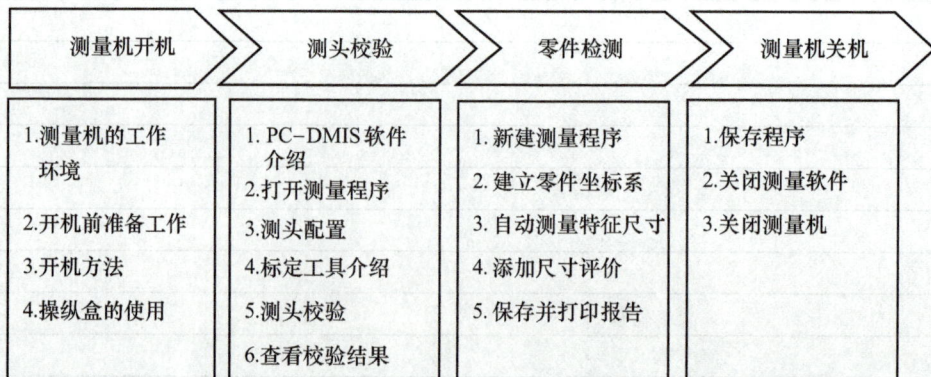

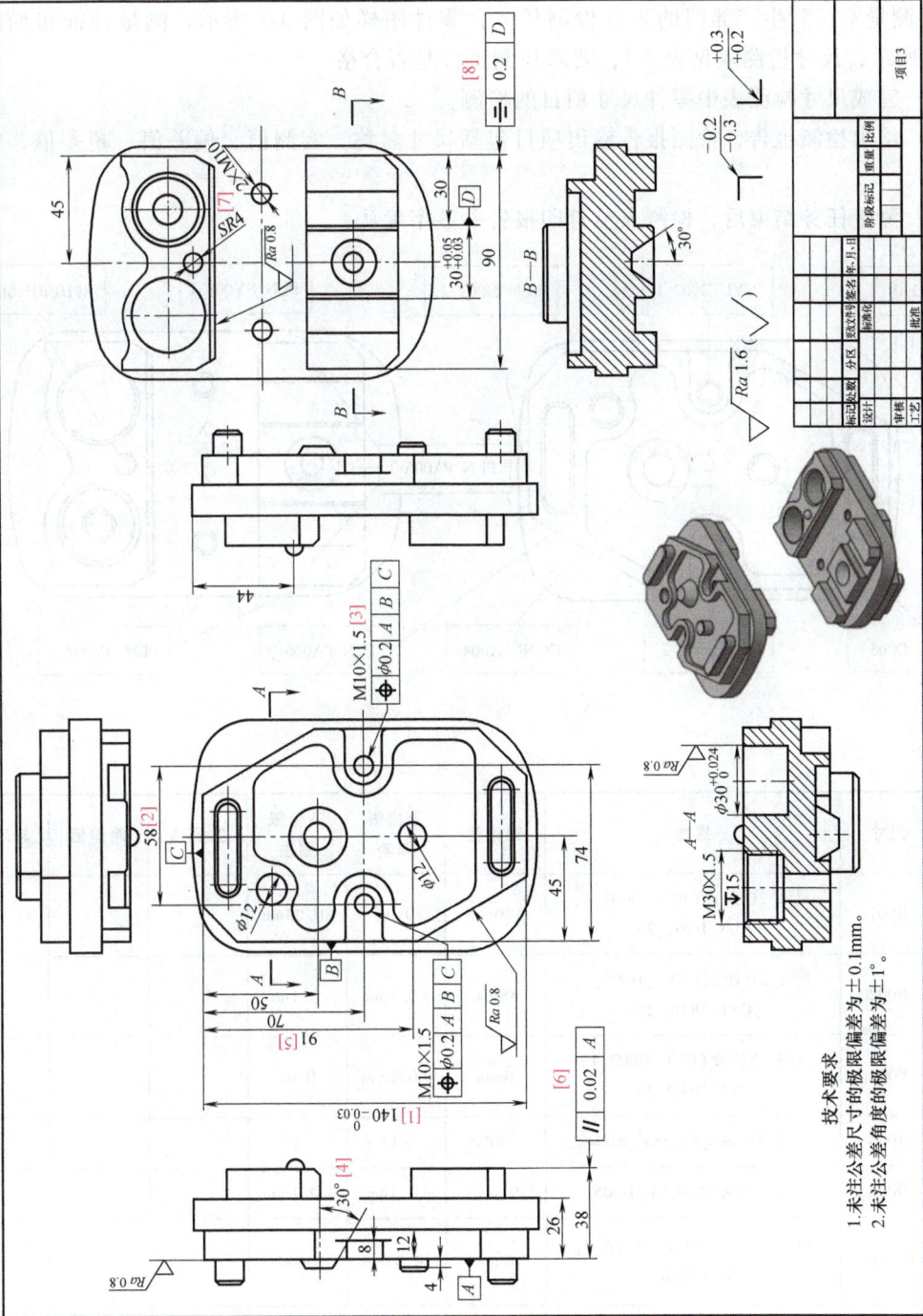

图3-1 零件图样

技术要求
1.未注公差尺寸的极限偏差为±0.1mm。
2.未注公差角度的极限偏差为±1°。

3 PROJECT

3.4 项目描述

某测量室接到生产部门的零件检测任务，零件图样如图 3-1 所示，测量特征布局图如图 3-2 所示，尺寸检测表见表 3-1，要求检测零件是否合格。

1）完成尺寸检测表中零件尺寸项目的检测。

2）给出检测报告，检测报告输出项目包括尺寸名称、实测值、偏差值、超差值，格式为 PDF。

3）测量任务结束后，检测人员打印报告并签字确认。

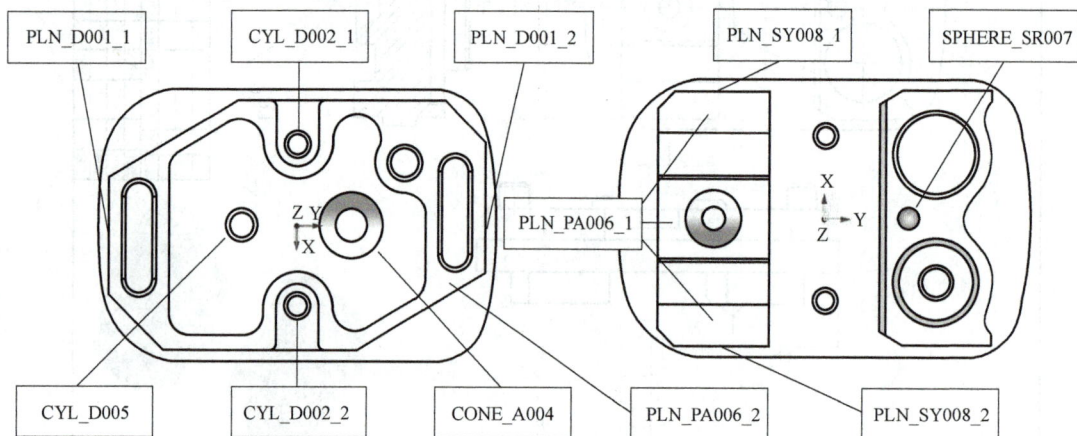

图 3-2　测量特征布局图

表 3-1　尺寸检测表

序号	尺寸	描述	理论值	上极限偏差	下极限偏差	实测值	偏差值	超差值
1	D001	尺寸 2D 距离（PLN_D001_1，PLN_D001_2）	140mm	0mm	−0.03mm			
2	D002	尺寸 2D 距离（CYL_D002_1，CYL_D002_2）	58mm	+0.1mm	−0.1mm			
3	P003	FCF 位置度（CYL_D002_1，CYL_D002_2）	0mm	+0.2mm	0mm			
4	A004	尺寸 2D 角度（CONE_A004）	30°	+1°	−1°			
5	D005	尺寸 2D 距离（CYL_D005）	91mm	+0.1mm	−0.1mm			
6	PA006	FCF 平行度（PLN_PA006_1，PLN_PA006_2）	0mm	+0.02mm	0mm			
7	SR007	尺寸 3D 球半径（SPHERE_SR007）	4mm	+0.1mm	−0.1mm			
8	SY008	FCF 对称度（PLN_SY008_1，PLN_SY008_2）	0mm	+0.2mm	0mm			

3 PROJECT

3.5　项目实施

3.5.1　设备选型及配置

仍选用海克斯康 Global Advantage 05.07.05 三坐标测量机，选用 HH-A-T5 测座、TESASTAR-P 测头，相关配置同前。

分析可知，3BY40 规格测针可以满足测量要求，无须更换，如图 3-3 所示。

图 3-3　3BY40 规格测针

3.5.2　零件的装夹

为了保证一次装夹完成所有目标尺寸的检测，本项目采用零件侧向装夹方案（使用海克斯康柔性夹具），零件相对测量机的姿态如图 3-4 所示。

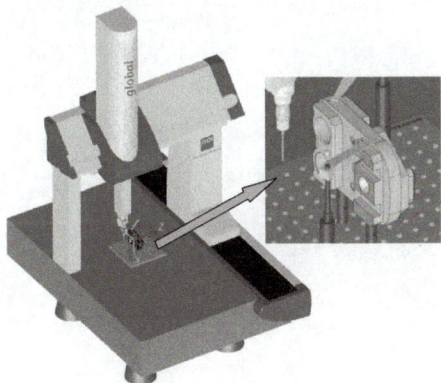

图 3-4　零件侧向装夹

零件尺寸远小于测量机行程，装夹时应使零件适当居中，而且保留一定高度，避免测座旋转后达到"Z-"方向行程极限。

测针选型分析

1. 测针长度分析

根据零件左、右两侧的特征分布及所需测量的尺寸范围，可以判断 3BY40 规格测针满足测量要求，如图 3-5 所示。

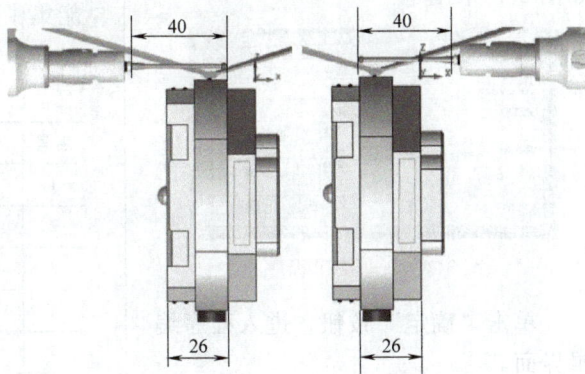

图 3-5　测针长度分析

2. 测针直径分析

（1）参考最小孔径　由图样可知，零件上的最小孔为 M10 螺纹孔，ϕ3mm 规格测针完全满足要求。

（2）参考最小台阶面　零件最小台阶面间距 12mm，ϕ3mm 规格测针完全满足要求。

综上所述，项目 2 的测针配置可在项目 3 中沿用。

坐标测量机"Z-"方向行程极限如图 3-6 所示。

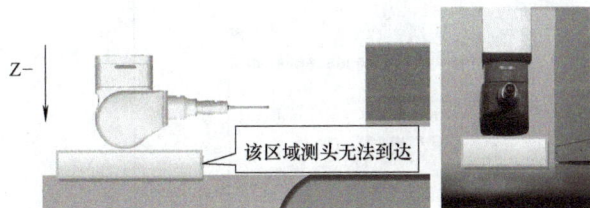

图 3-6　"Z-"方向行程极限

49

3.5.3 新建测量程序

打开 PC-DMIS 软件，单击"文件"→"新建"按钮，弹出"新建测量程序"对话框，输入"零件名"，如图 3-7 所示。

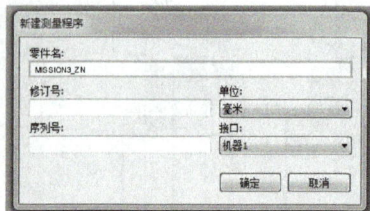

图 3-7 新建测量程序

单击"确定"按钮，进入程序编辑界面。

3.5.4 程序参数设定

1. 按<F5>键进入"设置选项"对话框（图 3-8）

18. 程序参数设定

1）勾选"显示绝对速度"复选框，将"最高速度（mm/sec）"设置为"200"。

2）"输出选项"勾选"负公差显示负号"。

3）"小数位数"选择"4"，表示数据保留小数点后 4 位，如 0.0001mm。

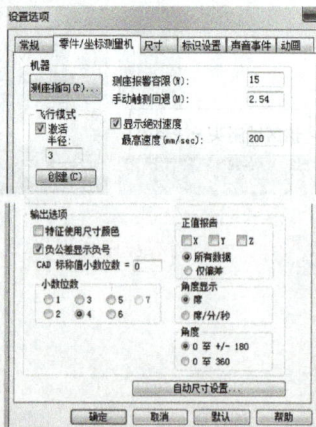

图 3-8 参数设定

知识链接
参数设定

参数设定决定了机器的运行参数、软件的显示精度、触测逼近/回退距离等，在程序编制初始即应该完成相关参数的设置。参数设定功能集中在快捷键<F5><F10>中，参数定义见表 3-2。

表 3-2 参数定义

序号	参数	快捷键	触发测头	扫描测头
1	测量机移动速度	<F10>	√	√
2	测量机触测速度	<F10>	√	√
3	逼近/回退距离	<F10>	√	√
4	测量机扫描速度	<F10>		√
5	程序显示精度	<F5>	√	√
6	显示绝对速度	<F5>	√	√
7	负公差显示负号	<F5>	√	√
8	测头测力	<F10>	√	√
9	报告显示设置	<F10>	√	√

以上参数设定后仅对本测量程序有效，不影响其他程序。"√"表示需要设置项。

2. 按<F10>键进入"参数设置"对话框

1）将"逼近距离""回退距离"更改为"2mm"。

2）将"探测距离"更改为"5mm"，"探测比例"更改为"1"。

3）将"移动速度"更改为"100mm/s"。

4）"尺寸"依次勾选"标称值""公差""测定值""偏差"和"超差"。

设置完毕后，程序编辑窗口显示所有改动的项目，如图3-9所示。

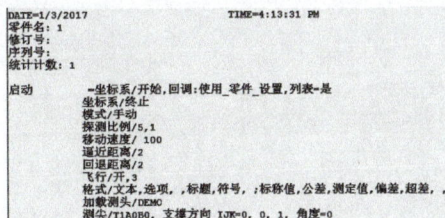

图3-9　程序编辑窗口

3.5.5　校验测头

调用项目2中的测头文件，再次校验 T1A0B0、T1A90B90、T1A90B-90 三个测针，如图3-10所示。校验方法参考项目1。

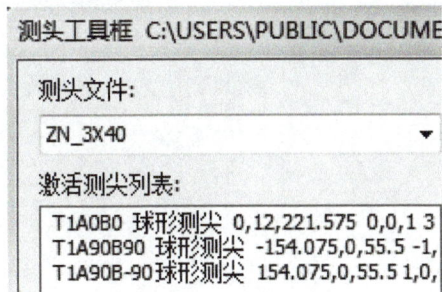

图3-10　测头文件

知识链接

"字体设置"介绍

快捷键<F6>对应的"字体设置"功能可以完成"应用程序字体"（界面窗口字体）、"图形字体"（图形显示窗口字体）和"编辑窗口字体"的修改，如图3-11所示。

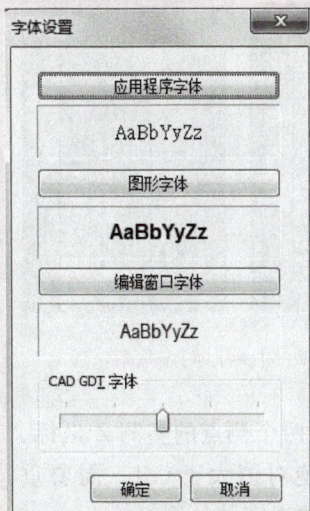

图3-11　字体设置

可按照使用习惯设置字体（推荐使用默认字体），保存后不需要每次修改。

PC-DMIS 软件常用快捷键

F5：打开参数设置对话框，对程序小数点显示位数、绝对/相对速度、角度等参数进行设置。

F9：打开指针处的命令编辑对话框。

F10：打开参数设置对话框，对测量机运行参数、报告显示项目、安全平面等参数进行设置。

Ctrl+E：执行单个特征或命令。

Ctrl+M：按照测头当前位置添加移动点。

Ctrl+N：新建程序。

Ctrl+Q：执行全部命令。

Ctrl+S：保存程序。

Ctrl+U：从光标处向下执行程序。

Ctrl+Tab：切换图像显示窗口和报告窗口。

Ctrl+Alt+A：打开坐标系创建对话框。

Alt+C：打开安全空间对话框。

Alt+X：打开手动策略模式。

3

PROJECT

3.5.6 零件找正

1）在程序中调用测针 T1A0B0，在上端面前、后端测两个测点，得到测点 1 和测点 2 的测量命令。测点位置参考图 3-12。

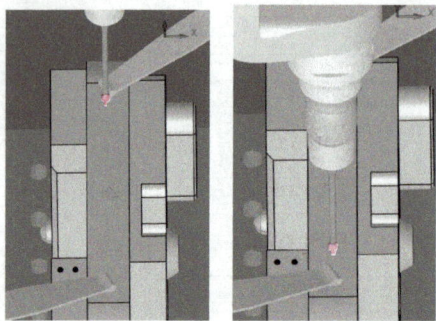

图 3-12 上端面测点位置

2）比较两个测点的实测 Z 坐标，如果差值的绝对值大于 0.1，需要重新调整支撑柱高度并复测。

3）在程序中调用测针 T1A90B90，在左侧面前、后端测两个测点，得到测点 3 和测点 4 的测量命令。测点位置参考图 3-13。

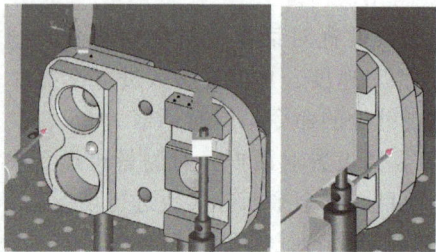

图 3-13 左侧面测点位置

4）比较两个测点的实测 X 坐标，如果差值绝对值大于 0.1mm，需要重新调整零件装夹姿态并复测，直至满足要求。

注意：在程序中进行零件找正后，需要将调试部分的程序删除，再建立坐标系。

Alt+Z：打开自动测量模式。

Alt+Backspace：对错误操作进行撤销。

Alt+"－"：删除一个手动触测点。

Shift＋鼠标左键：在 CAD 视图中快速拾取特征。

End：结束手动触测。

Delete：删除所选测量特征。

Esc：取消当前操作。

Tab：将光标移到下一个可编辑字段。

PC-DMIS 其他常用快捷键见本书附录 C。

3.5.7 建立零件坐标系

1. 建立手动零件坐标系（粗建坐标系）

1）调用"测尖/T1A90B-90"，测量主找正平面（第一基准 A），4 个测点分布如图 3-14 所示。

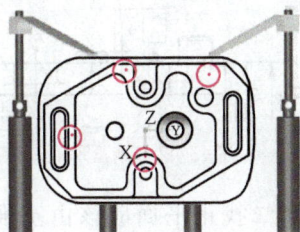

图 3-14 基准 A 平面测量测点分布

2）插入新建坐标系 A1，通过程序"MAN_基准 A"找正"X 正"，并使用该平面将 X 轴置零，如图 3-15 所示。

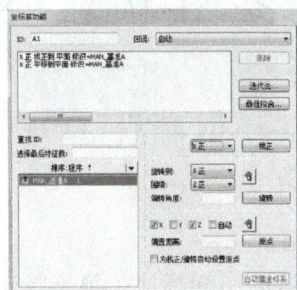

图 3-15 平面找正

3）在第二基准平面 B 内测量一条直线，测点位置如图 3-16 所示。

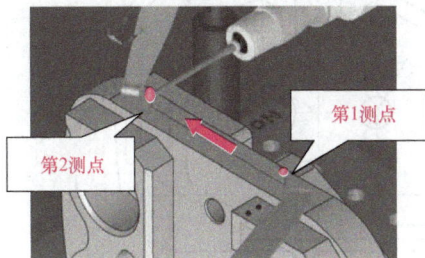

图 3-16 直线测量测点位置

空间直角坐标系自由度（图 3-17）

在空间直角坐标系中，任意零件均有 6 个自由度，分别为沿 X、Y、Z 轴平移的 3 个自由度（x，y，z）和绕 X、Y、Z 轴旋转的 3 个自由度（u，v，w）。

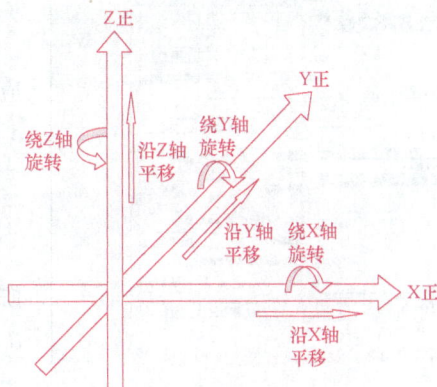

图 3-17 空间直角坐标系自由度

"3-2-1"法建立空间直角坐标系的原理：

1）测量主找正平面后，取其法向矢量作为第一轴向，锁定 3 个自由度（RX、RY、TZ）。

2）测量直线，取其矢量方向（起始点指向终止点）作为第二轴向，锁定两个自由度（RZ、TY）。

3）测量一点，确定最后一个轴向的原点，锁定最后一个自由度（TX）。

"3-2-1"法建立空间直角坐标系的 3 个步骤如图 3-18 所示。

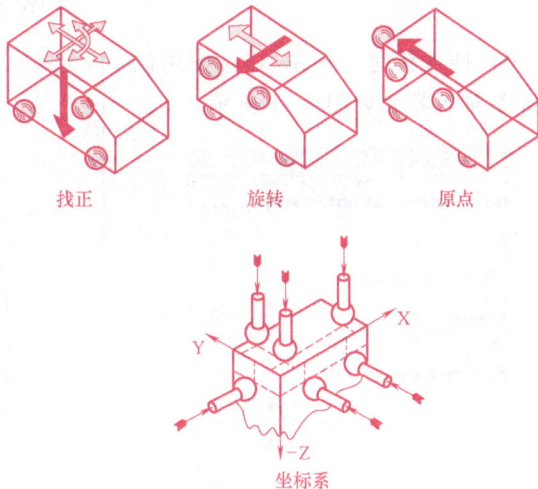

图 3-18 "3-2-1"法建立空间直角坐标系

3

PROJECT

53

4）插入新建坐标系 A2，程序"MAN_基准 B"设置"围绕"为"X正"，"旋转到"为"Y正"；并使用该基准将 Z 轴置零，如图 3-19 所示。

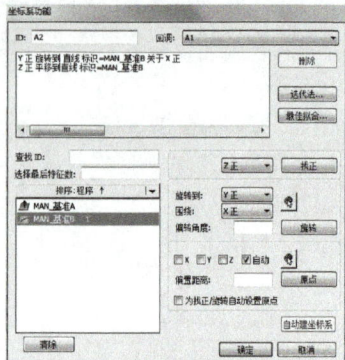

图 3-19　MAN_基准 B 旋转

5）在基准平面 C 中间位置测量一点，如图 3-20 所示。

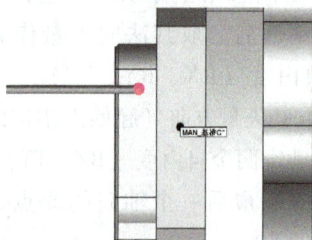

图 3-20　基准 C 点测量

6）插入新建坐标系 A3，使用该点将 Y 轴置零，如图 3-21 所示。

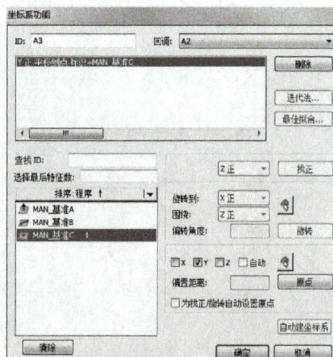

图 3-21　Y 轴置零

本项目零件坐标系的建立思路分析

本项目采用了 3 个相互垂直的平面作为坐标系建立的基准，已充分考虑该零件的加工顺序及图样标注。为了便于理解，将零件坐标系的指向与测量机轴向保持一致。

1. 第一基准平面的选择

根据图 3-22 所示的图样标注，第一找正平面应该由基准平面 A 确定。

2. 第二基准平面的选择

根据图 3-23 所示的图样标注，第二找正平面应该由基准平面 B 确定。

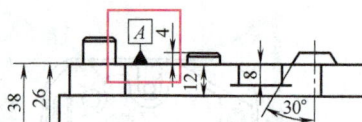

图 3-22　基准平面 A

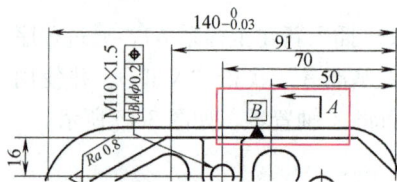

图 3-23　基准平面 B

3. 第三基准平面的选择

根据图 3-24 所示的图样标注，第三找正平面应该由基准平面 C 确定。

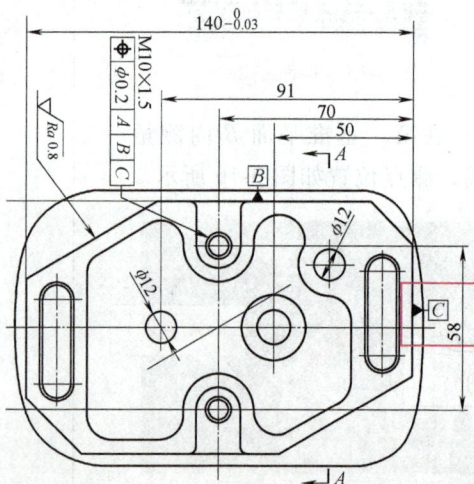

图 3-24　基准平面 C

2. 建立自动零件坐标系（"面—面—面"精建坐标系）

1）切换测量模式为"自动"（使用快捷键<Alt+Z>，或单击"DCC 模式"按钮），如图 3-25 所示。

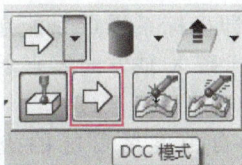

19. 建立自动零件坐标系

图 3-25　自动测量模式

2）在安全位置添加移动点（可根据需要设置多个移动点），具体操作如下。

① 将指针放在需要添加移动点的位置。

② 按操纵盒上的"添加移动点"按钮，如图 3-26 所示，随后在编辑窗口自动生成一条移动点添加命令。

图 3-26　"添加移动点"按钮

3）参照粗建坐标系的第 1）、2）步，操作操纵盒测量主找正平面（注意测点与测点间不要有零件或夹具阻挡）；插入新建坐标系 A4 并找正 X 正，将 X 轴置零，对应的程序如图 3-27 所示。

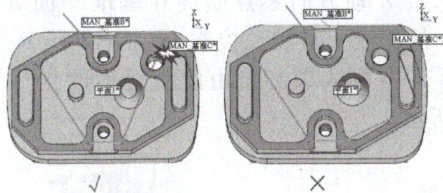

图 3-27　测量主找正平面

自动测量过程中添加移动点的思路

添加移动点是自动测量过程中保证元素与元素测量在测量机运行过程中无缝衔接的最有效途径。

在"凹"形件表面测量 4 个点，为了相互衔接又添加了多个移动点，最终测头的移动路径及各段路径测量机的移动速度如图 3-28 所示。

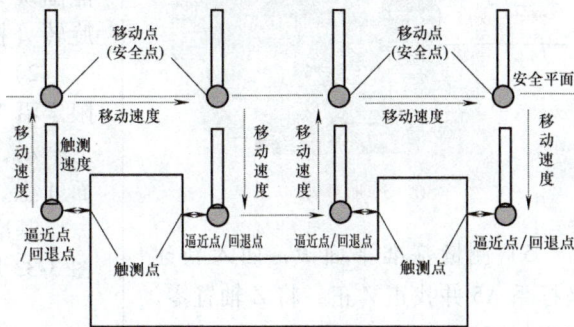

图 3-28　添加移动点示意图

无论是手动测量还是自动运行程序测量，都遵循以下运动方式：快速移动（移动速度快），慢速触测（触测速度慢）。当自动运行测量程序时，触测点和移动点由程序给定，逼近/回退距离值也需要在软件中设定。

移动速度快指测量机移动快，一般环绕零件外表面移动，作为上一步测量和下一步测量的衔接。

触测速度慢指贴近被测表面触测点时应用的速度一般较慢。

"面—线—点"方法粗建坐标系

图 3-29 所示模型展示了零件基准平面 A、B、C，以及完成坐标系粗建后的零件坐标系位置和各轴指向。建立坐标系的最终目的是控制坐标系的 6 个自由度，使其有唯一确定的结果。

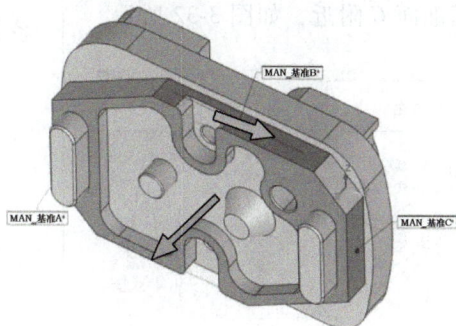

图 3-29　坐标系位置及各轴指向

3 PROJECT

4）在安全位置添加移动点，过渡至基准面 B 附近，如图 3-30 所示。

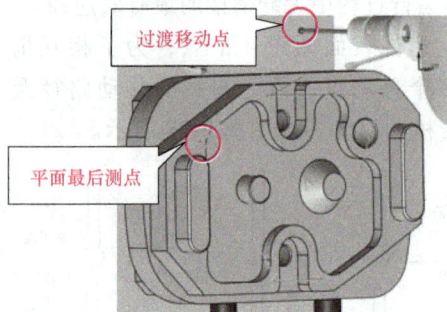

图 3-30　添加移动点 1

5）测量基准平面 B，插入新建坐标系 A5 并找正 Z 正，将 Z 轴置零。程序如图 3-31 所示。

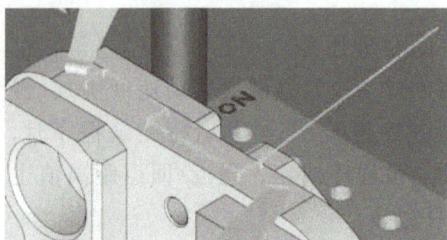

```
移动点,常规,<50,-100,20>
DCC_基准B :=特征/平面，直角坐标,轮廓
  理论值=<-19.3325,-59.8166,0>,<0,0,1>
  实际值=<-19.3325,-59.8166,0>,<0,0,1>
  测定/平面,6
  触测/基本,常规,<-14.4857,-93.2664,0>,<0,0,1>,<-14.4857,-93.2664,0>,使用理论值=是
  触测/基本,常规,<-23.3287,-92.7642,0>,<0,0,1>,<-23.3287,-92.7642,0>,使用理论值=是
  触测/基本,常规,<-23.9458,-56.1843,0>,<0,0,1>,<-23.9458,-56.1843,0>,使用理论值=是
  触测/基本,常规,<-16.0454,-56.2639,0>,<0,0,1>,<-16.0454,-56.2639,0>,使用理论值=是
  触测/基本,常规,<-15.3778,-29.978,0>,<0,0,1>,<-15.3778,-29.978,0>,使用理论值=是
  触测/基本,常规,<-22.8115,-30.4429,0>,<0,0,1>,<-22.8115,-30.4429,0>,使用理论值=是
  终止测量/
A5    =坐标系/开始,回调:A4,列表=是
  建坐标系/旋转,正,至,DCC_基准B,关于,X正
  建坐标系/平移,Z轴,DCC_基准B
  坐标系/终止
```

图 3-31　基准平面 B 找正

6）在安全位置添加移动点，过渡至基准面 C 附近，如图 3-32 所示。

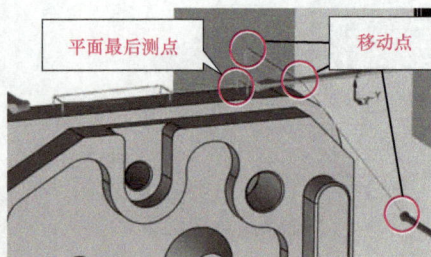

图 3-32　添加移动点 2

1. 基准平面 A 限制的自由度

1）明确基准平面 A 的法向矢量方向，并使用该矢量找正零件坐标系的一个轴向。由于零件摆放位置使基准平面 A 法向矢量指向测量机的 X 正方向，因此选择找正 X 正，效果是：直角坐标系的 X 轴强制与法向矢量同向（平行），坐标系只能围绕 X 轴旋转（不控制 u），不能围绕 Y、Z 轴旋转（控制 v、w）。

2）基准平面 A 除了具有找正的作用，还可以限定沿 X 轴的平动，即坐标系零点只能在该平面上平动，效果是：坐标系 X 轴方向零点始终在平面 A 上，这里控制 x（不控制 y、z）。

基准平面 A 限制自由度后可能的坐标系如图 3-33 所示。

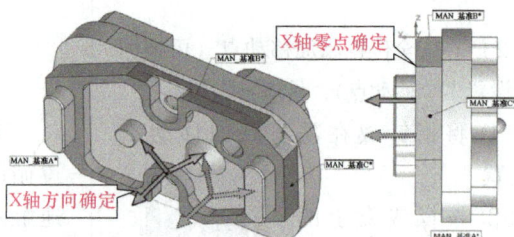

图 3-33　基准平面 A 限制的自由度

2. 基准平面 B 中直线限制的自由度

1）明确基准平面 B 中直线的矢量方向与测量机的"Y 正"方向一致，因此选择"围绕"为"X 正"，"旋转到"为"Y 正"，效果是：直角坐标系的 Y 轴强制与矢量同向（平行），此时坐标系已经不能旋转，控制 v、w。

2）该直线除了具有找正的作用，还可以限定沿 Z 轴的平动，即坐标系零点只能沿 Y 轴平动，效果是：坐标系 Z 轴方向零点始终在基准平面 A 与基准平面 B 的交线上移动，控制 z（不控制 y）。

基准平面 B 中直线限制自由度后可能的坐标系如图 3-34 所示。

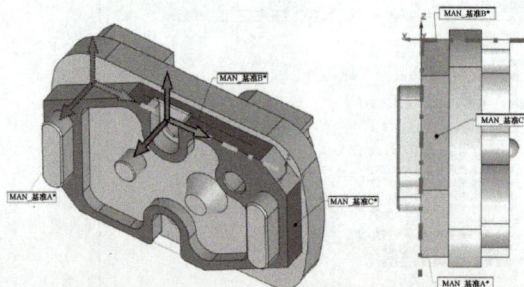

图 3-34　基准平面 B 中直线限制的自由度

7）测量基准平面 C，插入新建坐标系 A6（更名为 "DCC_ALN"）并将 Y 轴置零，程序如图 3-35 所示。

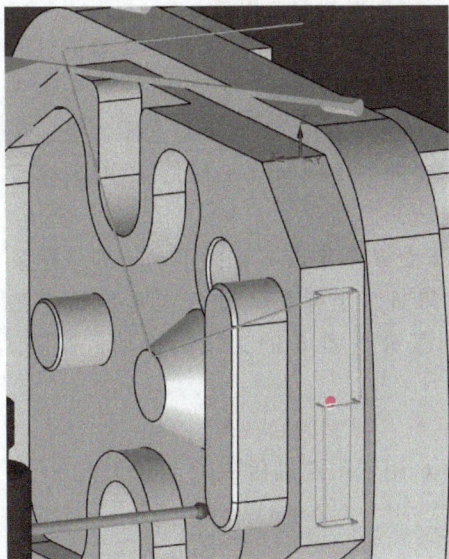

```
移动/点,常规,<-15,-30,15>
移动/点,常规,<30,-30,15>
移动/点,常规,<30,5,-30>
DCC_基准C =特征/平面,直角坐标轮廓
    理论值<-5.9794,0,-42.5754>,<0,1,0>
    实际值<-5.9794,0,-42.5754>,<0,1,0>
    测定/平面,6
    触测/基本,常规,<-2.5463,0,-23.1807>,<0,1,0>,<-2.5463,0,-23.1807>,使用理论值=是
    触测/基本,常规,<-9.1074,0,-23.028>,<0,1,0>,<-9.1074,0,-23.028>,使用理论值=是
    触测/基本,常规,<-9.4889,0,-42.0286>,<0,1,0>,<-9.4889,0,-42.0286>,使用理论值=是
    触测/基本,常规,<-2.7752,0,-42.1812>,<0,1,0>,<-2.7752,0,-42.1812>,使用理论值=是
    触测/基本,常规,<-2.8515,0,-62.6315>,<0,1,0>,<-2.8515,0,-62.6315>,使用理论值=是
    触测/基本,常规,<-9.1074,0,-62.4026>,<0,1,0>,<-9.1074,0,-62.4026>,使用理论值=是
    终止测量/
DCC_ALN =坐标系/开始,回调:A5,列表:是
    建坐标系/平移,Y轴,DCC_基准C
坐标系/终止
```

图 3-35　基准平面 C 原点

8）坐标系检查。按照项目 2 介绍的方法检查零件坐标系零点位置及各个轴向是否准确。

3. 基准平面 C 中测点限制的自由度

基准平面 C 中的测点用于限定最后一个自由度 y，效果是：坐标系 Y 轴方向零点始终在平面 C 上。

这样，手动粗建零件坐标系得到唯一确定的位置，建立完成的坐标系如图 3-36 所示。

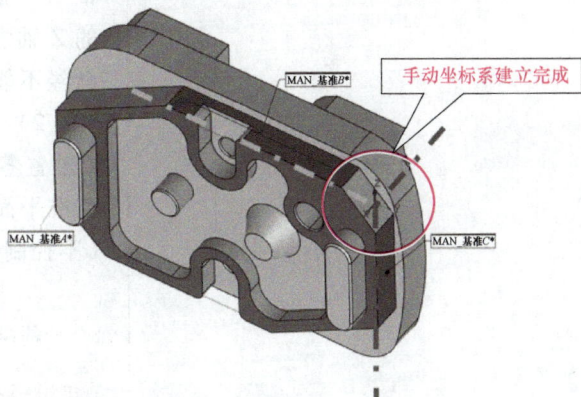

图 3-36　建立完成的坐标系

"面—面—面" 方法精建坐标系

图 3-37 所示模型展示了零件基准平面 A、B、C 的法向矢量方向，以及精建坐标系完成后的零件坐标系位置及各轴指向。

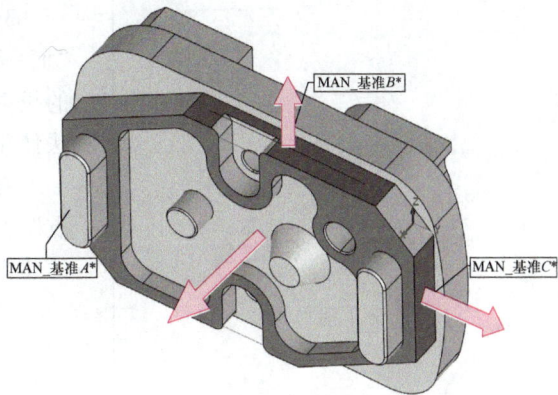

图 3-37　基准平面的法向矢量方向

1. 基准平面 *A* 限制的自由度

基准平面 *A* 限制自由度的情况与粗建坐标系一致，此处不再赘述。

2. 基准平面 *B* 限制的自由度

1）明确基准平面 *B* 法向矢量方向与测量机的"Z 正"方向一致，因此选择"围绕"为"X 正"，"旋转到"为"Z 正"，效果是：零件坐标系的 Z 轴强制与法向矢量同向（平行），此时坐标系已经不能再旋转，控制 u。

2）基准平面 *B* 限定沿 Z 轴的平动，即坐标系 Z 轴置零，效果是：坐标系 Z 轴方向零点始终在基准平面 *A* 与基准平面 *B* 的交线上移动，控制 z（不控制 y）。

3. 基准平面 *C* 限制的自由度

基准平面 *C* 用于限定最后一个自由度 y。

> **知识链接**
>
> "面—线—点"与"面—面—面"两种坐标系建立方法相比，有以下差别。
>
> 1）"面—线—点"方法总测点数少，测量效率高，适合建立手动坐标系（粗建）。
>
> 2）"面—面—面"方法测点数多，可以反映基准面整体偏差情况（可以反映轮廓和位置偏差），适合建立自动坐标系（精建）。
>
> 3）两种方法在第二基准使用上有差异，"面—线—点"方法使用直线矢量在找正平面上的投射方向来旋转第二轴向；"面—面—面"方法使用平面的法向矢量来旋转第二轴向。
>
> 在实际检测过程中，推荐使用"面—线—点"与"面—面—面"组合的方式完成坐标系的建立。

3

PROJECT

3.5.8 自动测量特征

1）自动测量 PLN_D001_1（PLN_D001_2 与基准平面 C 为同一个元素，不需要再次测量）的步骤如下。

20. 自动测量特征

① 更换测针为"测尖/T1A90B-90"。

② 在 PLN_D001_1 上手动触测 4~6 点后按操纵盒上的"确认"键生成测量命令。

③ 按照图样修改平面尺寸的理论值及测点的理论值。如 PLN_D001_1 特征 Y 轴方向的理论值为 140mm，理论矢量为（0，1，0）。

④ 平面特征尺寸测量首尾都应加移动点，确保不会发生碰撞，而且尽量保证首尾移动点坐标一致。PLN_D001_1 测量示意图如图 3-38 所示。

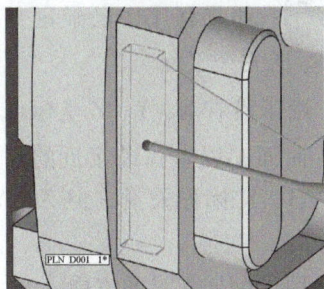

图 3-38 PLN_D001_1 测量示意图

2）自动测量 CYL_D002_1、CYL_D002_2（M10×1.5 螺纹孔）的步骤如下。

① 更换测针为"测尖/T1A90B-90"。

② 根据图样确定元素中心坐标值：
CYL_D002_1（-8，-70，-16），螺距为 1.5mm。
CYL_D002_2（-8，-70，-74），螺距为 1.5mm。

③ 单击圆柱自动测量按钮，在弹出的对话框中输入相应参数，CYL_D002_1 对应参数如下。

中心坐标 X、Y、Z 为（-8，-70，-16）。

曲面矢量 I、J、K 为（1，0，0）。

PLN_D001_1 测量程序

移动/点，常规，<30.0000，-150.0000，-40.0000>

PLN_D001_1＝特征/平面，直角坐标，轮廓
理论值/<-6.04，-140，-52.3643>，<0，-1，0>
实际值/<-6.04，-140，-52.3643>，<0，-1，0>
测定/平面，4
触测/基本，常规，<-2.5663，-140，-34.6411>，<0，-1，0>，<-2.5663，-140，-34.6411>，使用理论值＝是
触测/基本，常规，<-9.1813，-140，-34.8647>，<0，-1，0>，<-9.1813，-140，-34.8647>，使用理论值＝是
触测/基本，常规，<-9.5864，-140，-70.0107>，<0，-1，0>，<-9.5864，-140，-70.0107>，使用理论值＝是
触测/基本，常规，<-2.8258，-140，-69.9407>，<0，-1，0>，<-2.8258，-140，-69.9407>，使用理论值＝是
终止测量/
移动/点，常规，<30.0000，-150.0000，-40.0000>

知识链接

典型特征自动测量功能

PC-DMIS 提供了常见典型特征的自动测量功能，可单击"视图"→"工具栏"→"自动特征"按钮显示，自动测量菜单如图 3-39 所示。项目 3 中会陆续用到：自动平面测量、自动圆测量、自动圆柱测量、自动圆锥测量、自动球测量。

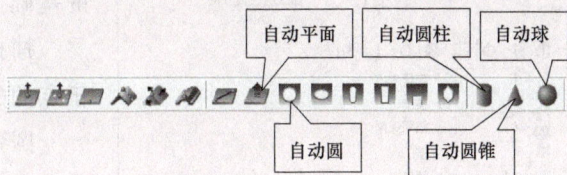

图 3-39 自动测量菜单

3

PROJECT

59

起始角度为（0，0，−1）。

选择内柱，"直径"为"8"，"长度"为"17"，"起始角"为"0"，"终止角"为"360"，"方向"选择"逆时针"。

"每层测点"为"4"，"深度"为"4"，"结束深度"为"4"，"层"为"3"；"避让移动"选择"两者"，"距离"为"20"。

螺纹孔如图 3-40 所示，CYL_D002_1 和 CYL_D002_2 参数设置分别如图 3-41、图 3-42 所示。

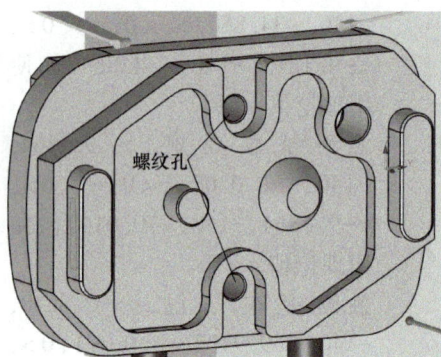

图 3-40 螺纹孔

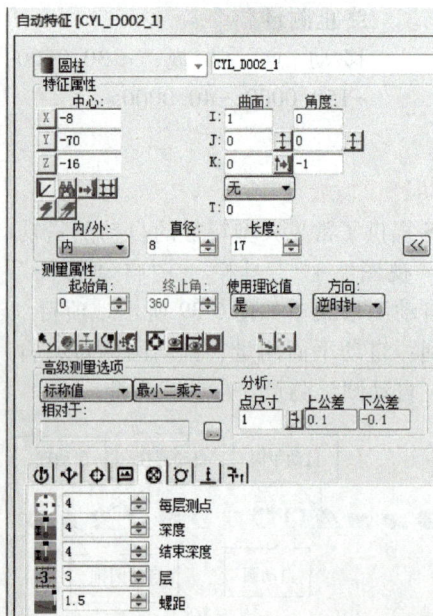

图 3-41 CYL_D002_1 参数设置

"自动特征"对话框参数含义

X、Y、Z 数值框：显示点特征位置的 X、Y、Z 理论值。

坐标切换：用于直角坐标和极坐标之间的显示切换（极坐标：以极径、角度、Z 值的极坐标方式显示特征坐标值；直角坐标：以 X、Y、Z 直角坐标方式显示特征坐标值）。

查找按钮：根据 X、Y、Z 值查找 CAD 图上最接近的 CAD 元素（有数模时才可使用）。

从 CMM 上读取点：使用 CMM 读取测头当前位置作为矢量点的理论值。

曲面矢量 I、J、K：自动测点时该点的矢量方向。

自动匹配测量角度：根据被测元素的矢量方向自动选择合适的测头角度进行测量（该功能在脱机编程时可以使用，联机状态下不建议使用）。

安全平面开关：如果程序中已经定义了安全平面，测量时将激活安全平面。

查找矢量：用于沿着 X、Y、Z 坐标点和 I、J、K 矢量刺穿所有曲面，以查找最接近的点。曲面矢量将显示为 I、J、K 标称矢量，但 X、Y、Z 值不会改变。

翻转矢量：用于翻转矢量的方向。

料厚补偿：用于补偿钣金件测量中实际零件的厚度，使用此选项之后，会显示料厚输入框，输入料厚值即可对料厚进行补偿。

测量开关：选中此选项再单击"创建"按钮，开始进行特征元素的测量，否则只生成程序。

重测开关：选中此选项，将在第一次测量的基础上进行矢量修正，再测量一遍。

捕捉点：选中此选项，所有偏差都将位于点的矢量方向上。

圆弧移动开关：选中此选项，在测量圆、圆柱、圆锥、球体等元素时，在测点与测点之间，测头将按圆弧移动。

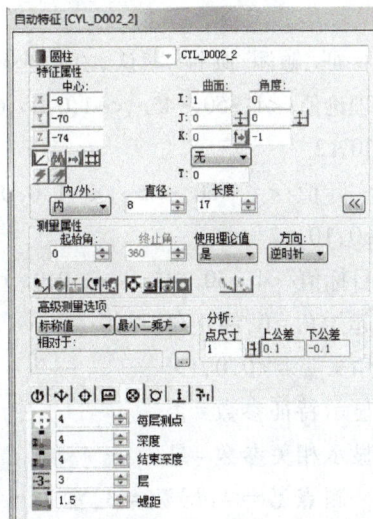

图 3-42 CYL_D002_2 参数设置

④ 单击"创建"按钮，在编辑窗口中创建测量圆柱的程序（不建议使用测量开关 ）。

⑤ 运行该测量程序并调试参数设置是否合理。

将指针放在编辑窗口测量程序处，按组合键<Ctrl+E>执行单条测量命令。

第一次输入的所有参数未必合适，还需要根据零件的实际情况加以验证和调整，尤其是测点位置的分布。

特征 CYL_D002_1 与特征 CYL_D002_2 之间无须添加移动点，使用两者移动功能可完成避让动作测量轨迹，如图 3-43 所示。

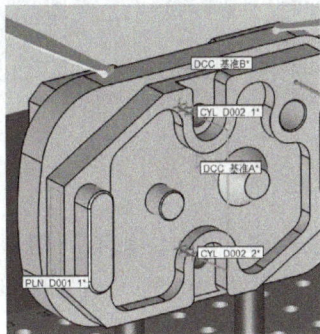

图 3-43 测量轨迹图

显示触测路径开关 ：选中之后在图形窗口中将显示当前元素的测量路径。

法向视图开关 ：选中之后在图形窗口中将显示当前元素的法向视图。

水平视图开关 ：选中之后在图形窗口中将显示当前元素的水平视图。

显示测量点开关 ：选中之后在图形窗口中将显示当前元素的各个理论触测点。

路径属性 ：用于定义测点的数量和位置（对矢量点不可用）。

自由移动属性 ：用于定义测量前和测量后测头的安全位置。在下拉列表中有"否""两者""前""后"4 个选项。

两者：PC-DMIS 在测量特征之前和之后都应用设置的避让距离（如图 3-44a 所示，移动路径为 A-B-C-B）。

前：PC-DMIS 仅在测量特征之前应用设置的避让距离（如图 3-44a 所示，移动路径为 A-B-C）。

后：PC-DMIS 仅在测量特征之后应用设置的避让距离（如图 3-44b 所示，移动路径为 A-C-B）；

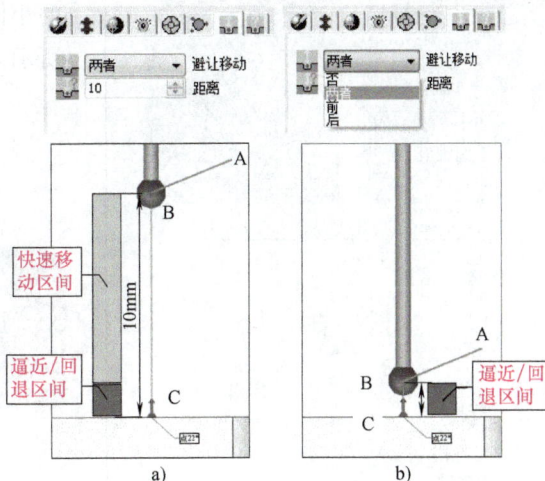

图 3-44 移动设置

否：PC-DMIS 不应用任何避让距离值（如图 3-44b 所示，移动路径为 A-B-C-B）。

3）自动测量 CONE_A004 的步骤如下。

① 更换测针为"测尖/T1A90B-90"。

② 确定元素中心坐标值：CONE_A004（4，-50，-45）。

③ 单击圆锥自动测量按钮，在弹出的对话框中输入相应参数。

中心坐标 X、Y、Z 为（4，-50，-45）。

曲面矢量 I、J、K 为（-1，0，0）。

起始角度为（0，0，1）。

选择外锥，"直径"为"12"，"长度"为"10"，"起始角"为"0"，"终止角"为"360"。

"每层测点"为"4"，"深度"为"2"，"结束深度"为"2"，"层"为"3"；"避让移动"选择"两者"，"距离"为"20"。

圆锥面及 CONE_A004 参数设置如图 3-45 所示。

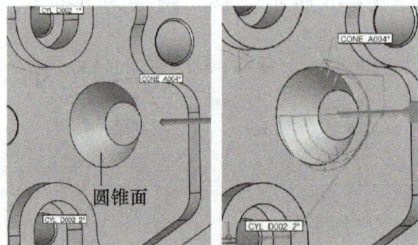

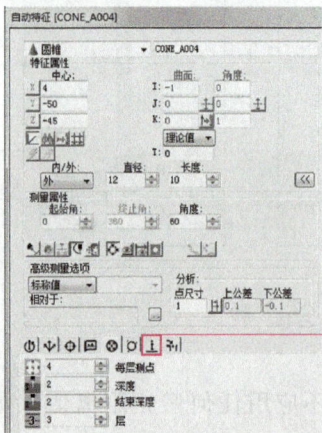

图 3-45　CONE_A004 参数设置

CONE_A004 测量程序

CONE_A004 ＝特征/触测/圆锥/默认，直角坐标，

理论值/<4，-50，-45>，<-1，0，0>，60，10，12

实际值/<4，-50，-45>，<-1，0，0>，60，10，12

目标值/<4，-50，-45>，<-1，0，0>

起始角＝0，终止角＝360

角矢量＝<0，0，1>

显示特征参数＝否

显示相关参数＝是

　测点数＝4，层数＝3，深度＝2，终止补偿＝2

　采样方法＝样例点

　样例点＝0，间隙＝0

　自动移动＝两者，距离＝20

　出错＝否，读位置＝否

显示触测＝否

知识链接

圆锥矢量方向的定义

内、外圆锥的矢量方向定义遵循：从圆锥的小圆截面中心指向大圆截面中心，如图 3-46 所示。

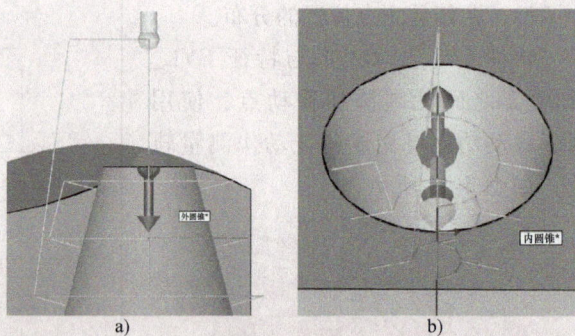

图 3-46　圆锥的矢量方向

假定竖直向上为 Z+方向，则有：图 3-46a 所示圆锥曲面矢量为（0，0，-1）；图 3-46b 所示圆锥曲面矢量为（0，0，1）。

3

PROJECT

④ 单击"创建"按钮，在编辑窗口中创建测量圆锥的程序。

⑤ 运行该测量程序并调试参数设置是否合理。

将指针放在编辑窗口测量程序处，按组合键<Ctrl+E>执行单条测量命令。

4）自动测量 CYL_D005 的步骤如下。

① 更换测针为"测尖/T1A90B-90"。

② 确定元素中心坐标值：CYL_D005（4，-91，-45）。

③ 单击圆柱自动测量图标，在弹出的对话框中输入相应参数。

中心坐标 X、Y、Z 为（4，-91，-45）。

曲面矢量 I、J、K 为（1，0，0）。

起始角度为（0，0，-1）。

选择外柱，"直径"为"12"，"长度"为"-10"，"起始角"为"0"，"终止角"为"360"，"方向"选择"逆时针"。

"每层测点"为"4"，"深度"为"2"，"结束深度"为"2"，"层"为"3"；"避让移动"选择"两者"，"距离"为"20"。

CYL_D005 参数设置如图 3-47所示。

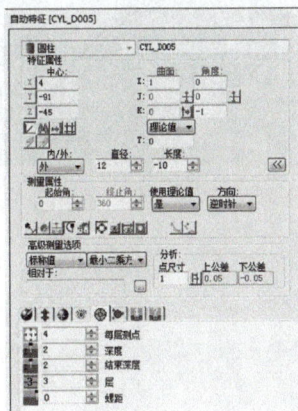

图 3-47 CYL_D005 参数设置

CYL_D005 测量程序

CYL_D005 　=特征/触测/圆柱/默认,直角坐标,外,最小二乘方

　　理论值/<4,-91,-45>,<1,0,0>,12,-9.5

　　实际值/<4,-91,-45>,<1,0,0>,12,-9.5

　　目标值/<4,-91,-45>,<1,0,0>

起始角=0,终止角=360

角矢量=<0,0,-1>

方向=逆时针

显示特征参数=否

显示相关参数=是

　　测点数=4,层数=3,深度=2,终止补偿=2

　　采样方法=样例点

　　样例点=0,间隙=0

　　自动移动=两者,距离=20

　　查找孔=无效,出错=否,读位置=否

显示触测=否

④ 单击"创建"按钮，在编辑窗口中创建测量圆柱的程序。圆柱特征及测量路径如图 3-48 所示。

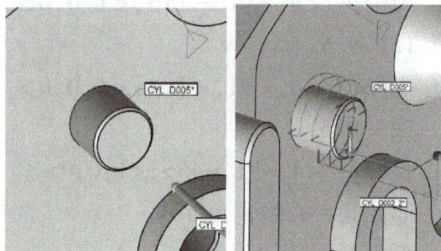

图 3-48　圆柱特征及测量路径

⑤ 运行该测量程序并调试参数设置是否合理。

知识链接
拖动测点位置

如图 3-49 所示，计划测量距离上端面 2mm 至距下底面 2mm 区间内的圆柱面，每层测点 4 个，共 3 层。

遇到的问题是，采用圆自动测量命令，标注的测点落在凹口处，无法测量。

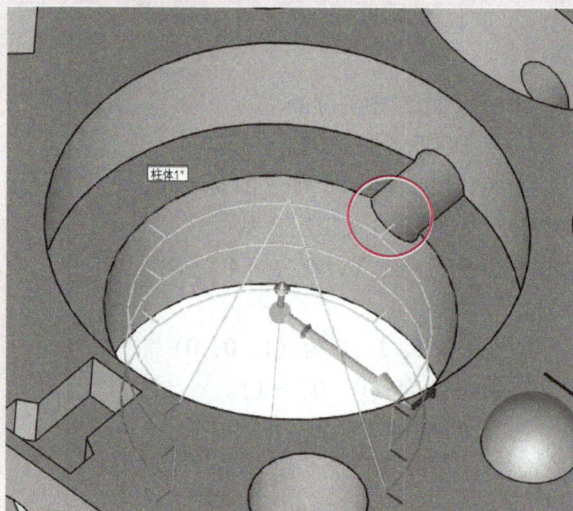

图 3-49　测点落在凹口处

解决方法是，可以拖动测点到边缘位置，以避开凹口，如图 3-50 所示。

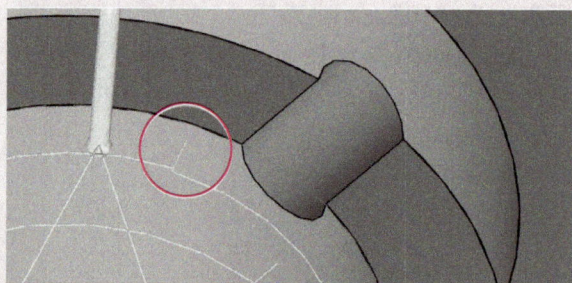

图 3-50　避开凹口

3 PROJECT

5）自动测量 PLN _ PA006 _ 1（PLN_PA006_2 与基准平面 A 为同一个元素，不需要再次测量）的步骤如下。

平面触测方法不再赘述，测点位置如图 3-51 所示。

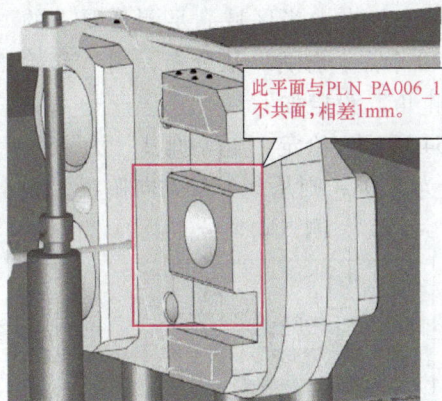

图 3-51　测点位置

测量过程中需通过添加移动点来保证与上一个自动测量元素的衔接。测头移动路径如图 3-52 所示。

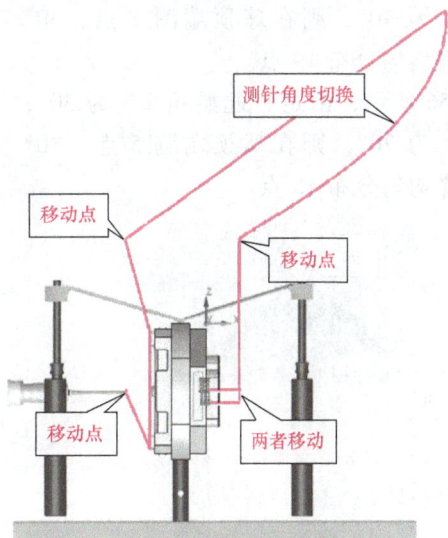

图 3-52　测头移动路径示意图

PLN_PA006_1 测量程序

测尖/T1A90B90,支撑方向 IJK＝-1,0,0,角度＝90

移动/点,常规,<-60.0000,
-50.0000,60.0000>

PLN_PA006_1=特征/平面,直角坐标,轮廓

理论值/<-38,-108.886,-48.7906>,
<-1,0,0>

实际值/<-38,-108.8849,-48.7906>,
<-1,-0,0>

测定/平面,8

触测/基本,常规,<-38,-94.2799,
-6.8288>,<-1,0,0>,<-38,-94.2789,
-6.8289>,使用理论值=是

触测/基本,常规,<-38,-119.254,
-6.6714>,<-1,0,0>,<-38,-119.253,
-6.6715>,使用理论值=是

触测/基本,常规,<-38,-125.7365,
-16.0867>,<-1,0,0>,<-38,-125.7355,
-16.086>,使用理论值=是

触测/基本,常规,<-38,-94.1611,
-16.6826>,<-1,0,0>,<-38,-94.1601,
-16.6826>,使用理论值=是

触测/基本,常规,<-38,-93.6797,
-81.6139>,<-1,0,0>,<-38,-93.6787,
-81.6139>,使用理论值=是

触测/基本,常规,<-38,-123.8798,
-81.4598>,<-1,0,0>,<-38,-123.8788,
-81.4598>,使用理论值=是

触测/基本,常规,<-38,-123.3091,
-90.3795>,<-1,0,0>,<-38,-123.3081,
-90.3796>,使用理论值=是

触测/基本,常规,<-38,-94.1467,
-90.7724>,<-1,0,0>,<-38,-94.1457,
-90.7724>,使用理论值=是

终止测量/

移动/点,常规,<-60.0000,-108.0000,
-50.0000>

3

PROJECT

6）自动测量 SPHERE_SR007（外球）的步骤如下。

① 更换测针为"测尖/T1A90B90"。

② 确定元素中心坐标值：

SPHERE_SR007（-38，-40，-45）。

③ 单击球自动测量按钮，在弹出的对话框中输入相应参数。

中心坐标 X、Y、Z 为（-38，-40，-45）。

曲面矢量 I、J、K 为（-1，0，0）。

起始角度为（0，0，-1）。

选择外球，"直径"为"8"，"起始角1"为"0"，"终止角1"为"360"，"起始角2"为"30"，"终止角2"为"90"。

"总测点数"为"12"，"行"为"3"；"避让移动"选择"两者"，"距离"为"20"。

SPHERE_SR007 参数设置如图3-53所示。

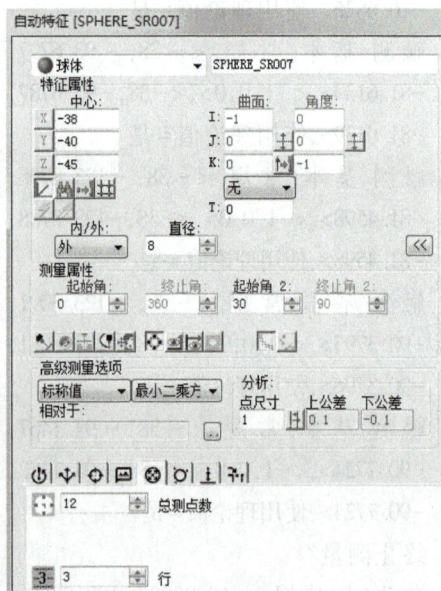

图 3-53　SPHERE_SR007 参数设置

知识链接

球特征的"起始角"和"终止角"

"起始角"和"终止角"对圆、圆柱、圆锥特征有效，对于球特征，则由"起始角1""终止角1"和"起始角2""终止角2"共同控制测量范围。

假设在一个仅有一半区域满足测量要求的外球上测量20个点，分为2层分布，则"起始角"和"终止角"设定如下。

如图3-54所示，给定"起始角1"为45°，"终止角1"为270°，则从球矢量方向俯视，测量区域为45°~270°，测点均匀分布。

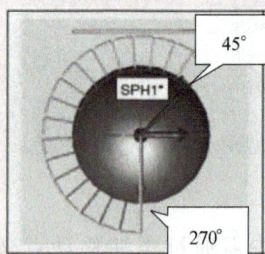

图 3-54　角度分布 1

如图3-55所示，给定"起始角2"为30°，"终止角2"为90°，则在球顶端测1点，30°（纬度）位置均匀分布19点。

如图3-56所示，给定"起始角2"为30°，"终止角2"为70°，则在球顶端测5点，30°（纬度）位置均匀分布15点。

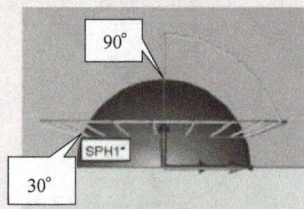

图 3-55　角度分布 2

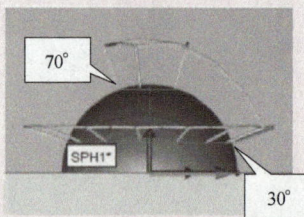

图 3-56　角度分布 3

④ 单击"创建"按钮，在编辑窗口中创建测量球的程序。球特征及测量路径如图 3-57 所示。

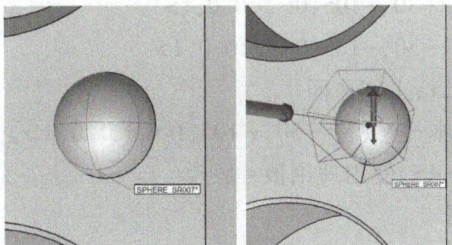

图 3-57 球特征及测量路径

⑤ 运行该测量程序并调试参数设置是否合理。

SPHERE_SR007 测量程序

SPHERE_SR007＝特征/触测/球体/默认,直角坐标外,最小二乘方

理论值/<-38,-40,-45>,<-1,0,0>,8

实际值/<-38,-40,-45>,<-1,0,0>,8

目标值/<-38,-40,-45>,<-1,0,0>

起始角 1＝0,终止角 1＝360

起始角 2＝30,终止角 2＝90

角矢量＝<0,0,-1>

显示特征参数＝否

显示相关参数＝是

测点数＝12,行数＝3

样例点＝0

自动移动＝两者,距离＝20

显示触测＝否

21. 构造特征

7）自动测量对称平面 PLN_SY008_1、PLN_SY008_2，构造特征组的步骤如下。

① 更换测针为"测尖/T1A90B90"。

② 测点位置如图 3-58 所示。

根据对称度定义要求，需要在这两个平面的对称位置测量多组点（本例采用 4 组），最后将这些测点按照对应关系构造为特征组。

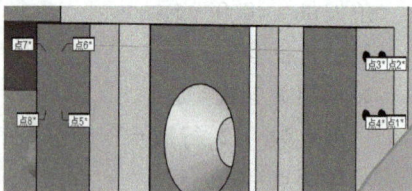

图 3-58　测点位置

点 1 与点 5 位置对应，点 2 与点 6 位置对应（对应点的坐标值也需要有对应关系），依此类推。

③ 单击"插入"→"特征"→"构造"→"特征组"按钮，按照点的对应关系顺序依次选择，构造用于评价对称度的特征组 PLN_SY008，如图 3-59 所示。

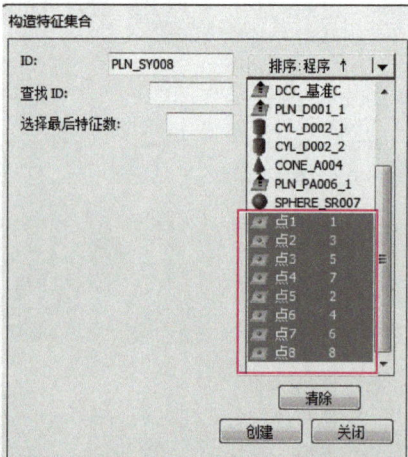

图 3-59　构造特征组

PLN_SY008 测量程序

移动/点,常规,<-60.0000,-105.0000,0.0000>

点 1 = 特征/点,直角坐标

理论值/<-30,-105,0>,<0,0,1>

实际值/<-30,-105,0 >,<0,0,1>

测定/点,1,工作平面

触测/基本,常规,<-30,-105,0>,<0,0,1>,<-30,-105,-4>,使用理论值=是

终止测量/

点 2　……

　　……

点 7　……

点 8　= 特征/点,直角坐标

理论值/<-35,-105,-90>,<0,0,-1>

实际值/<-35,-105,-90>,<0,0,-1>

测定/点,1,工作平面

触测/基本,常规,<-35,-105,-90>,<0,0,-1>,<-35,-105,-90>,使用理论值=是

终止测量/

移动/点,常规,<-60.0000,-93.0000,-100.0000>

移动/点,常规,<-60.0000,-93.0000,0.0000>

PLN_SY008 = 特征/特征组,直角坐标

理论值/<-32.5,-100,-45>,<0,0,1>

实际值/<-32.5,-100,-45>,<0,0,1>

构造/特征组,基本,点 1,点 5,点 2,点 6,点 3,点 7,点 4,点 8,

3 PROJECT

8）测量对称度基准 *D*。根据图样标注，基准 *D* 为两对称平面的中分面。

其测量步骤如下：

① 测量两个对称平面。

② 插入构造平面，单击"插入"→"特征"→"构造"→"平面"按钮，选择"中分面"功能。

③ 选中用于构造中分面的两个平面，单击"创建"按钮，完成构造中分面命令创建，如图 3-60 所示。

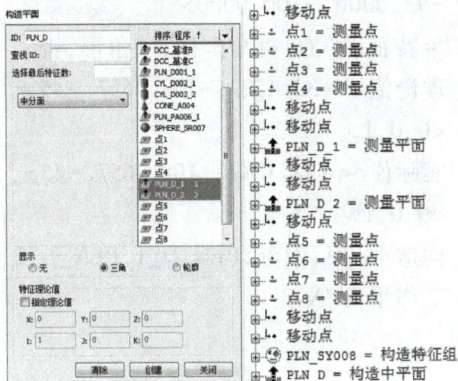

图 3-60　创建中分面

对称度基准 *D* 测量程序

移动/点,常规,<-60.000,-93.000,-30.000>

PLN_D_1　=特征/平面,直角坐标,轮廓

理论值/<-32.441,-108.616,-30>,<0,0,1>

实际值/<-32.441,-108.616,-30>,<0,0,1>

测定/平面,4

触测/基本,常规,<-30.826,-123.304,-30>,<0,0,1>,<-30.826,-123.304,-30>,使用理论值=是

触测/基本,常规,<-30.679,-94.310,-30>,<0,0,1>,<-30.679,-94.310,-30>,使用理论值=是

触测/基本,常规,<-34.247,-93.729,-30>,<0,0,1>,<-34.247,-93.729,-30>,使用理论值=是

触测/基本,常规,<-34.013,-123.120,-30>,<0,0,1>,<-34.013,-123.120,-30>,使用理论值=是

终止测量/

移动/点,常规,<-60.0000,-93.0000,-30.0000>

移动/点,常规,<-60.0000,-93.0000,-100.0000>

PLN_D_2　=特征/平面,直角坐标,轮廓

理论值/<-32.476,-109.3152,-60>,<0,0,-1>

实际值/<-32.476,-109.3152,-60>,<0,0,-1>

测定/平面,4

触测/基本,常规,<-31.2036,-123.458,-60>,<0,0,-1>,<-31.2036,-123.458,-60>,使用理论值=是

触测/基本,常规,<-33.6311,-123.3866,-60>,<0,0,-1>,<-33.6311,-123.3866,-60>,使用理

3 PROJECT

图 3-61 所示为优化测量顺序（自上而下）后的测头移动路径。

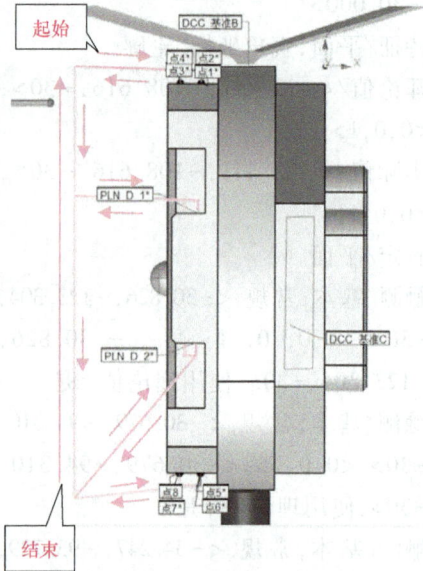

图 3-61　测头移动路径优化

论值 = 是

触测/基本，常规，< - 33.9547，-95.1225, -60 >, <0,0,-1>，<-33.9547, -95.1225, -60>,使用理论值 = 是

触测/基本，常规，< - 31.1144，-95.2936, - 60 >, < 0, 0, - 1 >，<-31.1144, -95.2936, -60>,使用理论值 = 是

终止测量/

移动/点，常规，< - 60.0000，-93.0000, -100.0000>

PLN_D　=特征/平面,直角坐标,三角形,否

理论值/<-32.4589, -108.9657, -45>，<0,0,1>

实际值/<-32.4589, -108.9657, -45>，<0,0,1>

构造/平面,中分,PLN_D_1,PLN_D_2

工作平面/X 正

3.5.9　尺寸评价

1. 尺寸 D001 评价

22. 尺寸评价

序号	尺寸	描述	理论值	上极限偏差	下极限偏差
1	D001	尺寸2D距离	140mm	0mm	-0.03mm

被评价特征：PLN _ D001 _ 1、PLN_D001_2。

1）选择工作平面为"X 正"，YZ 平面作为投影平面。

2）单击"距离"按钮 ↔，插入距离评价。

3）在"距离"对话框左侧特征栏中选择被评价元素，参数设置如图 3-62 所示，并填入图样公差。

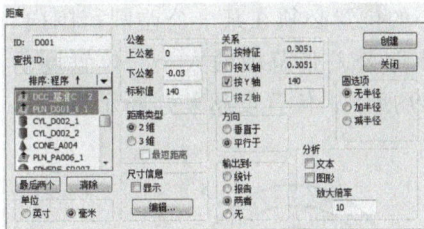

图 3-62　参数设置 1

4）单击"创建"按钮，完成距离评价程序的创建，如图 3-63 所示。

图 3-63　距离评价程序

2. 尺寸 D002 评价

序号	尺寸	描述	理论值	上极限偏差	下极限偏差
2	D002	尺寸2D距离	58mm	+0.1mm	-0.1mm

被评价特征：CYL _ D002 _ 1、CYL_D002_2。

1）插入距离评价，投影平面不进行更改。

知识链接

工作平面和投影平面

工作平面是一个视图平面，类似图样上的三视图，工作时从这个视图角度往外看。假定在 Z+平面工作，那么工作平面就是 Z+平面；若待测量元素在右侧面，那么工作平面是 X+平面。测量时，通常在一个工作平面上测量完所有的几何特征以后，再切换至另一个工作平面，接着测量该工作平面上的几何特征。工作平面选取如图 3-64 所示。

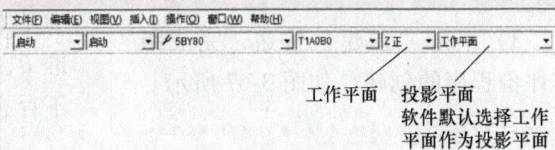

图 3-64　工作平面选取

工作平面、坐标轴和角度方向之间的关系如图 3-65 所示。

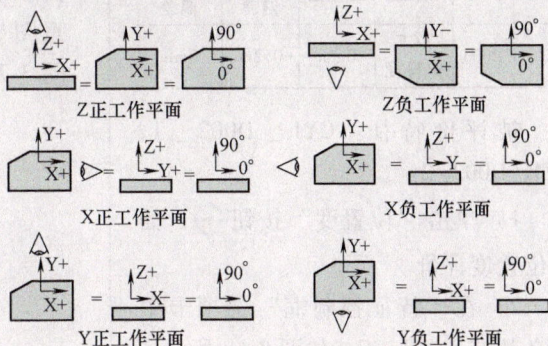

图 3-65　工作平面、坐标轴和角度方向之间的关系

PC-DMIS 默认选择工作平面作为二维几何特征的投影平面，也可以在投影平面下拉列表中选择某个平面作为投影平面，但一般只用于一些特殊角度的投影，较少使用，并且部分软件功能需要参考方向时，工作平面的法向矢量方向将作为默认方向，如球的矢量方向、构造坐标轴的方向和安全平面的方向等。

3

PROJECT

2）在"距离"对话框左侧特征栏中选择被评价元素,参数设置如图3-66所示,并填入图样公差。

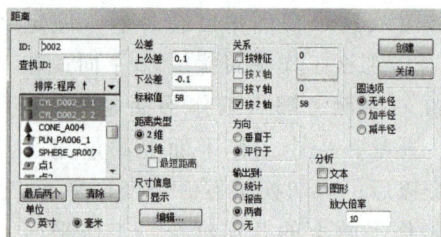

图3-66　参数设置2

3）单击"创建"按钮,完成距离评价程序的创建,如图3-67所示。

图3-67　距离评价程序

3. 尺寸 P003 评价

序号	尺寸	描述	理论值	上极限偏差	下极限偏差
3	P003	FCF位置度	0mm	+0.2mm	0mm

被评价特征:CYL_D002_1、CYL_D002_2。

1）单击"位置度"按钮 ⊕,插入位置度评价。

2）在"特征控制框"选项卡中定义基准A、B、C,如图3-68所示。

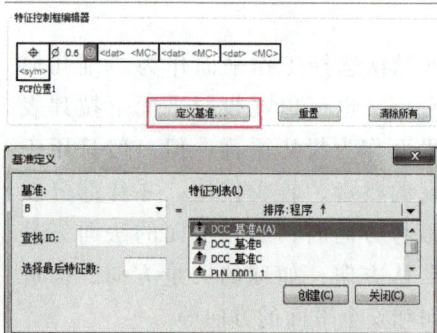

图3-68　定义基准

知识链接
位置度评价概述

位置度检测是经常用到的一项功能。在进行位置度检测时,首先要很好地理解图样要求,在此基础上选择合适的基准。所谓"位置度",就是相对于这些基准的位置准确程度。测量这些基准时,可以使用这些基准建立零件坐标系,也可以使用这些基准作为基准元素评价位置度。

评价位置度的基准元素选择和建立坐标系的元素选择有相似之处,都要用平面或轴线作为基准A,用投射于第一个坐标平面的线作为基准B,用坐标系原点作为基准C。如果这些元素不存在,可以用构造功能生成这些元素。

位置度公差带可想象为靶环,靶心表示特征理论中心点。由于加工误差的存在,实际圆心位置和理论圆心必然不重合,需用位置度公差带限制圆心的位置必须在某个公差圆范围内,公差数值则表明公差带范围的大小。位置度示意图如图3-69所示,位置度超差判断示意图如图3-70所示。

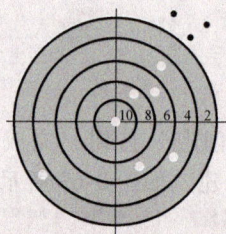

图3-69　位置度示意图

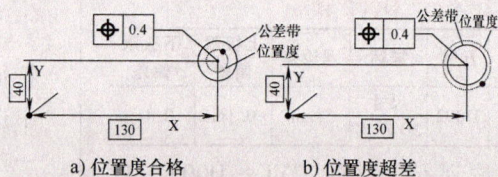

a) 位置度合格　　b) 位置度超差

图3-70　位置度超差判断示意图

与位置公差相比,位置度公差提供了较大的公差带区域,也越来越被制造企业所接受并广泛采用。

3）在"特征控制框"选项卡左侧特征栏中选择被评价元素，并按照图样标注选择基准，输入公差值，参数设置如图 3-71 所示。

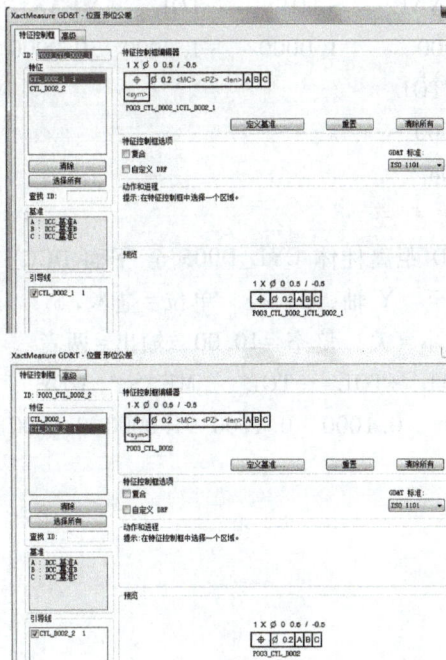

图 3-71 参数设置 3

4）单击"创建"按钮，完成位置度评价程序的创建。

P003 尺寸评价程序

基准定义/特征＝DCC_基准 A，A

基准定义/特征＝DCC_基准 B，B

基准定义/特征＝DCC_基准 C，C

P003_CYL_D002_1＝位置：CYL_D002_1

特征圆框架显示理论值＝否，显示参数＝是，显示延伸＝是

CAD 图＝关，报告图＝关，文本＝关，倍率＝10.00，箭头密度＝100，输出＝两者，单位＝毫米

COMPOSITE＝否，拟和基准＝是，垂直于中心线的偏差＝开，输出坐标系＝基准参考框

自定义 DRF＝否

标准类型＝ISO_1101

尺寸公差/1，直径，0，0.5，－0.5

首尺寸/位置度，直径，0.2，＜MC＞，＜PZ＞，＜len＞，A，B，C

次尺寸/＜Dim＞，＜tol＞，＜MC＞，＜dat＞，＜dat＞

注解/P003_CYL_D002_1CYL_D002_1

特征/CYL_D002_1，，

P003_CYL_D002_2＝位置度（略）

3

PROJECT

4. 尺寸 A004 评价

序号	尺寸	描述	理论值	上极限偏差	下极限偏差
4	A004	尺寸2D角度	30°	+1°	−1°

被评价特征：CONE_ A004。

1）单击"位置"按钮 ⊞，插入位置评价。

2）在"特征位置"对话框左侧特征栏中选择被评价元素，"坐标轴"勾选"角度"，并输入公差值，参数设置如图 3-72 所示。

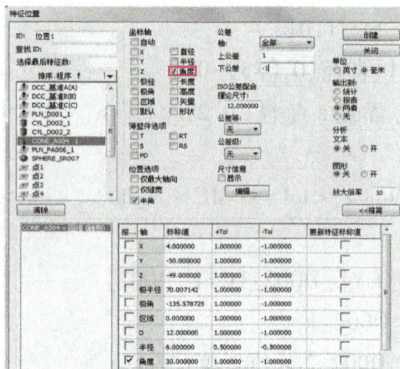

图 3-72 参数设置 4

3）单击"创建"按钮，完成锥角评价程序的创建。

5. 尺寸 D005 评价

序号	尺寸	描述	理论值	上极限偏差	下极限偏差
5	D005	尺寸2D距离	91mm	+0.1mm	−0.1mm

被评价特征：CYL_ D005。

参照上述距离评价操作方法，参数设置如图 3-73 所示。

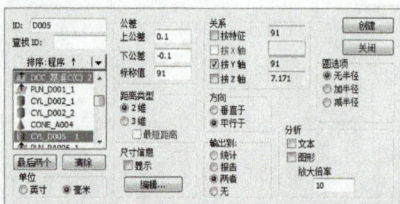

图 3-73 参数设置 5

A004 尺寸评价程序

DIM A004＝圆锥 的位置 CONE_A004 单位＝毫米，$
图示＝关 文本＝关 倍率＝10.00 输出＝两者
半角＝否

AX	NOMINAL	+TOL	−TOL	MEAS
锥角	30.0000	1.0000	−1.0000	30.0000

DEV OUTTOL
0.0000 0.0000 ----#----
终止尺寸 A004

D005 尺寸评价程序

DIM D005＝2D 距离柱体 CYL_D005 至 平面 DCC_基准 C 平行 至 Y 轴,无半径 单位＝毫米,$
图示＝关 文本＝关 倍率＝10.00 输出＝两者

AX	NOMINAL	+TOL	−TOL	MEAS	DEV
M	91.0000	0.1000	−0.1000	91.0000	0.0000

OUTTOL
0.0000

知识链接

"报告窗口"介绍

尺寸误差评价是三坐标测量技术最终的落脚点，尺寸评价功能用于评价尺寸误差和几何误差。

PC-DMIS 软件支持所有类型的尺寸误差和几何误差评价，功能入口："插入"→"尺寸"按钮，所插入的评价在报告中体现，需要勾选"视图"→"报告窗口"，如图 3-74 所示。

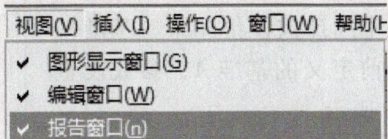

图 3-74 "报告窗口"显示

熟练编辑测量报告的前提是了解软件报告窗口常用命令按钮，报告窗口如图 3-75 所示。

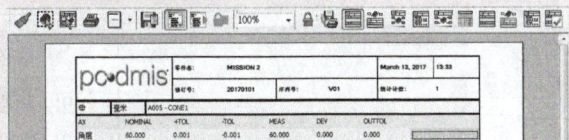

图 3-75 报告窗口

1）报告刷新按钮 ⬕，用于重新生成报告。

2）报告打印按钮 ⬕，用于打印报告。

3）报告查看按钮 ⬕，用于生成测量例程中自第一条命令至最后一条命令的报告。

4）上次执行报告按钮 ⬕，用于查看上次执行过程中包含的报告项目，排列顺序与执行顺序相同。

5）仅文本报告按钮 ⬕，PC-DMIS 默认报告模板。

以上几个命令按钮涉及初步学习中比较常用的功能，需要熟练掌握。

可通过<Ctrl+Tab>快捷键实现"图形显示窗口"和"报告窗口"的切换。

3

PROJECT

6. 尺寸 PA006 评价

序号	尺寸	描述	理论值	上极限偏差	下极限偏差
6	PA006	FCF 平行度	0mm	+0.02mm	0mm

被评价特征：PLN_PA006_1、PLN_PA006_2。

1）单击"平行度"按钮 //，插入平行度评价。

2）在"特征控制框"选项卡左侧特征栏中选择被评价元素，基准框中选择之前定义的基准 A，参数设置如图 3-76 所示。

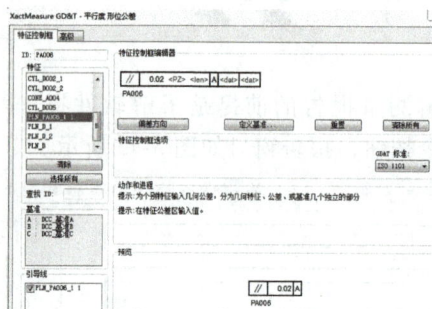

图 3-76 参数设置 6

3）单击"创建"按钮，完成平行度评价程序的创建。

PA006 尺寸评价程序

PA006 = 平行度：PLN_PA006_1

特征圆框架显示参数 = 是，显示延伸 = 是

CAD 图 = 关，报告图 = 关，文本 = 关，倍率 = 10.00，箭头密度 = 100，输出 = 两者，单位 = 毫米

标准类型 = ISO_1101

尺寸/平行度，0.02，<PZ>，<类型>，<len>，<wid>，A，<dat>，<dat>

注解/PA006

特征/PLN_PA006_1,,

知识链接
平行度评价概述

符号	公差项目	被评价特征	有无基准	公差带
//	平行度	直线 圆柱 平面	有	两平行直线(t) 两平行平面(t) 圆柱面(ϕt)

平行度评价必须选择参考基准，基准元素可以是平面，也可以是圆柱，或者是中分面等需要间接测量的元素。

注意：对于平行度、垂直度进行评价，基准特征的理论矢量非常重要，必须按照理论值输入。

7. 尺寸 SR007 评价

序号	尺寸	描述	理论值	上极限偏差	下极限偏差
7	SR007	尺寸 3D 球半径	4mm	+0.1mm	-0.1mm

被评价特征：SPHERE_SR007。

1）单击"位置"按钮 ，插入位置评价。

2）在"特征位置"对话框左侧特征栏中选择被评价元素，"坐标轴"勾选"半径"，并输入公差值，参数设置如图 3-77 所示。

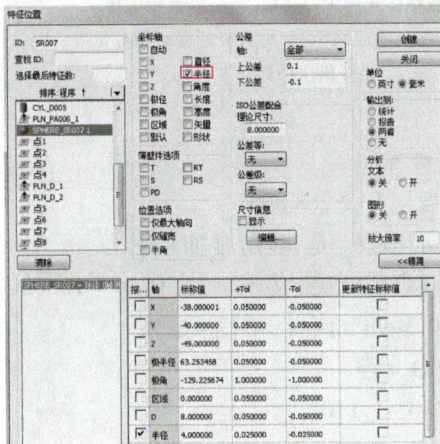

图 3-77　参数设置 7

3）单击"创建"按钮，完成球半径评价程序的创建。

SR007 尺寸评价程序

DIM SR007＝球体 的位置 SPHERE_SR007　单位＝毫米 , $

图示＝关　文本＝关　倍率＝10.00　输出＝两者

半角＝否

AX	NOMINAL	+TOL	-TOL	MEAS
半径	4.0000	0.1000	-0.1000	4.0000

DEV	OUTTOL
0.0000	0.0000

----#----

终止尺寸 SR007

3

PROJECT

8. 尺寸 SY008 评价

序号	尺寸	描述	理论值	上极限偏差	下极限偏差
8	SY008	FCF 对称度	0mm	+0.2mm	0mm

被评价特征："PLN_SY008_1" "PLN_SY008_2"。

1) 单击"对称度"按钮 ≡，插入对称度评价。

2) 将中分面 PLN_D 定义为基准 D。

3) 在"特征控制框"选项卡左侧特征栏中选择被评价元素，基准框中选择基准 D，参数设置如图 3-78 所示。

图 3-78　参数设置 8

4) 单击"创建"按钮，完成对称度评价命令的创建。

知识链接

对称度评价概述

对称度表示零件上两对称要素保持在同一中心平面内的状态。对称度公差是实际要素的对称中心面（或中心线、轴线）对理想对称平面所允许的变动量，如图 3-79 所示。

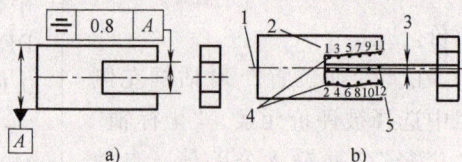

图 3-79　对称度

1—基准特征 A 的中心平面　2—点测量顺序
3—0.8mm 宽公差区域　4—具有交替点的相对元素
5—衍生中间点

SY008 尺寸评价程序

SY008 = 对称度：PLN_SY008

特征圆框架显示参数 = 是,显示延伸 = 是

CAD 图 = 关,报告图 = 关,文本 = 关,倍率 = 10.00,箭头密度 = 100,输出 = 两者,单位 = 毫米

　　自定义 DRF = 否

　　标准类型 = ISO_1101

　　　尺寸/对称度,0.2,D,<dat>

　　　注解/SY008

　　特征/PLN_SY008,

3.5.10 输出PDF报告并保存测量程序

参考项目2报告输出操作，选用"提示"方式，在路径"D：\ PC-DMIS \ MIS-SION 3"中输出检测报告。

23. 保存测量程序

测量程序编制完毕，单击"文件"→"保存"按钮，将测量程序存储在路径"D：\ PC-DMIS \ MISSION 3"中。

知识链接

测量程序版本选择

另存程序时注意程序保存版本的选择。如果编制的程序需要传递给需求方使用，一定要确认对方使用的PC-DMIS版本。例如：需求方使用2015.1版本的软件，而程序在高于这个版本的软件上编写，则必须使用"另存为"命令，并且选择对应的保存版本，如图3-80所示。

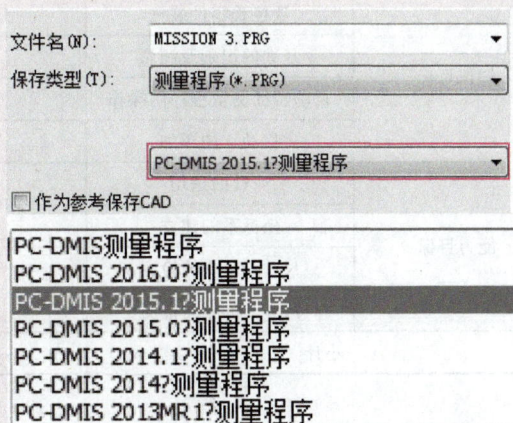

| 文件名(N): | MISSION 3.PRG |
| 保存类型(T): | 测量程序(*.PRG) |

PC-DMIS 2015.1?测量程序

☐ 作为参考保存CAD

PC-DMIS测量程序
PC-DMIS 2016.0?测量程序
PC-DMIS 2015.1?测量程序
PC-DMIS 2015.0?测量程序
PC-DMIS 2014.1?测量程序
PC-DMIS 2014?测量程序
PC-DMIS 2013MR.1?测量程序

图3-80 保存版本

3.6 项目考核（表3-3）

表3-3 数控铣零件的自动测量程序编写及检测考核表

考核项目	考核内容	参考分值	考核结果	考核人
素质目标	遵守纪律	5		
	课堂互动	10		
	团队合作	5		
知识目标	数控铣零件装夹	10		
	基准的识别及测量	10		
	自动特征测量程序的操作	10		
	移动点的添加	10		
能力目标	测针的选用	10		
	坐标系的建立	10		
	尺寸26mm的检测	10		
	尺寸38mm的检测	10		
小计		100		

3.7 项目总结

通过对本项目的学习，能够使用自动测量命令完成零件的自动检测，掌握测头配置及校验、零件装夹、坐标系建立、自动测量、尺寸评价等一系列测量步骤。在后面项目中，将学习数控车轴类零件自动测量程序的编写方法。

项目4 数控车零件的自动测量程序编写及检测

4.1 学习目标

通过本项目的学习，学生应达到以下基本要求：

1）能够正确设置三坐标测量机温度补偿。

2）能够正确完成星形测针的校验。

3）能够正确建立单轴坐标系和回转体零件公共轴线坐标系。

4）能够正确使用多探针测量。

5）能够正确完成同轴度、圆跳动、全跳动等几何公差的测量及评价。

6）能够严格执行操作规程、现场管理规定和"6S"管理规定，注重培养质量和成本意识、规范/公正/严谨/细致等良好的职业素养、劳动精神以及工匠精神。

7）能够与班组长等相关人员进行有效沟通与合作，理解有效沟通和团队合作的重要性。

4.2 考核要点

根据数控车零件图样，按照规划的测量顺序，高效完成尺寸检测表中尺寸的检测，并输出检测报告。

4.3 项目主线

4.4 项目描述

某测量室接到生产部门的零件检测任务，零件图样如图 4-1 所示，测量特征布局图如图 4-2

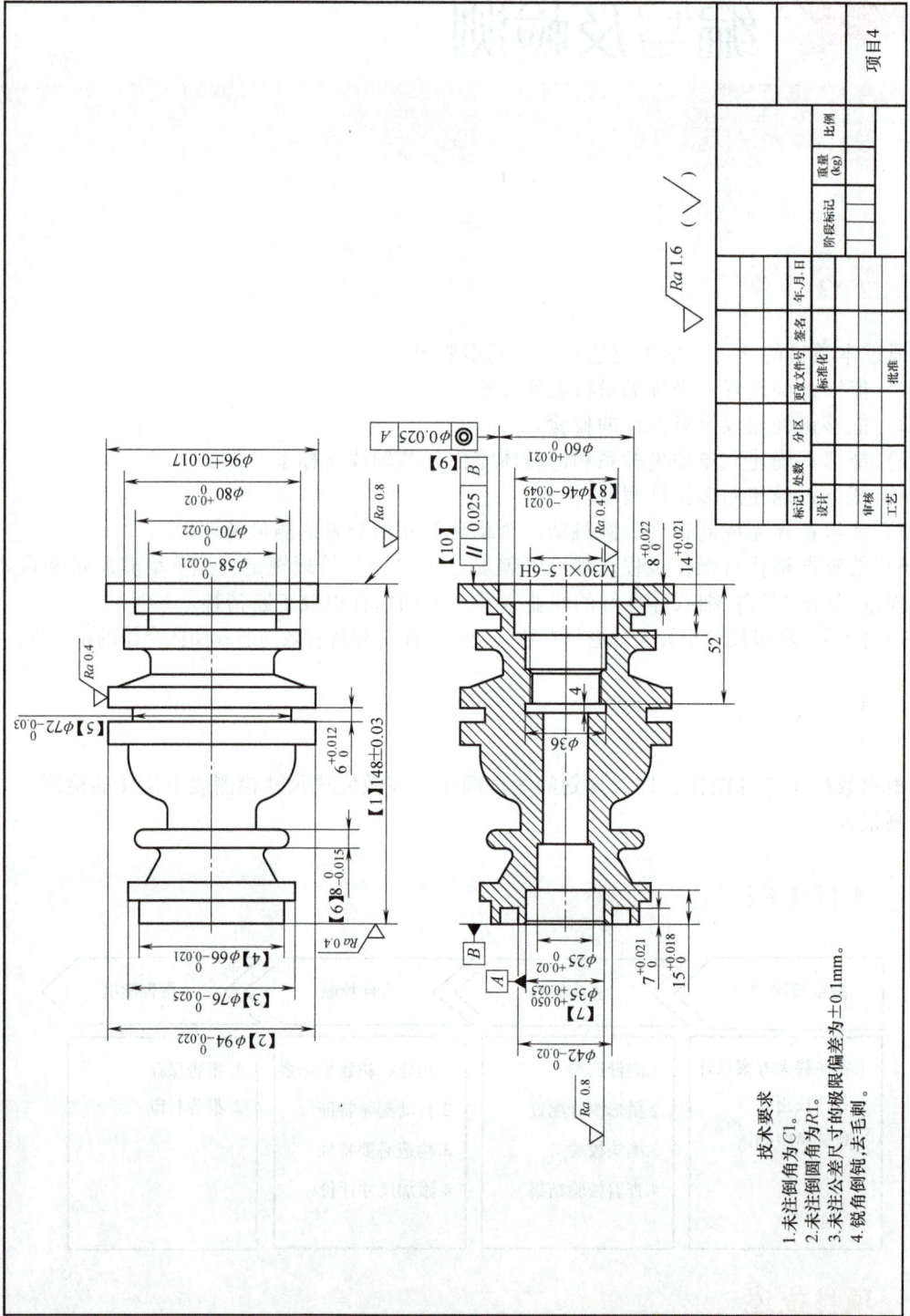

图 4-1 零件图样

4 PROJECT

技术要求
1. 未注倒角为C1。
2. 未注倒圆角为R1。
3. 未注公差尺寸的极限偏差为±0.1mm。
4. 锐角倒钝,去毛刺。

所示，尺寸检测表见表4-1，要求检测零件是否合格。

1）完成尺寸检测表中尺寸项目的检测。

2）给出检测报告，检测报告输出项目包括尺寸名称、实测值、偏差值、超差值，格式为PDF。

3）测量任务结束后，检测人员打印报告并签字确认。

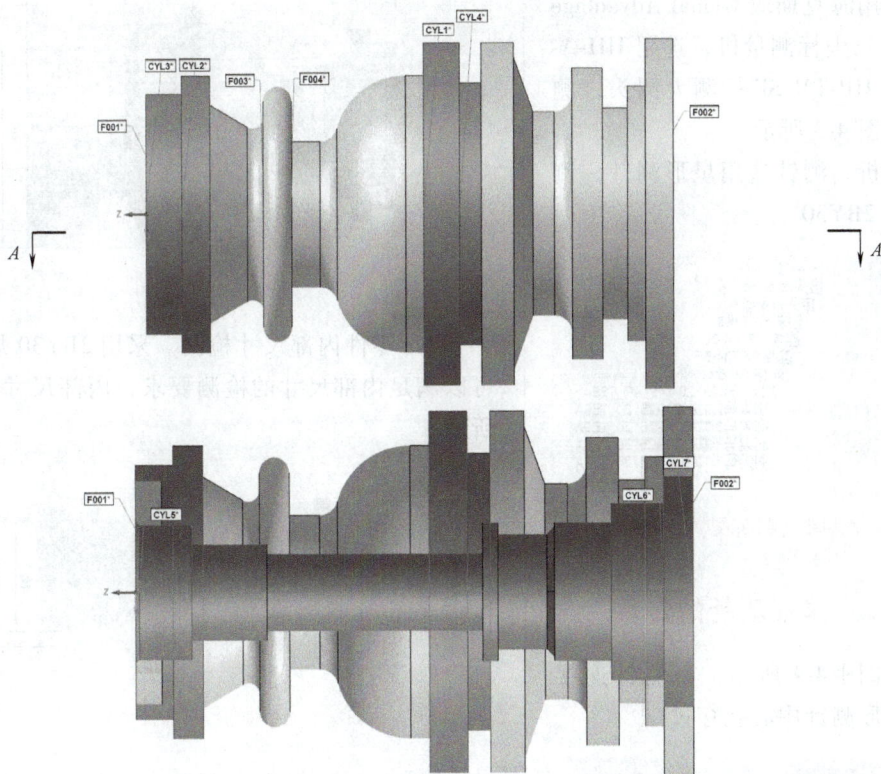

图4-2　测量特征布局图

表4-1　尺寸检测表

序号	尺寸	描述	理论值	上极限偏差	下极限偏差	实测值	偏差值	超差值
1	D001	尺寸 2D距离［F001（Datum B），F002］	148mm	+0.03mm	-0.03mm			
2	DF002	尺寸 直径（CYL1）	94mm	0mm	-0.022mm			
3	DF003	尺寸 直径（CYL2）	76mm	0mm	-0.025mm			
4	DF004	尺寸 直径（CYL3）	66mm	0mm	-0.021mm			
5	DF005	尺寸 直径（CYL4）	72mm	0mm	-0.03mm			
6	D006	尺寸 2D距离（F003，F004）	8mm	0mm	-0.015mm			
7	DF007	尺寸 直径［CYL5（Datum A）］	35mm	+0.050mm	+0.025mm			
8	DF008	尺寸 直径（CYL6）	46mm	-0.021mm	-0.049mm			
9	CO009	FCF 同轴度［CYL5（Datum A），CYL7］	0mm	+0.025mm	0mm			
10	PA010	FCF 平行度［F001（Datum B），F002］	0mm	+0.025mm	0mm			

4

PROJECT

83

4.5　项目实施

4.5.1　设备选型及配置

仍选用海克斯康 Global Advantage 05.07.05 三坐标测量机，选用 HH-A-T5 测座，HP-TM-SF 标测力测头，测头配置如图 4-3 所示。

经分析，测针选用星形测针，测针规格为 2BY30。

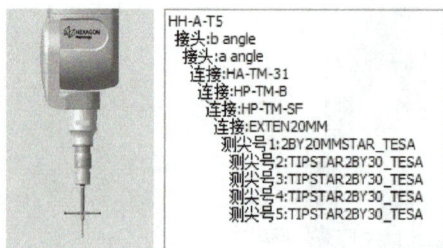

图 4-3　测头配置

4.5.2　星形测针的安装

1）如图 4-4 所示，将测针连接螺纹从星形测针中心孔穿过。

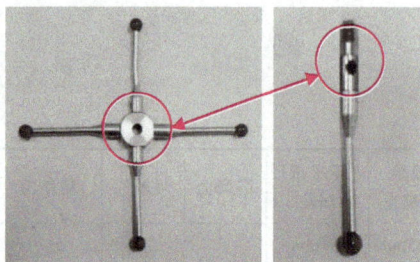

图 4-4　星形测针的安装

测针选型分析

1）零件外部尺寸检测。采用 2BY30 规格测针可以满足外部尺寸的检测要求，外部尺寸如图 4-5 所示。

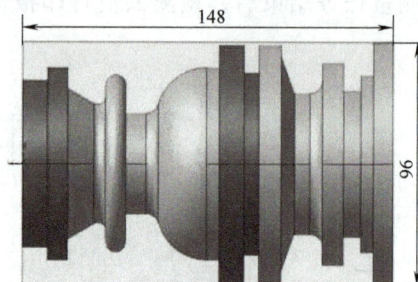

图 4-5　外部尺寸

2）零件内部尺寸检测。采用 2BY30 规格测针可以满足内部尺寸的检测要求，内部尺寸如图 4-6 所示。

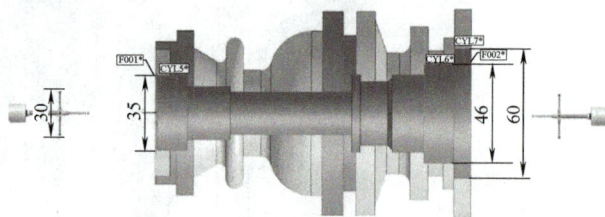

图 4-6　内部尺寸

2）使测针螺纹与测头连接，旋紧前保证星形测针水平方向与机器坐标系轴向大致平行，避免测量时测针干涉，如图4-7所示。

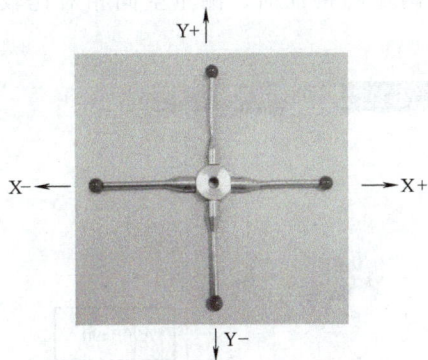

图4-7 测针的安装方向（俯视图）

知识链接

三坐标测量机常用测针类型

1. 直测针

直测针是最简单、最常用的测针类型，有直形测杆和锥形测杆可供选择。当零件容易接近时，配锥形测杆的测针刚性更强。

2. 星形测针

星形测针由安装牢固的测针组成的多测头测针配置，测球材质为红宝石、氮化硅或氧化锆；也可以使用测针中心座安装测针组件（最多5个），自行配置5方向测针，适合测量复杂内部轮廓，使用灵活。

3. 盘形测针

盘形测针是高球度测球的"截面"，有多种直径和厚度可选。

这类测针用于检测星形测针无法触及的孔内退刀槽和凹槽，但测球表面只有一小部分能够与零件接触，因此为确保与待测目标有良好接触，需要采用相对较薄的盘形测针测量。

4. 柱形测针（图4-8）

柱形测针用于测量球形测针无法准确接触的金属片、模压组件和薄零件，还可测量各种螺纹特征，并可定位攻螺纹孔的中心。球端面柱形测针可进行全面标定及 X、Y、Z 方向测量，因此可进行表面测量。

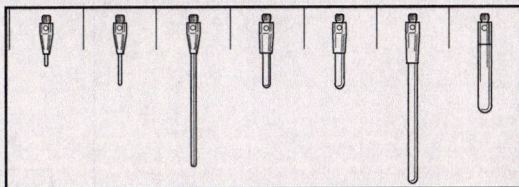

图4-8 柱形测针

4

PROJECT

4.5.3 零件的装夹

1. 零件装夹姿态的选择

该零件两端内孔都有需要检测的特征，因此只能水平放置。

另外，需要注意的是，装夹零件时需要适当抬高，这样测座旋转为水平状态后可以有效保证 Z 负方向的测量行程。

根据零件装夹姿态分析，优选方案二，如图 4-9 所示。

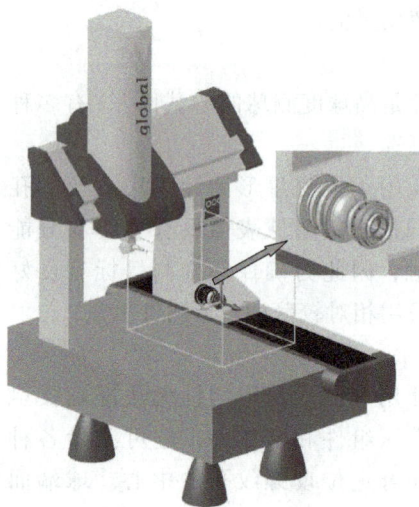

图 4-9 零件装夹方案

零件装夹姿态方案一

零件回转轴平行于机床坐标系的 X 轴，如图 4-10 所示。

通过脱机仿真可以发现，测座在旋转为水平状态测量零件两端的特征时，测量空间相对比较紧张。

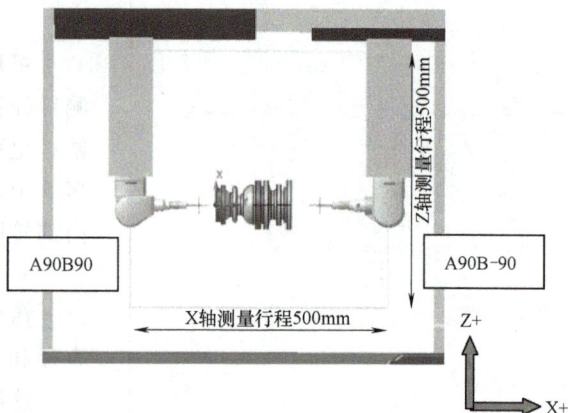

图 4-10 零件回转轴平行于机床坐标系的 X 轴

零件装夹姿态方案二

零件回转轴平行于机床坐标系的 Y 轴，如图 4-11 所示。

通过脱机仿真可以发现，测座在旋转为水平状态测量零件两端的特征时，测量空间横向增加 200mm，对于该零件检测是非常有帮助的。

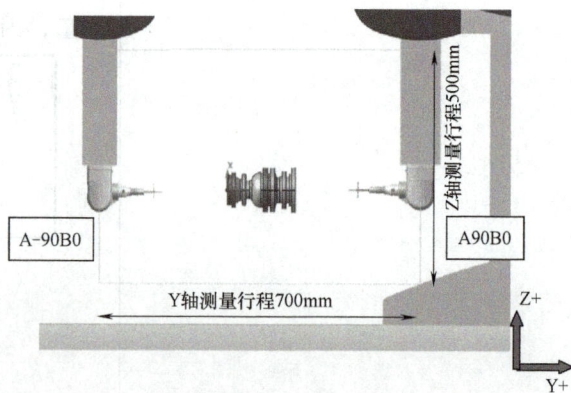

图 4-11 零件回转轴平行于机床坐标系的 Y 轴

2. 零件夹具的选用

回转类零件最常用的装夹方案是 V 形块装夹，本项目也采用此方案，如图 4-12 所示。

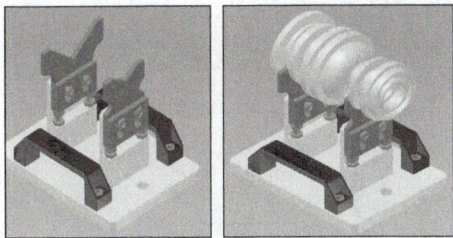

图 4-12　V 形块装夹

为了保持 V 形块装夹的稳定性，本方案采用两端支撑的方式。由于数控车零件多段外圆柱的直径都不相同，本项目采用一端 V 形块固定，另外一端 V 形块高度可调的设计方案。放置好零件后，调整一侧高度，直至零件不晃动，并依靠自重保持稳定。零件装夹如图 4-13 所示。

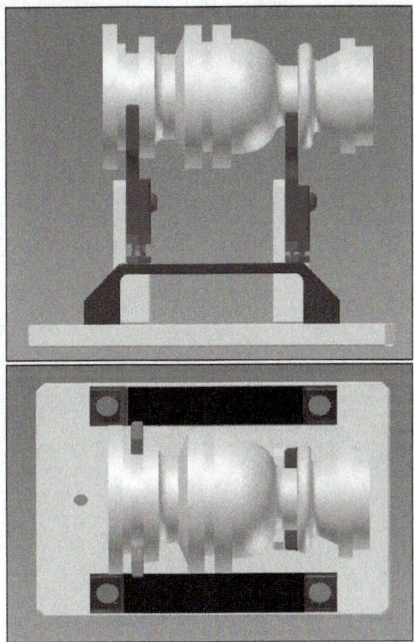

图 4-13　零件装夹

知识链接
V 形块介绍

V 形块按 JB/T 8047—2023 标准制造，如图 4-14 所示。V 形槽角度为 90°，以 90° 居多。其结构尺寸已经标准化（JB/T 8018.1—1999），非标 V 形块的设计可参考标准 V 形块进行。

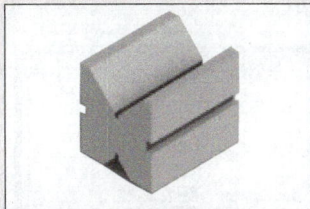

图 4-14　V 形块

V 形块适用于精密轴类零部件的检测、定位及机械加工中的装夹，也是平台测量中的重要辅助工具，主要用来安放轴、套筒、圆盘等圆形工件，以便找中心线。一般 V 形块都是一副两块，两块的平面与 V 形槽都是在一次安装中磨出的。

机械制造技术中，采用 V 形块定位有以下突出优点。

1）方便简单，成本低廉，是机械加工常用的附件，对于检测部门来说也是必备附件。

2）一般与压板和螺栓结合起来使用，再辅以挡铁等夹具就可以很快地对零件进行定位和固定，对于回转体零件效果最好。

对于不同类型的产品，有多种 V 形块结构形式可供选择，如图 4-15 所示。

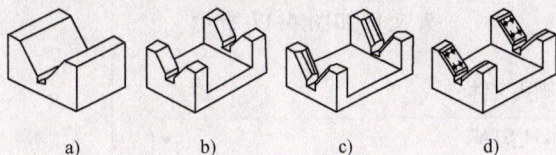

a)　　　b)　　　c)　　　d)

图 4-15　V 形块的结构

图 4-15a 所示为适用于精基准的短 V 形块，限制 2 个自由度。

图 4-15b 所示为适用于精基准的长 V 形块，限制 4 个自由度。

图 4-15c 所示为适用于粗基准的长 V 形块，也可用于相距较远的两阶梯轴外圆的精基准定位，限制 4 个自由度。

图 4-15d 所示结构适用于大质量零件的定位，限制 4 个自由度。其上镶有淬硬垫块（或硬质合金），耐磨且更换方便。

4

PROJECT

4.5.4 新建测量程序

打开软件 PC-DMIS,单击"文件"→"新建"按钮,弹出"新建测量程序"对话框,输入"零件名",如图 4-16 所示。

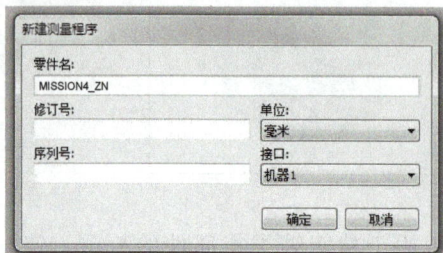

图 4-16 新建测量程序

单击"确定"按钮,进入程序编辑界面,随后将程序另存在路径"D: \ PC-DMIS \ MISSION4"中。

4.5.5 程序参数设置

程序参数设置同项目 3。

24. 校验测头

4.5.6 校验测头

(1) 测头文件 测头文件如图 4-17 所示。

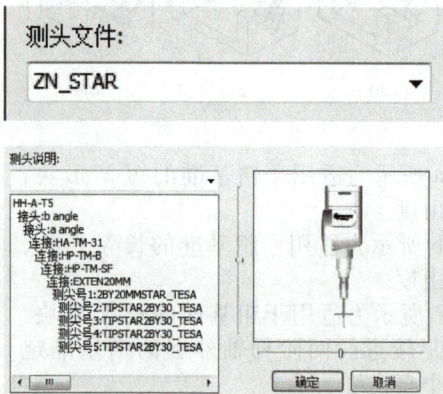

图 4-17 测头文件

注意:星形测针的 TIP2~TIP5 测针都是固定在一起的。

星形测针及指向(图 4-18)

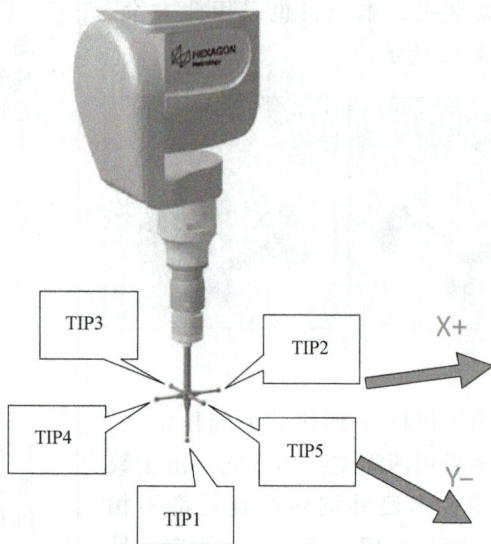

图 4-18 星形测针及指向

（2）添加测头角度 A90B0 和 A-90B0　根据零件装夹姿态，除了 A0B0 外，还需要添加 A90B0 和 A-90B0 两个测头角度。每增加一个角度，测尖列表会自动添加 5 个新测尖角度，如图 4-19 所示。

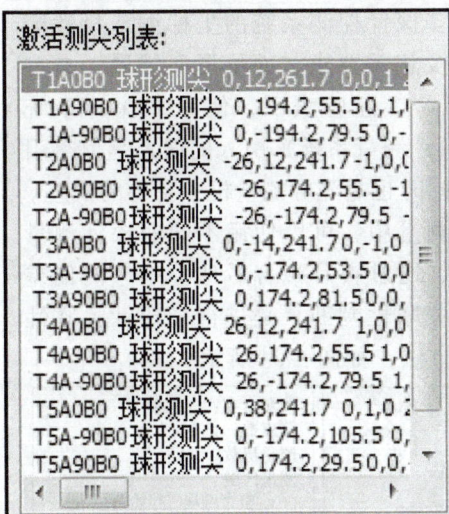

激活测尖列表：

| T1A0B0 球形测尖 0,12,261.7 0,0,1 |
| T1A90B0 球形测尖 0,194.2,55.50 0,1, |
| T1A-90B0 球形测尖 0,-194.2,79.5 0,- |
| T2A0B0 球形测尖 -26,12,241.7 -1,0,0 |
| T2A90B0 球形测尖 -26,174.2,55.5 -1 |
| T2A-90B0 球形测尖 -26,-174.2,79.5 - |
| T3A0B0 球形测尖 0,-14,241.70,-1,0 |
| T3A-90B0 球形测尖 0,-174.2,53.5 0,0 |
| T3A90B0 球形测尖 0,174.2,81.50 0, |
| T4A0B0 球形测尖 26,12,241.7 1,0,0 |
| T4A90B0 球形测尖 26,174.2,55.5 1,0 |
| T4A-90B0 球形测尖 26,-174.2,79.5 1, |
| T5A0B0 球形测尖 0,38,241.7 0,1,0 2 |
| T5A-90B0 球形测尖 0,-174.2,105.5 0, |
| T5A90B0 球形测尖 0,174.2,29.50,0, |

图 4-19　添加测头角度

对于程序中不采用的新添加角度，选中后单击"删除"按钮将其删除。

知识链接

星形测针的测量优势

星形测针配置方便，对于内部沟槽类元素的测量有其他类型测针无法比拟的优势。

案例一：外槽宽度的测量

对于零件外槽的测量，测针选择的自由度较大，可以选择星形测针，也可以使用竖直单测针测量，如图 4-20 所示。

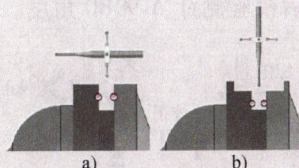

a)　　　　b)

图 4-20　外槽宽度的测量

案例二：内槽宽度及内圆柱直径的测量

对于零件内槽宽度及内圆柱直径的测量，星形测针是最佳的测量方案，如图 4-21 所示。盘形测针也可以满足要求，但要注意盘形测针的尺寸选型。

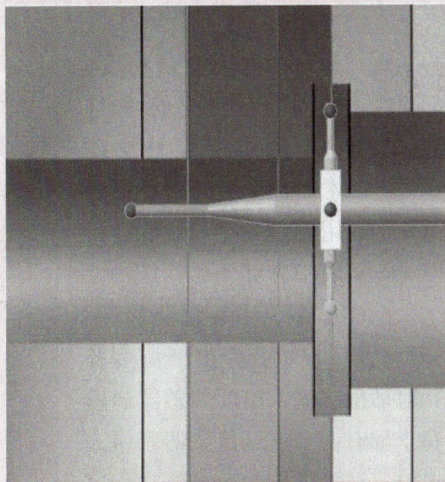

图 4-21　内槽宽度及内圆柱直径的测量

4

PROJECT

89

（3）星形测针的校验（图4-22）

1）调整标准球支撑杆竖直向上，校验测针 A0B0 角度。

2）调整标准球支撑杆指向 Y 正，首先校验 T1A0B0 测针，选择标准球已移动，随后校验测针 A90B0 角度。

3）调整标准球支撑杆指向 Y 负，首先校验 T1A0B0 测针，选择标准球已移动，随后校验测针 A-90B0 角度。

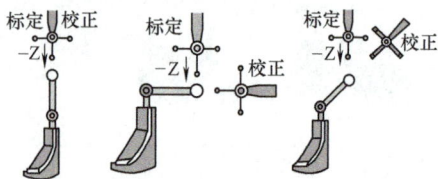

图 4-22　星形测针的校验

（4）确认校验结果　校验完毕后，确认校验结果，如果不满足需求，则必须检查原因并重新校验。

4.5.7　测量机温度补偿设置

25. 测量机温度补偿设置

为保证测量精度，绝大部分三坐标测量机配置有温度补偿技术。PC-DMIS 软件启用温度补偿设置的一般步骤如下。

1）单击"编辑"→"参数设置"→"温度补偿设置"按钮，弹出"温度补偿设置"对话框，输入温度传感器通道编号（每个轴有两个温度传感器，格式为"A-B"），温度补偿命令需要在程序开端添加，如图4-23所示。

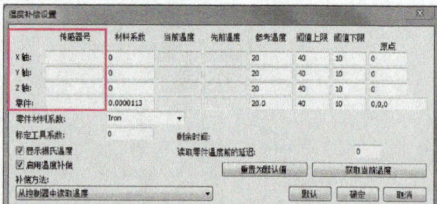

图 4-23　温度补偿设置

知识链接

三坐标测量机多探针误差

GB/T 16857.5—2017《产品几何技术规范（GPS）坐标测量机的验收检测和复检检测 第5部分：使用单探针或多探针接触式探测系统的坐标测量机》（等同 ISO 10360-5：2010）明确规定了具有多探针探测系统的坐标测量机性能的检验标准及相关要求，而星形探针属于典型的多探针系统。经验表明，使用多探针系统（相对于单探针测量系统）引入的误差是值得引起注意的，同时也是坐标测量机中主要的误差。

在实际测量中，可以使用不同的探针测量同一标准球，通过查看拟合后球心结果的偏差量来做探针关联性判断，是进行多探针关联性判定的一般方法，如图4-24所示。

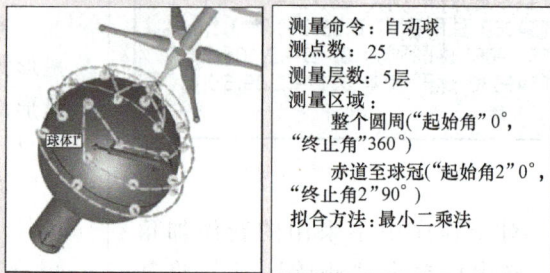

测量命令：自动球
测点数：25
测量层数：5层
测量区域：
　整个圆周（"起始角"0°，"终止角"360°）
　赤道至球冠（"起始角2"0°，"终止角"90°）
拟合方法：最小二乘法

图 4-24　多探针测量

不同探针测得的球心结果位置度偏差应满足实际测量要求。建议在进行测量机周期复检之前定期检查探测误差。

需要注意的是，不同机型测量机温度传感器的通道编号不同，如 Global B 测量机温度传感器的通道编号为："X 轴"："4-5"；"Y 轴"："14-15"；"Z 轴"："7-8"；"零件"："9"。

2）在"零件材料系数"（热膨胀系数 CTE）栏输入各轴向及零件的系数值："X 轴"："0.0000105"（以实际测量机为准）；"Y 轴"："0.0000105"（以实际测量机为准）；"Z 轴"："0.0000105"（以实际测量机为准）；"零件"："0.0000113"（以实际零件为准）。

3）勾选"显示摄氏温度"和"启用温度补偿"。

4）"补偿方法"选择"从控制器中读取温度"，如图 4-25 所示。

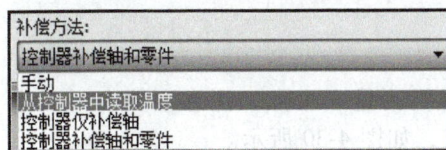

图 4-25 补偿方法

软件提供了 4 种补偿方法，本项目推荐使用"从控制器中读取温度"，PC-DMIS 软件完成温度补偿，不使用控制柜自我补偿。

5）"参考温度"设置为 20℃，"阈值上限"与"阈值下限"按照测量机补偿能力设置。

知识链接

温度对三坐标测量机测量精度的影响

三坐标测量机对温度的要求是保障精度的先决条件，温度对三坐标测量机精度的影响是非常大的，也是众多影响测量机精度因素中比较好控制的。

三坐标测量机的校准、使用温度要求为 20℃，也要求被测零件的温度尽量在以 20℃ 为标准的一个恒定温度区间内。因此，被测产品从加工完毕到最终放置在测量机平台上检测，必须预留一段时间使零件恒温，完成部分加工应力释放，最终达到满足测量要求的恒定状态。

为了加快测量节奏，推荐使用温度补偿技术，零件通过温度传感器检测后如果显示温度达标，则可进行接下来的测量。常见材料热膨胀系数见表 4-2。

表 4-2 材料热膨胀系数
（摘自软件中的材料热膨胀系数编辑器）

材料	热膨胀系数/ ($\times 10^{-6}$/℃)
Iron（铁）	11.3
Cast Iron（铸铁）	10.4
Stainless Steel（不锈钢）	17.3
Inconel（铬镍铁合金）	12.6
Aluminium（铝）	23.0
Brass（黄铜）	19.0
Copper（红铜）	17.0
Invar（镍铁合金）	12.0
Zerodur；Nexcera（微晶玻璃；精密陶瓷）	0.0
Alumina（矾土）	5.0
Zirconia（氧化锆）	10.5
Silicon Carbide（碳化硅）	5.0
PVC（聚氯乙烯）	52.0
ABS 塑料	74.0

表 4-2 所示材料热膨胀系数编辑器中的数值数量级为 10^{-6}。例如，Iron（铁）对应的热膨胀系数值为 11.3×10^{-6}，单位为 1/℃。

4

PROJECT

6)"读取零件温度前的延迟"项设置延迟时间为"10"(s),用于在该时间内查阅当前温度显示,如图 4-26 所示。

剩余时间:
读取零件温度前的延迟: 10
重置为默认值   获取当前温度

图 4-26　设置延迟时间

7)单击"确定"按钮,完成温度补偿程序的创建,如图 4-27 所示。

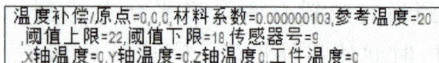

温度补偿原点=0,0,0,材料系数=0.000000103,参考温度=20
阈值上限=22,阈值下限=18,传感器号=9
X轴温度=0,Y轴温度=0,Z轴温度=0,工件温度=0

图 4-27　温度补偿程序

4.5.8　建立单轴坐标系

26. 建立单轴坐标系

数控车零件是典型的回转体零件,最重要的轴向是回转轴(与车床主轴共线),一般由装配孔(本项目零件)或两端的顶尖圆锥面(发动机曲轴)公共轴线确定。

1. 粗建坐标系

1)将测针切换为"测尖/T1A-90B0",测量回转轴元素基准 A(圆柱孔),确定主找正方向"Y 负",并将 X 轴、Z 轴坐标置零,如图 4-28 所示。

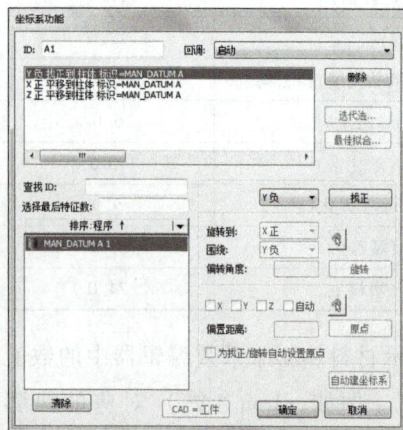

图 4-28　基准 A 找正

手动测量基准 A

圆柱孔需要测量 8 个点,分两层测量。应尽量保证圆柱测量长度,同时避免测针与孔内壁发生干涉,如图 4-29 所示。

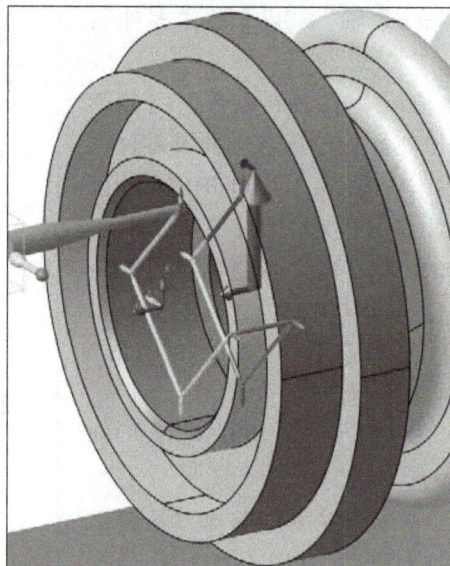

图 4-29　基准 A 的测量

手动测量基准 B

外环面需要测量 3 个点,注意不要在环面边缘处采集测点,如图 4-30 所示。

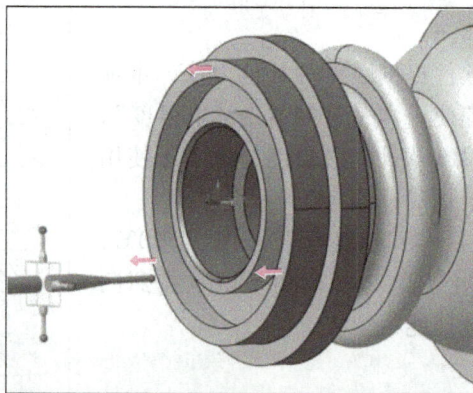

图 4-30　基准 B 的测量

完成基准 A 找正程序的创建，如图 4-31 所示。

图 4-31　基准 A 找正程序

2）测量端面元素基准 B（环形平面），确定主找正方向 Y 负轴向的零点，如图 4-32 所示。完成基准 B 零点的创建，如图 4-33 所示。

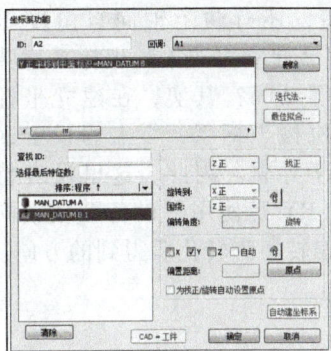

图 4-32　Y 负轴向零点

图 4-33　创建基准 B 零点

至此，粗建坐标系已经完成，接下来精建坐标系。

2. 精建坐标系

1）插入自动运行命令（使用快捷键<Alt+Z>），自动测量特征前需要添加必要的移动点。

2）按照粗建坐标系的第一步，插入圆柱自动测量命令，注意尽量设置 3 层，每层 6 个测点，这样可以保证圆柱轴线矢量的准确性。坐标系找正方式与手动建立坐标系相同：确定主找正方向"Y 负"，并将 X 轴、Z 轴坐标置零。

知识链接

问题 1：如何选择基准建立单轴坐标系？

1）首先进行图样分析，本项目产品为回转体零件，图样中明确标注了基准 A、基准 B，如图 4-34 所示。

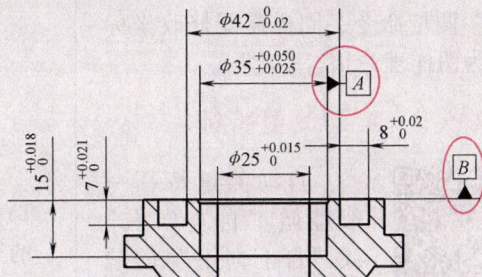

图 4-34　图样基准

2）其次，需要确认使用基准 A 找正还是使用基准 B 找正。

对于数控车零件，加工回转轴为基准 A，而且从使用功能分析，首先要保证回转轴的方向。因此，本项目使用基准 A 找正，并且使用该基准将与此基准轴垂直的两个轴置零。

3）使用基准 B 将找正的轴置零。这样，零件坐标系得到确定。

问题 2：回转类零件是不是都可以建立单轴坐标系？

类似本项目零件，所有加工元素都是基于回转轴中心对称的，因此第一轴向确定后，第二轴向只要垂直于回转轴即可。但如果零件有键槽或其他具有明确角向的位置，则必须使用图样标注的第二基准元素建立第二轴向。

问题 3：单轴坐标系仅有一个轴向得到了控制，另外两个轴向怎么确定？

首先回顾笛卡儿坐标系，如图 4-37 所示。

4 PROJECT

93

3）测量基准平面 *B*，可直接使用测头在环形端面上测量，按操纵盒上的"确认"键终止测量。注意：此方法需要将测量命令中的理论值按照图样修改，确保 Y 轴坐标是 0，理论矢量是（0，-1，0）；或插入"自动平面"测量命令，同样需要修改坐标数据为图样理论值。

4.5.9 自动测量特征

27. 自动测量特征

自动测量特征一般遵循"自左向右"或"自上向下"的顺序测量，优先考虑加工逻辑和测量效率。

根据测量特征分布，本例按照"自左向右"的顺序测量。

（1）自动测量平面 F001 使用"TTP 平面圆策略"功能测量平面 F001，具体操作步骤如下。

1）切换测针为"测尖/T1A-90B0"。

2）插入"自动平面"命令，按照图样规定输入理论坐标值及矢量，如图 4-35 所示。

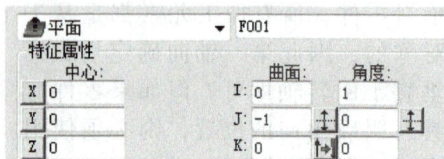

图 4-35 "自动平面"参数设置

3）将测量策略切换为"TTP 平面圆"，如图 4-36 所示。

图 4-36 "TTP 平面圆"切换

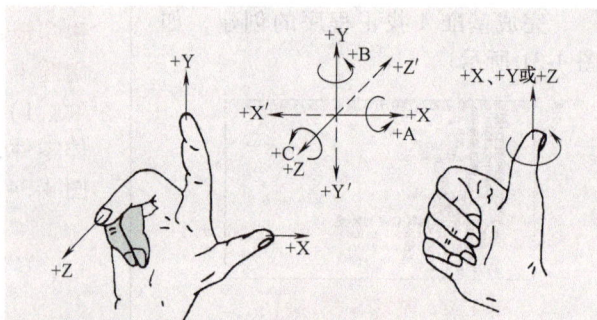

图 4-37 笛卡儿坐标系

笛卡儿坐标系共有 6 个空间自由度：TX、TY、TZ、RX、RY、RZ。矢量为（0，0，1）的第一轴向可以控制 TX、TY、RZ 3 个自由度，TZ 可由端面确定，还有两个轴向自由度 RX、RY 无从确定。那么建立上述单轴坐标系意味着任由第二轴随意摆动吗？其实，在建立坐标系前默认坐标系为机械坐标系，零点为设备回零位置，轴向垂直于导轨。因此，这里没有特别指定的轴向 RX、RY 是使用了设备默认轴向按照主找正轴向的偏转矩阵转化后得到的方向。

知识链接
自动平面触发测量策略

"TTP 平面圆"策略和"TTP 自由形状平面"策略功能是 PC-DMIS 软件 2015 版之后推出的功能，适用于具有复杂边界的平面或环形平面的自动测量。

"TTP 平面圆"策略功能适用于环形平面，尤其适用于多个有固定间距的环形平面组的测量。本项目需要根据图样输入环形面理论圆心坐标及平面矢量。

采用"TTP 自由形状平面"策略功能，当使用 CAD 数模编程时，可以通过选择数模平面获取平面的理论值；如果不具备产品数模，可以在零件上用测头按要求位置触发测点生成命令；在具备数模时，其功能优势更加明显。

4）根据分析，在"定义路径"选项卡中，设置环数为"2"，内环直径为"39.5mm"，外环偏置"11mm"，如图4-38所示。

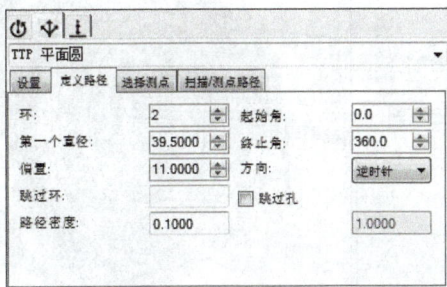

图4-38 定义路径

5）在"选择测点"选项卡中，"选择方法"选择"测点总数"，控制总测点数设置为"10"，单击"选择"按钮确认操作，如图4-39所示。

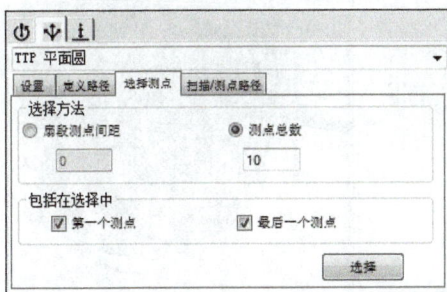

图4-39 测点总数

6）单击"确定"按钮创建测量命令，如需测试可单击"测试"按钮，如图4-40所示，这时测量机会联机测量。

图4-40 "测试"按钮

（2）自动测量圆柱CYL5 CYL5与基准A为同一个元素，因此不需要再次测量。

"定义路径"参数设置分析

直径φ35mm圆孔外缘有倒角，综合考虑后，将内环中心圆直径定为39.5mm，即外边缘向内留2.25mm余量；外环面中心圆直径为：（66+50）mm/2＝58mm，距离内环面中心圆：（58－39.5）mm/2＝9.25mm，偏置可设置范围为10～12mm，优选偏置值11mm。图样尺寸如图4-41所示，测点分布及路径线示意图如图4-42所示。

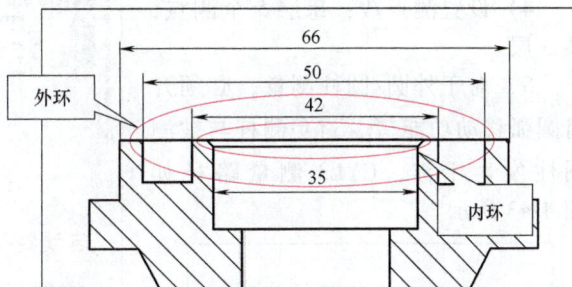

图4-41 图样尺寸

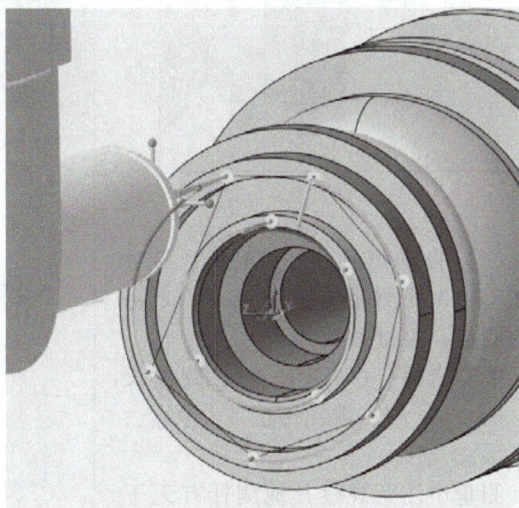

图4-42 测点分布及路径线示意图

（3）自动测量圆柱 CYL3 步骤如下：

1）切换测针为"测尖 T1A-90B0"。

2）确定特征 CYL3 中心坐标：（0，0，0）。

3）设置圆柱"长度"为"-10mm"（外圆柱深度为负数，内圆柱则相反）。

4）设置测点数：每层 5 个测点，共 3 层。

5）对于外圆/圆柱测量，必须开启圆弧移动功能 ，避免测杆与被测圆柱发生干涉，CYL3 测量路径如图 4-43 所示。

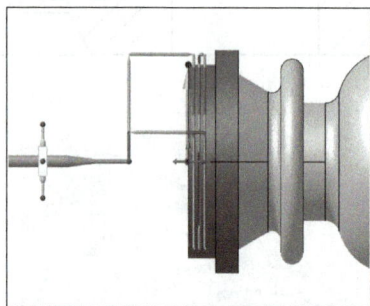

图 4-43　CYL3 测量路径

（4）自动测量圆柱 CYL2 参考圆柱 CLY3 的测量方法完成 CYL2 特征的测量，关键参数如下。

中心坐标：（0，10，0）；圆柱长度：-8mm；测点数：每层 5 个测点，共 3 层。

测量中注意观察其他测针有无干涉现象。CYL2 测量路径如图 4-44 所示。

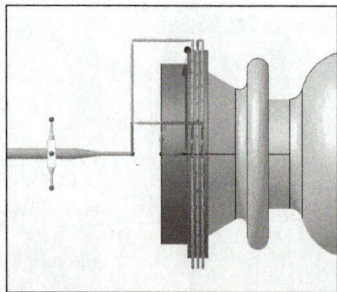

图 4-44　CYL2 测量路径

自动特征［CYL3］参数设置（图 4-45）

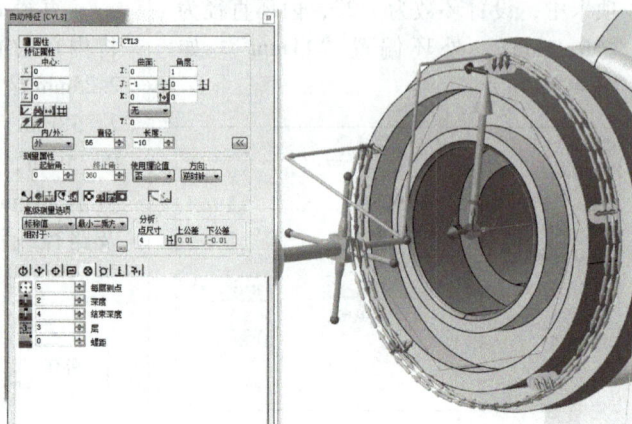

图 4-45　［CYL3］参数设置

自动特征［CYL2］参数设置（图 4-46）

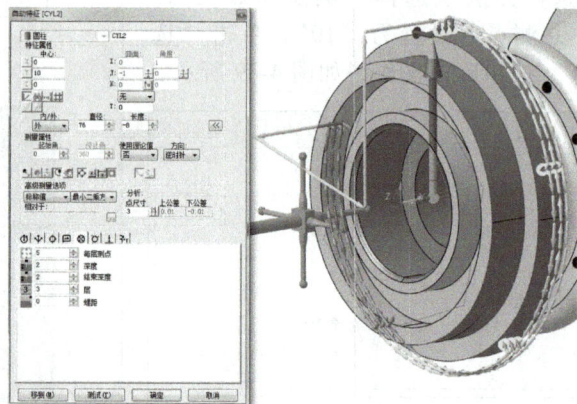

图 4-46　［CYL2］参数设置

（5）自动测量平面 F003 通过测量一系列矢量点构造平面 F003，操作步骤如下。

1）调用测针"T2A0B0"。

2）将工作平面切换为"Y 负"。

3）打开"自动矢量点"测量命令，单击坐标系切换按钮 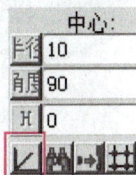，切换为"极坐标系"，如图 4-47 所示。

图 4-47 极坐标系

4）根据表 4-3 中的参数依次测量图 4-48 所示最左侧的 3 个矢量点，随后添加移动点，用于切换测针。

表 4-3 参数设置

参数	矢量点 1	矢量点 2	矢量点 3
半径	29mm	29mm	29mm
角度	120°	90°	60°
高度	−33mm	−33mm	−33mm
矢量	0，−1，0	0，−1，0	0，−1，0
两者移动	5mm	5mm	5mm

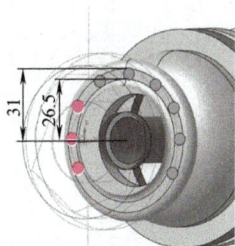

图 4-48 矢量点

知识链接

极坐标系介绍

极坐标系（Polar Coordinate）是指在平面内由极点、极轴和极径组成的坐标系。

在平面上取定一点 O 作为极点，从 O 点出发引一条射线 Ox 作为极轴。再取定一个长度单位，通常规定角度取逆时针方向为正。这样，平面上任一点 P 的位置就可以用线段 OP 的长度 ρ 以及 Ox 与 OP 之间的角度 θ 来确定，有序数对（ρ，θ）就称为 P 点的极坐标，记为 P（ρ，θ），其中 ρ 称为 P 点的极径，θ 称为 P 点的极角，如图 4-49 所示。

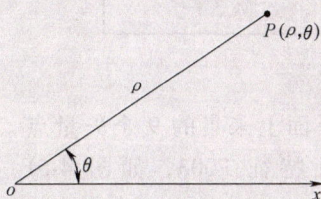

图 4-49 极坐标

以上描述是基于二维平面的定义，三维空间点 P 的极坐标记为（ρ，θ，H），H 表示点 P 所在二维平面关于初始坐标系的高度值。

极坐标系可以与直角坐标系互相转化，遵循的公式为

$$x = \rho\cos\theta$$
$$y = \rho\sin\theta$$
$$z = H$$

极坐标矢量点的测量

平面 F003 共计测量 9 个矢量点，以 120°极角位置测点说明参数设置，如图 4-52 所示。

半径（极径）：29mm；角度（极角）：120°；H（高度）：−33mm；矢量：（0，−1，0）；两者移动：5mm。

5）切换测针"T1A0B0"，测量角度分别为 30°、0°、−30°的 3 个矢量点，随后添加移动点。

6）切换测针"T4A0B0"，测量角度分别为 −60°、−90°、−120°的 3 个矢量点，随后添加移动点。测针轨迹如图 4-50 所示。

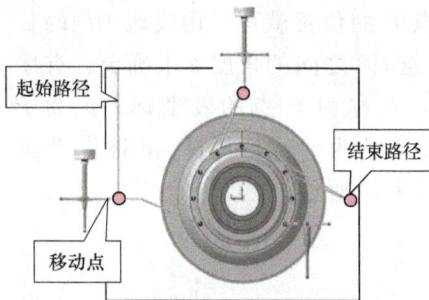

图 4-50　测针轨迹

7）将平面上采集的 9 个矢量点构造为平面特征 F003，如图 4-51 所示。

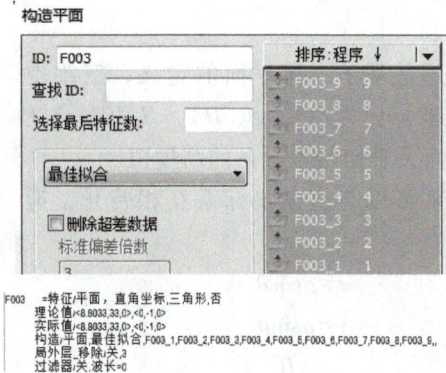

图 4-51　构造平面

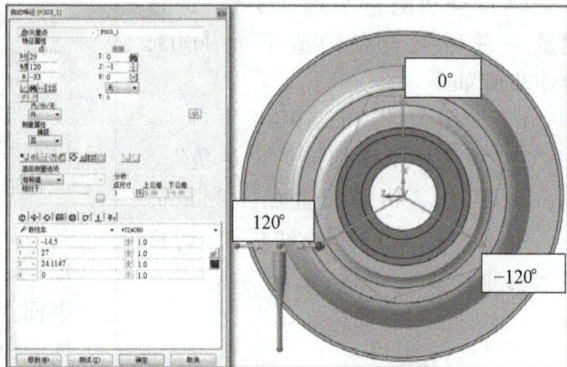

图 4-52　极坐标矢量点测量

需要注意的是，在插入矢量点命令前需要插入工作平面命令和对应测针调用命令。

平面 F003 上 9 个矢量点测量完毕后构造 F003 平面，用于接下来的距离评定。

平面 F003 构造程序结构图如图 4-53 所示。

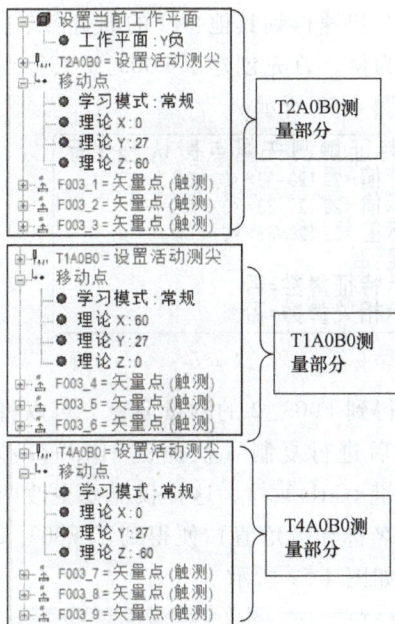

图 4-53 程序结构图

知识链接
测量路径线显示功能

不论脱机编程还是联机编程，都需要尽可能减少意外碰撞导致的不必要风险，PC-DMIS 软件中的路径线显示功能对于程序检查无疑有重要作用。

功能入口："视图"→"路径线"/"显示光标后的路径线"，如图 4-54 所示。

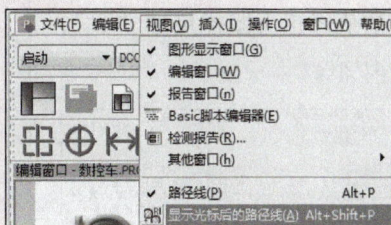

图 4-54 显示光标后的路径线

路径线：选择该选项，图形显示窗口将显示测针的测量路径（程序中未标记部分不显示路径线）。

显示光标后的路径线：选择该选项，显示光标所在处位置特征及其前后相邻特征的测针测量路径（如中间包含移动点或测座旋转命令，也会在结果中体现）。

测量路径线显示效果修改

单击"编辑"→"图形显示窗口"→"显示符号"按钮，可修改路径线直径大小，如图 4-55 所示。

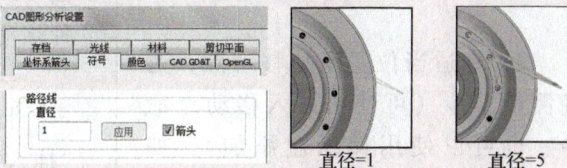

图 4-55 修改路径线直径大小

勾选"箭头"复选框后，则可以显示测针移动的方向，推荐勾选该项。

路径线默认为绿色，按快捷键<F5>弹出"设置选项"对话框，选择"动画"选项卡，可在路径线颜色框中选择其他颜色。

4

PROJECT

（6）自动测量对称平面 F004

F004 与 F003 是相对称的平面，除了 Y 坐标值和平面矢量不同外，其余参数全部一致。下面尝试使用一个平面测量命令完成多测针的测量，测点分布参考 F003。操作步骤如下。

1）在当前测针设置下，使用操纵盒控制测头在平面 F004 既定位置上测量 9 个测点，按"确认"键完成测量，将 Y 值修正为图样尺寸"41"，如图 4-56 所示。

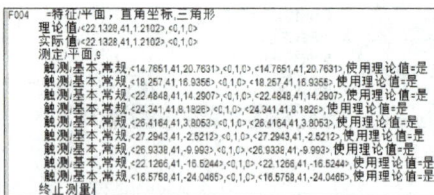

图 4-56 F004 测量程序

2）为 9 个测点分配测针，每 3 个测点前插入一个测针命令，如图 4-57 所示。

图 4-57 插入测针

3）在适当位置添加移动点，避免测量干涉（可使用插入移动点命令，也可以使用操纵盒添加），如图 4-60 所示。

知识链接

对于同一类测量命令，可以通过复制一个特征的测量命令快速得到其他特征的测量命令。

以本项目为例，首先创建了 F003_1 矢量点测量命令，如图 4-58 所示。

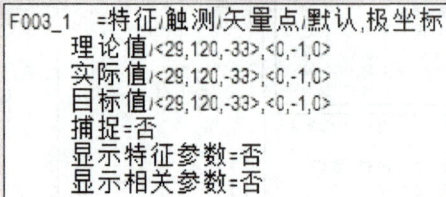

图 4-58 F003_1 矢量点

为了快速得到 F003_2 的测量命令，可以将以上命令选定后进行复制（快捷键<Ctrl+C>）和粘贴（快捷键<Ctrl+V>），这样仅需要更改两个参数（特征名称和极角值）便得到了 F003_2 的测量命令，如图 4-59 所示。

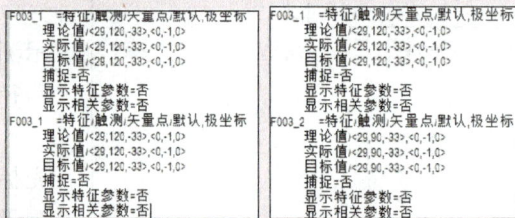

图 4-59 修改参数

知识链接

特征测量命令中，添加移动点命令可在一般特征测量命令中加入移动点，这个方法在平面 F004 的测量中已经用到。接下来介绍另外两种移动命令的用法。

1. 添加移动圆弧命令

将指针放在测量圆的第一个测点后，单击"插入"→"移动"→"移动圆弧"命令，将在测点与测点间插入"移动圆弧"命令，用于外圆测量避让，如图 4-62 所示。

```
F004 =特征平面，直角坐标三角形
理论值(<7.8496,41,-2.2186>,<C,1,C>
实际值(<7.8759,41,-2.2186>,<C,1,C>
测定=平面=
  测尖T2A0B0,支撑方向 U/K=0, 0, 1,角度 =0
  移动点,常规,<C,47,50>
  触测基本,常规,<-13.8759,41,20.5236>,<C,1,C>,<-13.8759,41,20.5236>,使用理论值=是
  触测基本,常规,<9.9887,41,26.1624>,<C,1,C>,<9.9887,41,26.1624>,使用理论值=是
  触测基本,常规,<16.1657,41,20.3853>,<C,1,C>,<16.1657,41,20.3853>,使用理论值=是
  测尖T1A0B0,支撑方向 U/K=0, 0, 1,角度 =0
  移动点,常规,<60,47,0>
  触测基本,常规,<24.2622,41.9.9365>,<C,1,C>,<24.2622,41.9.9365>,使用理论值=是
  触测基本,常规,<25.6854,41,-4.0546>,<C,1,C>,<25.6854,41,-4.0546>,使用理论值=是
  触测基本,常规,<17.8909,41,-19.4885>,<C,1,C>,<17.8909,41,-19.4885>,使用理论值=是
  测尖T4A0B0,支撑方向 U/K=0, 0, -1,角度 =0
  移动点,常规,<0,47,-60>
  触测基本,常规,<8.5136,41,-24.866>,<C,1,C>,<8.5136,41,-24.866>,使用理论值=是
  触测基本,常规,<1.1174,41,-25.4721>,<C,1,C>,<1.1174,41,-25.4721>,使用理论值=是
  触测基本,常规,<-10.0917,41,-23.1938>,<C,1,C>,<-10.0917,41,-23.1938>,使用理论值=是
终止测量,
```

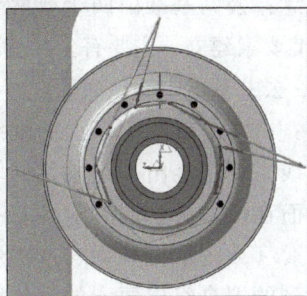

图 4-60 添加移动点

（7）自动测量圆柱 CYL1 选用"自动圆柱"测量功能，参数设置如下。

测针选用：T1A0B0；中心坐标：（0，80，0）；圆柱长度：10mm；测点数：每层 6 个测点，共 3 层。

为了避免测量过程中与夹具干涉，测量范围定为 60°～300°，测点位置如图 4-61 所示。

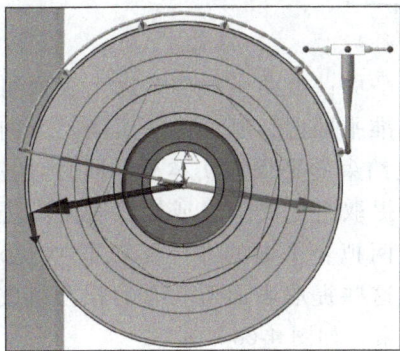

图 4-61 测点位置

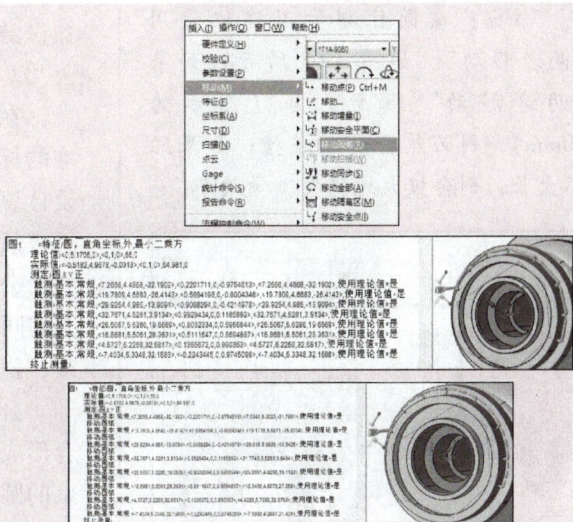

图 4-62 添加移动圆弧命令

2. 添加移动增量命令

"移动增量"功能不同于移动点，它反映相对移动的概念，如图 4-63 所示。

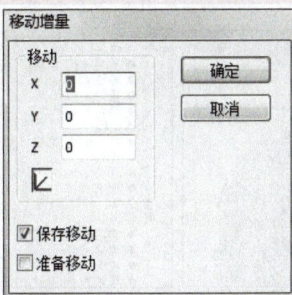

图 4-63 移动增量

根据实际需要输入的相对移动值（如 X = 50mm）会反映在移动路径中，即当前位置按照轴向定义的增量移动的相对距离，如图 4-64 所示。

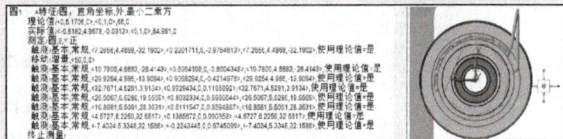

图 4-64 添加移动增量

注意：该圆柱测量不建议使用"两者移动"。如图 4-65 所示，如果"两者移动"距离太短（图示为20mm），则必然会发生碰撞；如果距离太长，则会极大地损失测量效率。

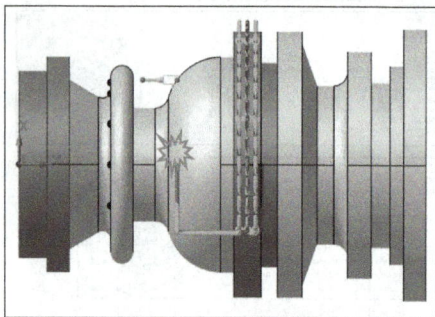

图 4-65　移动设置

权衡利弊，这里推荐使用添加移动点的方法合理避让，如图 4-66 所示。

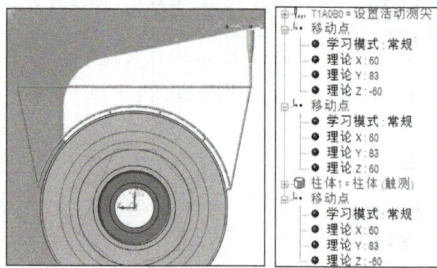

图 4-66　添加移动点

知识链接

公共基准的概念及测量

在轴类产品的测量中，经常会看到公共基准的标注，典型格式为：*A—B*。公共基准由于设计思路特殊，其测量方法和应用方法对于是否遵从图样设计至关重要。

公共基准的概念：公共基准由两个或两个以上需同时考虑的基准要素建立，主要有公共基准轴线、公共基准平面、公共基准中心平面等。

公共基准轴线：由两个或两个以上的轴线组合形成公共基准轴线时，基准由一组满足同轴约束的圆柱面或圆锥面在实体外、同时对各基准要素或其提取组成要素（或提取圆柱面、或提取圆锥面）进行拟合得到的拟合组成要素的方位要素（或拟合导出要素）建立，公共基准轴线为这些提取组成要素所共有的拟合导出要素（拟合组成要素的方位要素），如图 4-67 所示。

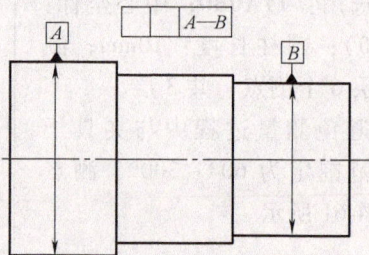

图 4-67　公共基准轴线

公共基准平面：由两个或两个以上表面组合形成公共基准平面时，基准由一组满足方向或（和）位置约束的平面在实体外、同时对各基准要素或其提取组成要素（或提取表面）进行拟合得到的两拟合平面的方位要素建立，公共基准平面为这些提取表面所共有的拟合组成要素的方位要素，如图 4-68 所示。

公共基准中心平面：由两组或两组以上平行平面的中心平面组合形成公共基准中心平面时，基准由两组或两组以上满足平行且对称中心平面共面约束的平行平面在实体外、同时对各组基准要素或其提取组成要素（两组提取表面）进行拟合得到的拟合组成要素的方位要素

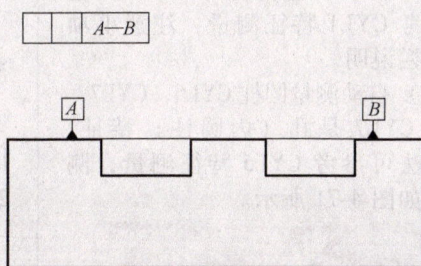

图 4-68　公共基准平面

（或拟合导出要素）建立，公共基准中心平面为这些拟合组成要素所共有的拟合导出要素（拟合组成要素的方位要素），如图 4-69 所示。

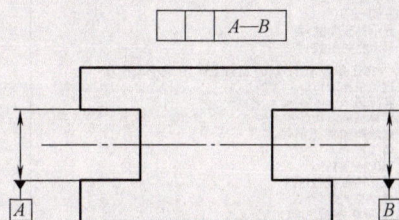

图 4-69　公共基准中心平面

　　参与公共基准建立的元素原则上定位和定向的作用是平等的，因此可以当作同一个元素来测量。如图 4-70 所示，在基准 A 测量多层截圆，套用每层圆的中点；同样在基准 B 执行此操作，最终将所有套用（构造点功能）得到的中点拟合（构造直线功能）为一条 3D 空间轴线。

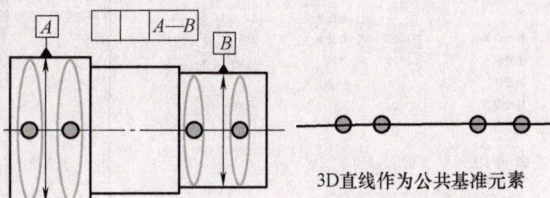

3D直线作为公共基准元素

图 4-70　公共基准的测量

（8）自动测量圆柱 CYL4 测量方法参考 CYL1 特征测量，注意事项参考右栏说明。

（9）自动测量圆柱 CYL6、CYL7 CYL6、CYL7 是孔（内圆柱）特征，测量方法可参考 CYL5 特征测量，测量程序如图 4-71 所示。

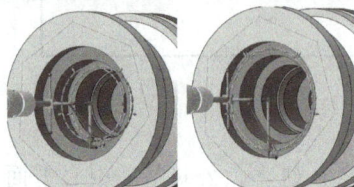

```
CYL6   =特征/触测/圆柱/默认,直角坐标,内,最小二乘方
       理论值/<0,140,0>,<0,1,0>,46,14
       实际值/<0,140,0>,<0,1,0>,46,14
       目标值/<0,140,0>,<0,1,0>
       起始角=0,终止角=360
       角矢量=<-1,0,0>
       方向=逆时针
       显示特征参数=否
       显示相关参数=否
CYL7   =特征/触测/圆柱/默认,直角坐标,内,最小二乘方
       理论值/<0,148,0>,<0,1,0>,60,8
       实际值/<0,148,0>,<0,1,0>,60,8
       目标值/<0,148,0>,<0,1,0>
       起始角=0,终止角=360
       角矢量=<-1,0,0>
       方向=逆时针
       显示特征参数=否
       显示相关参数=否
       移动/点,常规,<100,160,0>
       工作平面/X正
```

图 4-71 CYL6、CYL7 圆柱测量程序

（10）自动测量 F002 测量方法参考 F001 特征测量，使用"TTP 平面圆"策略测量平面 F002，参数设置如图 4-72 所示。

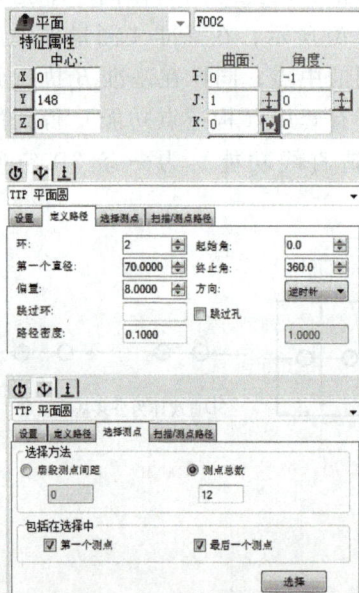

图 4-72 F002 参数设置

自动测量圆柱 CYL4 分析

根据图样，圆柱 CYL4 的长度为 6mm，而且测量位置在内槽中，因此测量范围需要慎重设置。

如图 4-73 所示，圆柱总长设定为 6mm，第一层深度为 2mm，结束深度也设置为 2mm，有效测量高度为 2mm，这时 T1A0B0 测针测杆几乎与槽侧面贴紧。

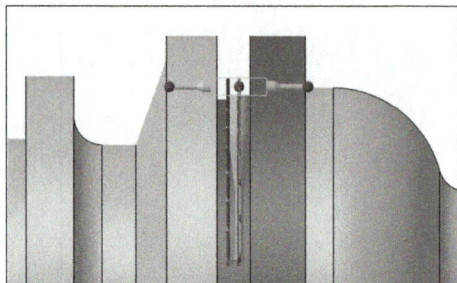

图 4-73 测针与槽面分析

为避免测杆干涉，可对第一层深度与结束深度进行适当调整，如都设置为 2.5mm，则有效测量高度为 1mm，如图 4-74 所示。

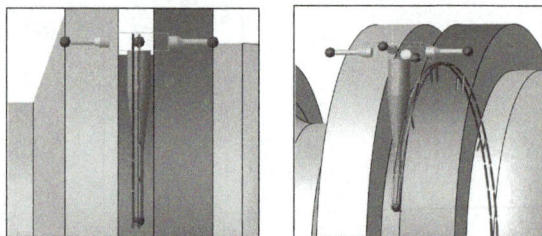

图 4-74 测针参数调整

自动测量平面 F002 （图 4-75）

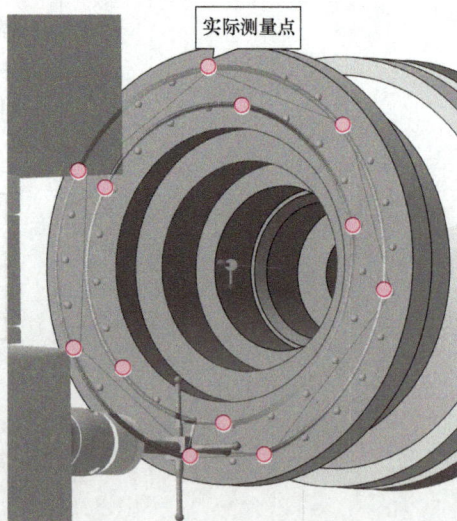

图 4-75 自动测量平面 F002

4.5.10 尺寸评价

1. 尺寸 D001/D006 评价

序号	尺寸	描述	理论值	上极限偏差	下极限偏差
1	D001	尺寸 2D 距离	148mm	+0.03mm	-0.03mm
6	D006	尺寸 2D 距离	8mm	0mm	-0.015mm

被评价特征："F001""F002""F003""F004"。

通过单击"插入"→"尺寸"→"距离"按钮，插入距离评价，D001距离评价如图 4-76 所示。

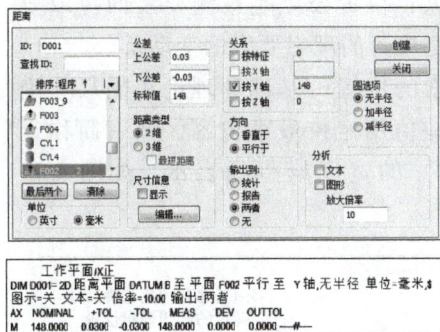

图 4-76　D001 距离评价

D006 尺寸评价参考此方法。

2. 尺寸 DF002 评价

序号	尺寸	描述	理论值	上极限偏差	下极限偏差
2	DF002	尺寸 直径	94mm	0mm	-0.022mm

被评价特征："CYL1"。

通过单击"插入"→"尺寸"→"位置"按钮，插入直径评价。"坐标轴"项默认"自动"是勾选的，这里需要先取消勾选，重新选择"直径"，如图 4-77 所示。

知识链接

几何公差项目及符号

几何公差包括形状公差、方向公差、位置公差和跳动公差，几何公差的几何特征及符号见表 4-4。

表 4-4　几何特征及符号

公差类型	几何特征	项目符号
形状公差	直线度	—
	平面度	▱
	圆度	○
	圆柱度	⌿
	线轮廓度	⌒
	面轮廓度	⌓
方向公差	平行度	//
	垂直度	⊥
	倾斜度	∠
	线轮廓度	⌒
	面轮廓度	⌓
位置公差	同心度	◎
	同轴度	◎
	对称度	⩬
	位置度	⊕
	线轮廓度	⌒
	面轮廓度	⌓
跳动公差	圆跳动	↗
	全跳动	⌀⌀

形状公差：形状公差是被测要素的提取要素对其理想要素的变动量。

理想要素的形状由理论正确尺寸或（和）参数化方程定义，理想要素的位置由对被测要素的提取要素采用最小区域法（切比雪夫法）、最小二乘法、最小外接法和最大内接法进行拟合得到的拟合要素确定。最小区域法为 PC-DMIS 特征尺寸框（FCF）评价方法的默认算法，如果使用传统评价方式评价形状误差，则默认使用最小二乘法，如图 4-78 所示。

方向公差：方向公差是被测要素的提取要素对具有确定方向的理想要素的变动量。

4

PROJECT

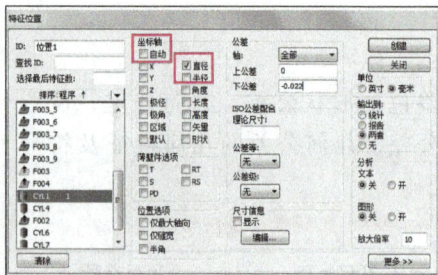

DIM 位置1=柱体 的位置CYL1 单位=毫米 $
图示=关 文本=关 倍率=10.00 输出=两者 半角=否
AX NOMINAL +TOL -TOL MEAS DEV OUTTOL
直径 94.0000 0.0000 -0.0220 93.9954 -0.0046 0.0000 ——#
终止尺寸 位置1

图 4-77　直径评价

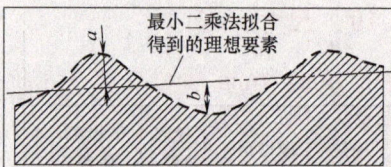

最小二乘法

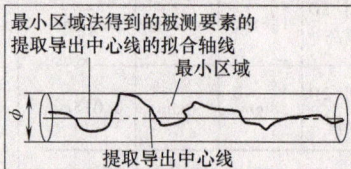

最小区域法(最大值最小法)

图 4-78　评价方法

　　理想要素的方向由基准（和理论正确尺寸）确定。方向公差值用定向最小包容区域（简称定向最小区域）的宽度或直径表示。

　　位置公差：位置公差是被测要素的提取要素对具有确定位置的理想要素的变动量。

　　理想要素的位置由基准和理论正确尺寸确定。位置公差值用定位最小包容区域（简称定位最小区域）的宽度或直径表示，如图 4-79 所示。

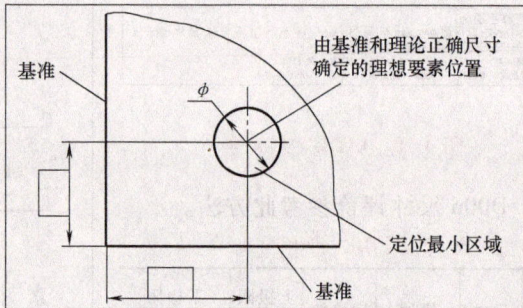

图 4-79　位置公差

　　跳动公差可分为圆跳动和全跳动。

　　圆跳动：圆跳动是任一被测要素的提取要素绕基准轴线做无轴向移动回转一周时，由位置固定的指示计在给定计值方向上测得的最大与最小示值之差。圆跳动按照指示计所指位置又分为径向圆跳动、轴向圆跳动和锥面跳动。

3. 尺寸 DF003/DF004/DF005/DF007/DF008 评价

序号	尺寸	描述	理论值	上极限偏差	下极限偏差
3	DF003	尺寸直径	76mm	0mm	-0.025mm
4	DF004	尺寸直径	66mm	0mm	-0.021mm
5	DF005	尺寸直径	72mm	0mm	-0.03mm
7	DF007	尺寸直径	35mm	+0.05mm	+0.025mm
8	DF008	尺寸直径	46mm	-0.021mm	-0.049mm

被评价特征："CYL2""CYL3""CYL4""CYL5（Datum A）""CYL6"。

评价方法参考尺寸 DF002 评价。

4. 尺寸 CO009 评价

序号	尺寸	描述	理论值	上极限偏差	下极限偏差
9	CO009	FCF 同轴度	0mm	+0.025mm	0mm

被评价特征："CYL5（Datum A）""CYL7"。操作步骤如下。

1）通过单击"插入"→"尺寸"→"同轴度"按钮，插入同轴度评价命令。

2）单击"定义基准"按钮，将基准特征"DATUM A"定义为基准A，如图 4-80 所示。

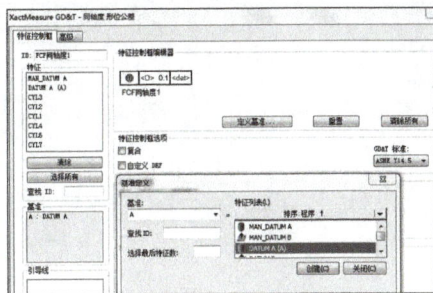

图 4-80　定义基准

径向圆跳动如图 4-81 所示，轴向圆跳动如图 4-82 所示。

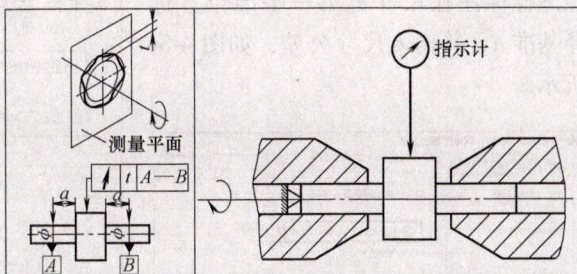

图 4-81　径向圆跳动

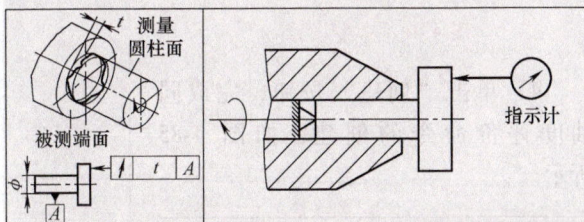

图 4-82　轴向圆跳动

全跳动：全跳动是被测要素的提取要素绕基准轴线做无轴向移动回转一周，同时指示计沿给定方向的理想直线连续移动过程中，由指示计在给定计值方向上测得的最大与最小示值之差。全跳动如图 4-83 所示。

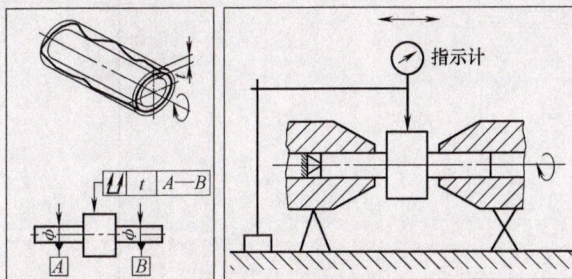

图 4-83　全跳动

4 PROJECT

3）在"特征控制框"选项卡左侧特征栏中选择被评价元素"CYL7"，按照图样标注在尺寸框第一基准位置选择基准 A，并输入尺寸公差，如图 4-84 所示。

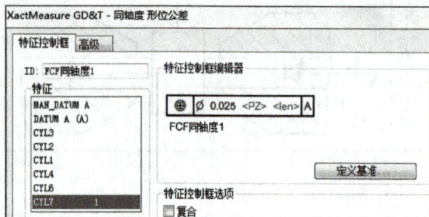

图 4-84　参数设置

4）单击"创建"按钮，完成同轴度评价命令的创建，如图 4-85 所示。

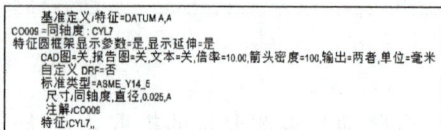

图 4-85　同轴度评价命令

PC-DMIS 软件对于轴向跳动和径向跳动的区分

在跳动尺寸设置界面通过"轴向""径向"选择框合理选择，如图 4-86 所示。

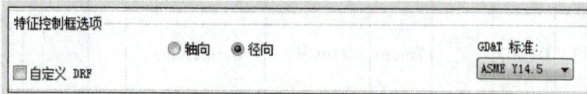

图 4-86　轴向跳动和径向跳动的选择

28. 尺寸评价

5. 尺寸 PA010 评价

序号	尺寸	描述	理论值	上极限偏差	下极限偏差
10	PA010	FCF平行度	0mm	+0.025mm	0mm

被评价特征："F001（Datum B）""F002"。操作步骤如下。

1）通过单击"插入"→"尺寸"→"平行度"按钮，插入平行度评价命令。

2）单击"定义基准"按钮，选择基准特征"Datum B"为基准 B，如图 4-87 所示。

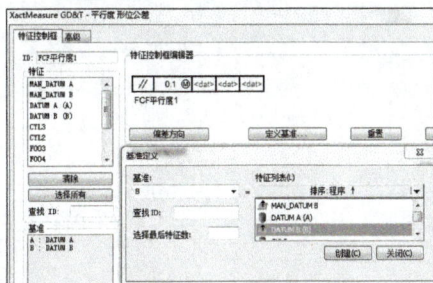

图 4-87 定义基准

3）在"特征控制框"选项卡左侧特征栏中选择被评价元素"F002"，按照图样标注在尺寸框第一基准位置选择基准 B，并输入尺寸公差，如图 4-88 所示。

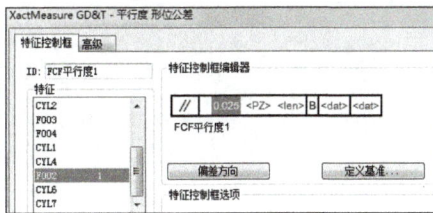

图 4-88 参数设置

知识链接

平行度评价之"平面区域方向"

平行度评价参数设置界面有"偏差方向"按钮，对于平行度尺寸评价，该设置定义了平行度公差带的偏差方向，如图 4-89 所示。

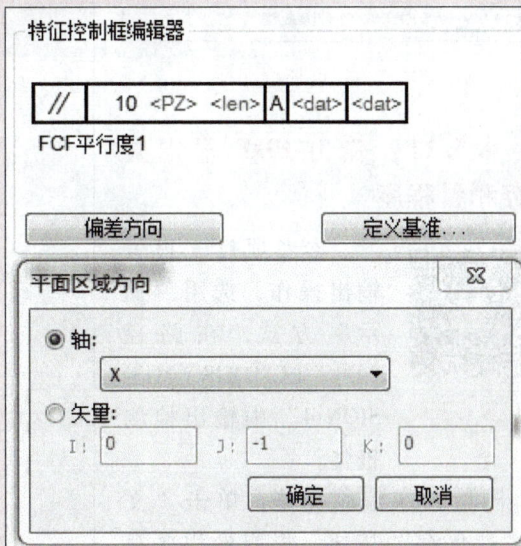

图 4-89 平行度评价

注意："偏差方向"功能只对平面公差带起作用，如果设置为圆形公差带（φ），则该按钮不会显示，如图 4-90 所示。

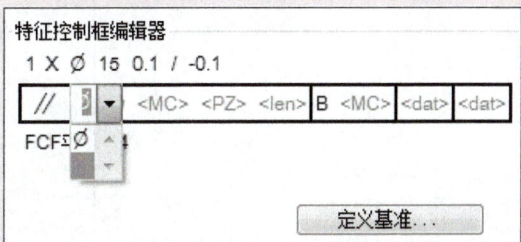

图 4-90 圆形公差带设置

"偏差方向"设置原则：平行公差带的默认偏差方向由特征的理论矢量决定。要求基准特征的理论矢量必须与图样保持一致，这里不需要进行"偏差方向"的设置。

注意：对于特殊公差带方向（指定公差带矢

4

PROJECT

4）单击"创建"按钮，完成平行度评价命令的创建，如图 4-91 所示。

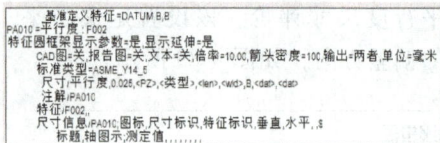

图 4-91 平行度评价命令

4.5.11 输出 PDF 报告并保存测量程序

29. 保存测量程序

参考项目 3 报告输出操作，选用"提示"方式，在路径"D：\ PC-DMIS \ MIS-SION 4"中输出检测报告。

测量程序编制完毕，单击"文件"→"保存"按钮，将测量程序存储在路径"D：\ PC-DMIS \ MISSION 4"中。

量）的平行度评价，偏差方向必须按照要求填入，如图 4-92 所示。

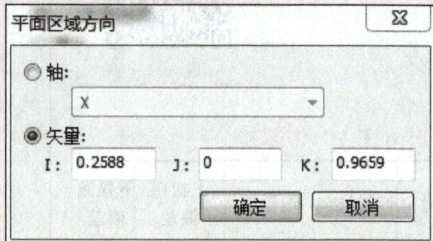

图 4-92 平面区域方向设置

4.6　项目考核（表4-5）

表 4-5　数控车零件的自动测量程序编写及检测考核表

考核项目	考核内容	参考分值	考核结果	考核人
素质目标	遵守纪律	5		
	课堂互动	10		
	团队合作	5		
知识目标	温度补偿设置	10		
	星形测针校验	10		
	公共基准建立	10		
	几何公差测量	10		
能力目标	测针的选用	10		
	坐标系的建立	10		
	尺寸（$\phi 96 \pm 0.017$）mm 的检测	10		
	尺寸 $\phi 80^{+0.02}_{0}$ mm 的检测	10		
小计		100		

4.7　项目总结

通过对本项目的学习，掌握轴类零件的常规测量方法和测量难点的解决办法。在今后的练习中要逐步体会评价基准的重要性，确保基准使用符合设计初衷，满足装配需求。本项目关于内外圆柱的测量任务最多，要求熟练掌握本项目涉及的几种测量方法。

4

PROJECT

项目5 发动机缸体的自动测量程序编写及检测

5.1 学习目标

通过本项目的学习，学生应达到以下基本要求：
1）能够正确完成"一面两销"类基准坐标系的建立。
2）能够叙述缸体类零件重点特征（缸孔、凸轮轴孔）的检测要求。
3）能够正确使用基本圆扫描功能。
4）能够正确测量斜圆孔尺寸。
5）能够正确完成面轮廓度的测量及评价。
6）能够正确完成孔组位置度及复合位置度的评价。
7）能够严格执行操作规程、现场管理规定和"6S"管理规定，注重培养质量和成本意识、规范/公正/严谨/细致等良好的职业素养、劳动精神以及工匠精神。
8）能够与班组长等相关人员进行有效沟通与合作，理解有效沟通和团队合作的重要性。

5.2 考核要点

结合发动机缸体零件三维数模，完成尺寸检测表中要求尺寸的检测，并输出检测报告。

5.3 项目主线

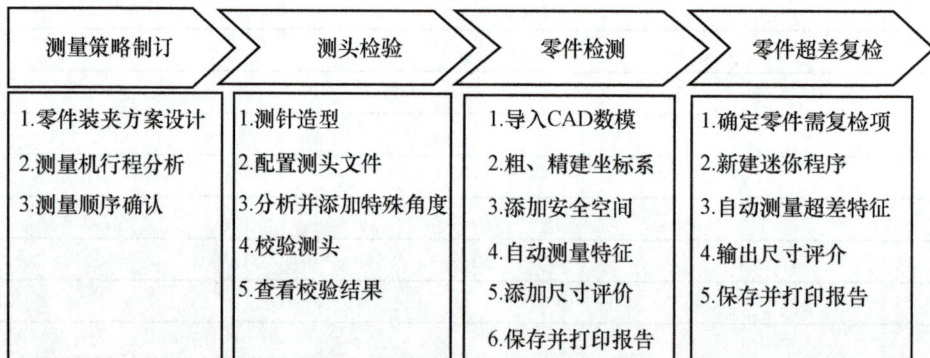

5.4 项目描述

某测量室接到生产部门零件检测任务，零件图样如图 5-1 所示，测量特征布局图如图 5-2 所示，尺寸检测表见表 5-1，要求检测零件是否合格。

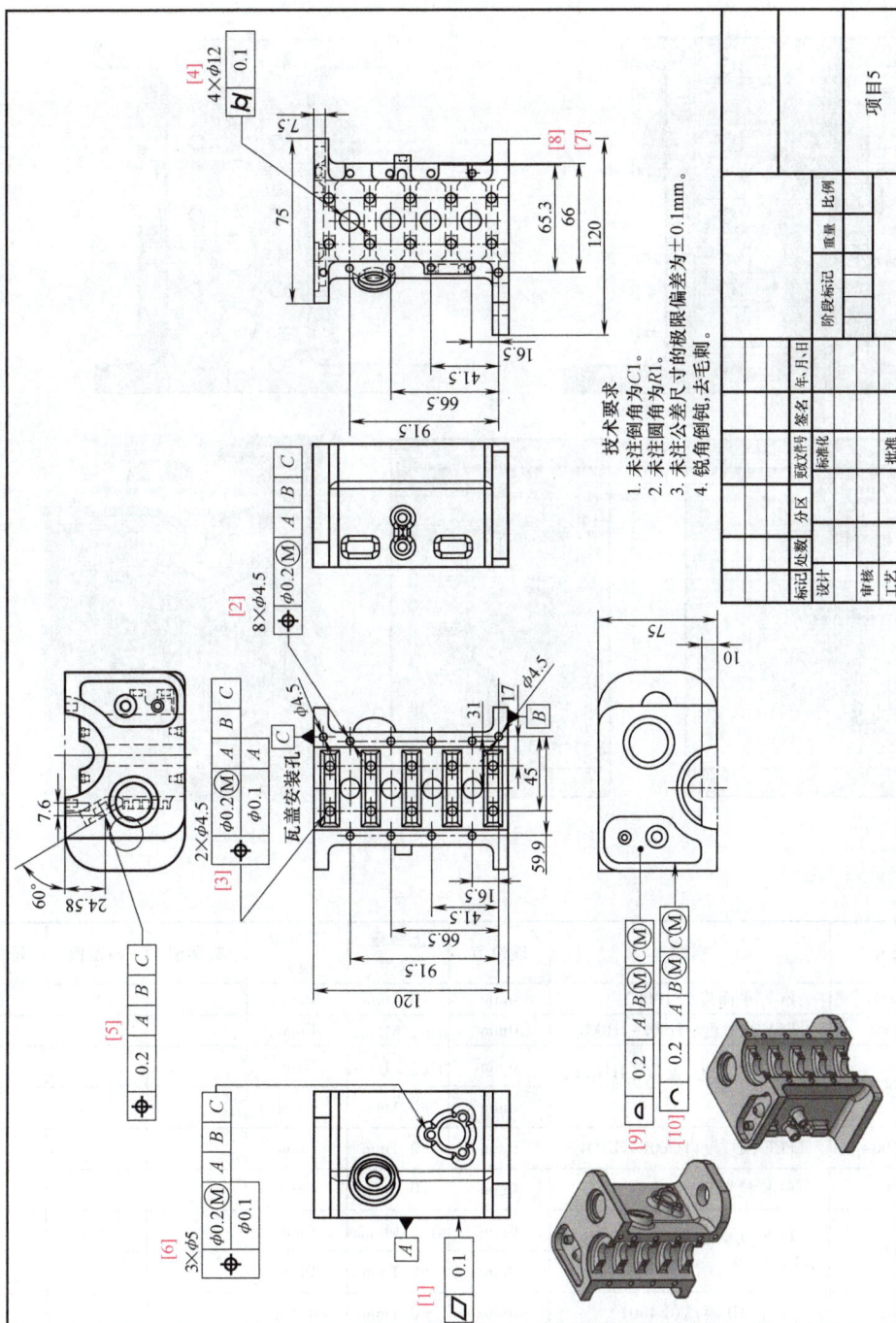

图 5-1 零件图样

PROJECT 5

1）完成尺寸检测表中零件尺寸项目的检测。

2）给出检测报告，检测报告输出项目包括尺寸名称、实测值、偏差值、超差值，格式为PDF。

3）测量任务结束后，检测人员打印报告并签字确认。

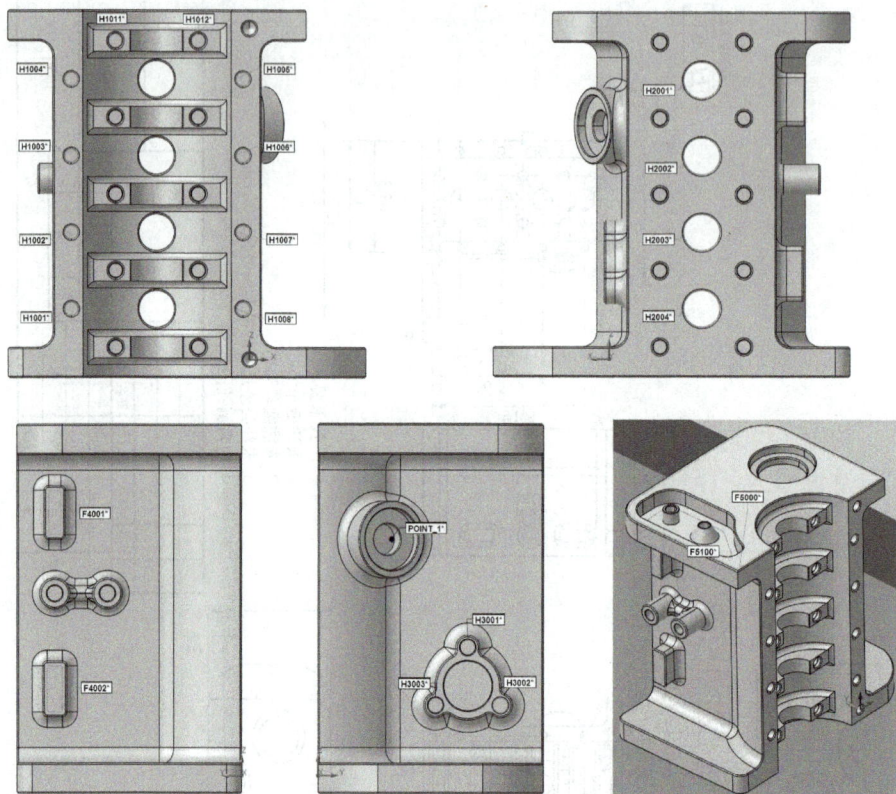

图 5-2　测量特征布局图

表 5-1　尺寸检测表

序号	尺寸	描述	理论值	上极限偏差	下极限偏差	实测值	偏差值	超差值
1	FL001	FCF 平面度（F1000）	0mm	+0.1mm	0mm			
2	P002	FCF 位置度（H1001～H1008）	0mm	+0.2 Ⓜ mm	0mm			
3	P003	FCF 复合位置度（H1011、H1012）	0mm	+0.2 Ⓜ mm	0mm			
			0mm	+0.1mm	0mm			
4	CY004	FCF 圆柱度（H2001～H2004）	0mm	+0.1mm	0mm			
5	P005	FCF 位置度（POINT_1）	0mm	+0.2mm	0mm			
6	P006	FCF 复合位置度（H3001～H3003）	0mm	+0.2 Ⓜ mm	0mm			
			0mm	+0.1mm	0mm			
7	D007	尺寸 2D 距离（F4001）	66mm	+0.1mm	−0.1mm			
8	D008	尺寸 2D 距离（F4002）	65.3mm	+0.1mm	−0.1mm			
9	PS009	FCF 面轮廓度（F5000）	0mm	+0.2mm	0mm			
10	PS010	FCF 线轮廓度（F5100）	0mm	+0.2mm	0mm			

5.5 项目实施

5.5.1 测量机型号的选择

仍选用海克斯康 Global Advantage 05.07.05 三坐标测量机。被测零件尺寸如图 5-3 所示，经分析，该测量机行程可以满足测量需求。

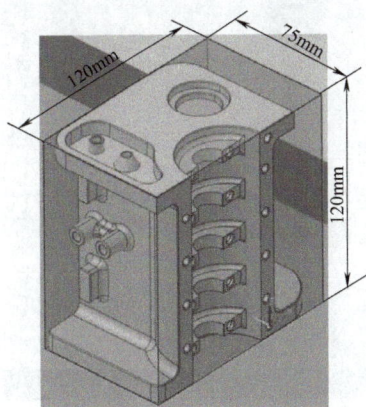

图 5-3 被测零件尺寸

建议测量前将零件装夹在测量机平台中心位置。

5.5.2 测座及测头配置

选择 HH-A-T5 测座，HP-TM-SF 触发式标测力测头，如图 5-4 所示。

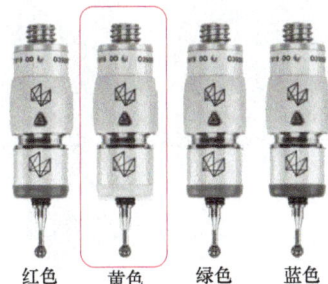

红色　黄色　绿色　蓝色

图 5-4 HP-TM-SF 触发式标测力测头

测量机行程对比零件尺寸（图 5-5）

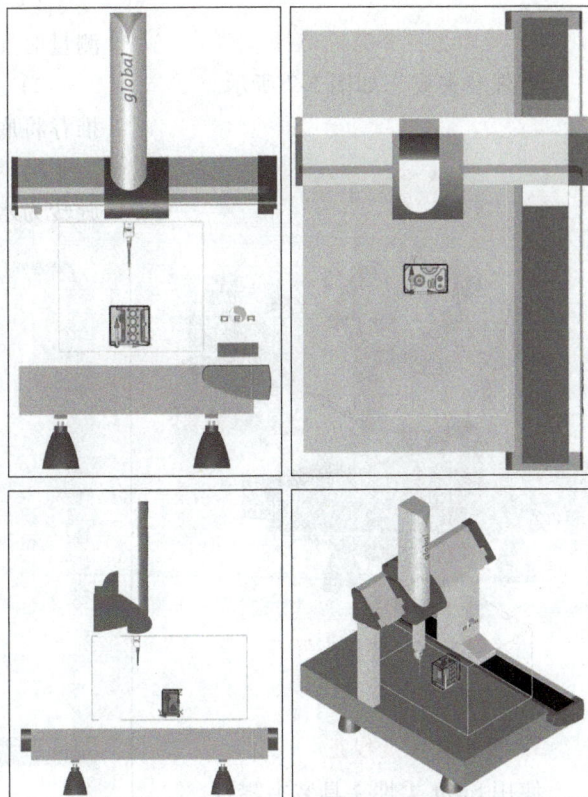

图 5-5 测量机行程对比零件尺寸

测头碳纤维测针加长能力（图 5-6）

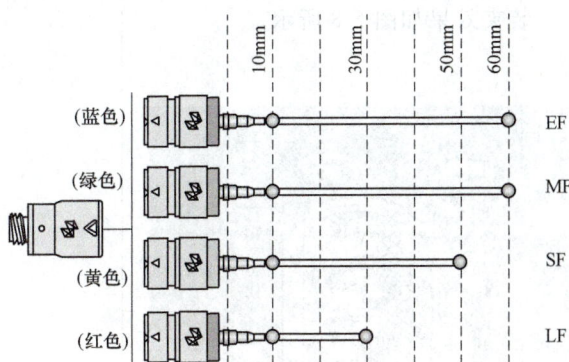

图 5-6 测针加长能力

5

PROJECT

115

5.5.3 零件的装夹

1. 零件装夹姿态的选择

零件装夹姿态如图 5-7 所示。

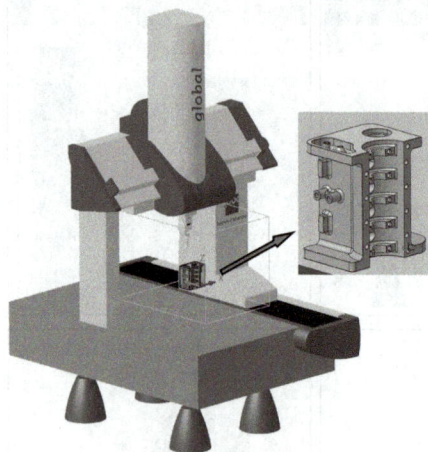

图 5-7 零件装夹姿态

2. 零件装夹及找正

使用 Swift 柔性夹具装夹零件。

1）使用 3 个支撑柱支承底面。

2）左右侧面用压板压紧。

3）完成零件找正过程。

装夹效果如图 5-8 所示。

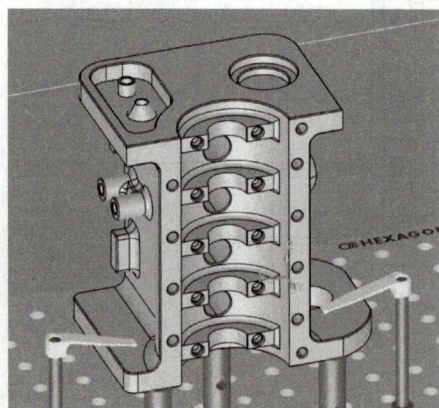

图 5-8 完成装夹效果

装夹姿态分析（图 5-9）

1）确认零件待检测特征具体分布位置，保证测量时无遮挡。

2）由于零件底面没有需要检测的特征，因此推荐将底面朝下装夹。

3）装夹零件时需要适当抬高零件，这样测座旋转为水平后可以有效保证行程。

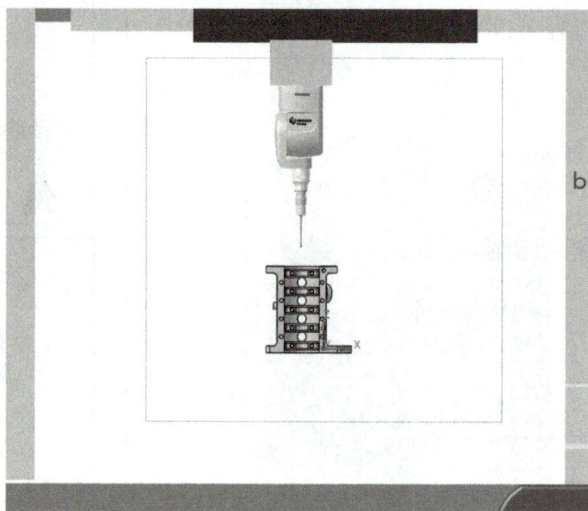

图 5-9 装夹姿态分析

5.5.4　新建测量程序

打开 PC-DMIS 软件，单击"文件"→"新建"按钮，弹出"新建测量程序"对话框，输入"零件名"，如图 5-10 所示。

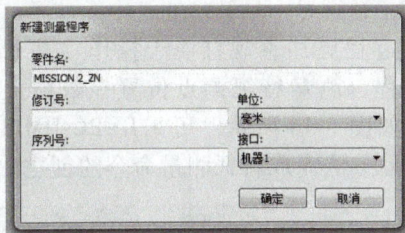

图 5-10　新建测量程序

单击"确定"按钮，进入程序编辑界面，随后将程序另存在路径"D：\PC-DMIS\MISSION 5"中。

5.5.5　程序参数设定

程序参数设定同项目 3。

5.5.6　校验测头

1）在"测针文件"下拉菜单中选择项目 3 中配置的测头文件，如图 5-11 所示。

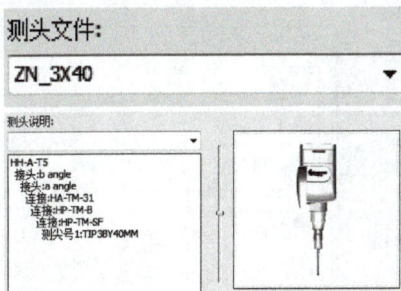

图 5-11　测头文件

2）添加测头角度 A90B0、A-90B0、A90B90、A90B-90、A90B-60。

3）按照前述方法重新校验测头。

4）校验完毕后确认校验结果，如果不满足要求，则必须检查原因并重新校验。

测头配置方案（图 5-12）

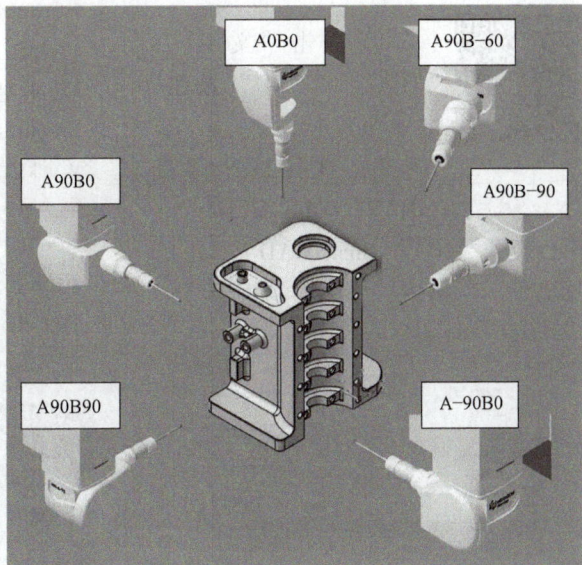

图 5-12　测头配置方案

5.5.7 导入三维数模

30. 导入三维数模

1）单击"文件"→"导入"→"CAD"按钮，如图 5-13 所示。

2）选择指定路径（D：\PC-DMIS \Mission 5）下的数模文件"Block.CAD"，并单击"导入"按钮，如图 5-14 所示。

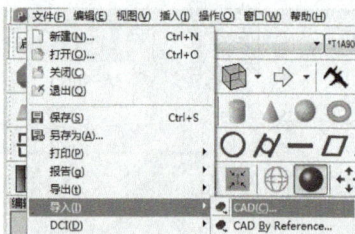

图 5-13 "CAD"按钮

图 5-14 导入 CAD 数模

3）将数模调整至合适角度，如图 5-15 所示，进入接下来的坐标系建立过程。

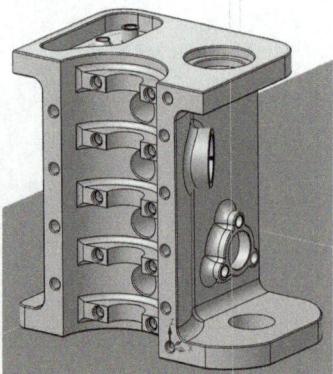

图 5-15 数模位置

知识链接

PC-DMIS 数模导入功能

PC-DMIS 支持多种格式的数模导入，相关软件包括：CAD、CATIA V4/V5/V6、IGES、Inventor、Parasolid、Pro/ENGINEER、Solid-Works、STEP、Unigraphics 等。

导入数模文件在线测量的优势

（1）测量过程更加直观且便于操作 基于数模的在线编程，测量特征测点位置在数模上将实时显示，如图 5-16 所示。可采用 PC-DMIS 领先的快速编程方法完成特征测量命令的创建。

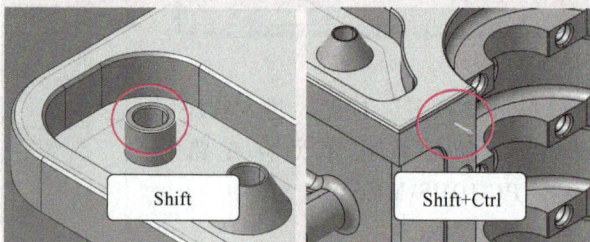

图 5-16 测点位置在数模上实时显示

（2）方便直接从三维数模上提取特征理论值 零件三维模型是产品设计、加工工艺制订、测量程序编辑等各个环节非常重要的数据传递枢纽，测量程序所有的理论值都需要从三维模型或二维图样中获取，如图 5-17 所示。

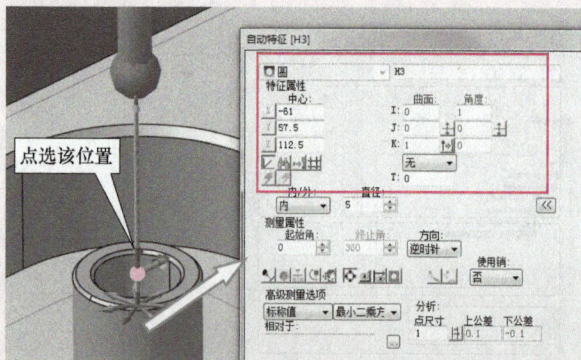

图 5-17 提取特征理论值

（3）使用数模是脱机编程的最佳选择 使用三维模型可以进行离线测量仿真，通过 PC-DMIS 的脱机编程功能完成产品预编程，可大大减少在线编程占用的时间。

5.5.8 建立零件坐标系

1. 建立外部坐标系

1）新建程序"BLOCK_ALN"，作为外部坐标系建立程序。

31. 建立零件坐标系

2）调用"测尖/T1A-90B0"，在主找正平面"MAN_基准A"上测量4个点，测点分布如图5-18所示。

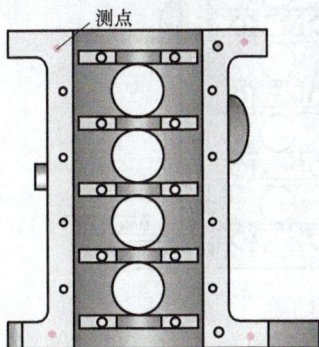

图5-18 测点分布

3）插入新建坐标系A1，通过程序"MAN_基准A"找正"Y负"，并使用该平面将Y轴置零，如图5-19所示。

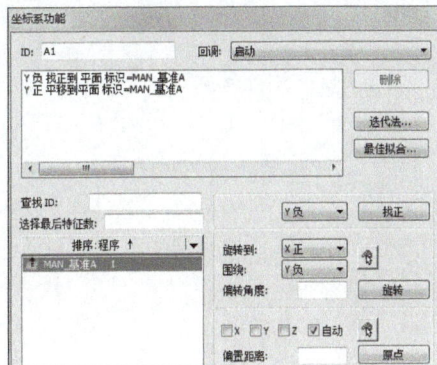

图5-19 平面找正

4）测量第二基准 *B*、第三基准 *C*，类型为"圆"，测点数为"4"。

知识链接

外部坐标系

外部坐标系创建主要适用于同一批零件大批量检测的场合。外部坐标系文件（.aln）记录了零件相对于测量机的方向和位置，实际使用中有两大优势。

1）测量程序调用外部坐标系后，可以直接切换为"DCC"模式，自动运行。

2）由于夹具调整等原因导致零件方位变化后，可以重新运行外部坐标系程序，找到当前的新方位，不影响零件的批量检测。

5

PROJECT

5）插入新建坐标系 A2，依次设置程序"MAN_基准 B"和"MAN_基准 C"中"围绕"为"Y 负"，"旋转到"为"Z 正"；使用"MAN_基准 B"将 X 轴、Z 轴置零，如图 5-20 所示。

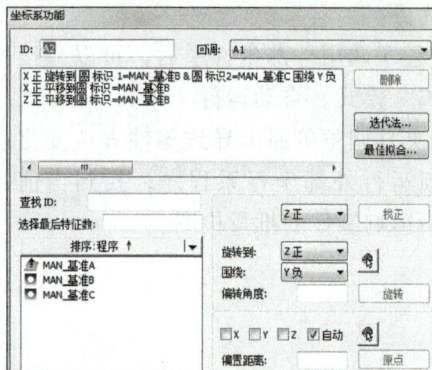

图 5-20　MAN_基准 B、C 创建坐标系

6）检查坐标系零点及轴向。

7）将坐标系 A2 保存为外部坐标系文件，单击"插入"→"坐标系"→"保存"按钮，如图 5-21 所示。

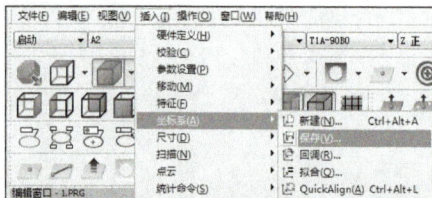

图 5-21　坐标系保存

定位销旋转至第二轴向

依次选择程序"MAN_基准 B"和"MAN_基准 C"，可以看到特征名处有序号 1、2 显示，表示该直线矢量由元素 1 指向元素 2，旋转到 Z 正方向，如图 5-22 所示。

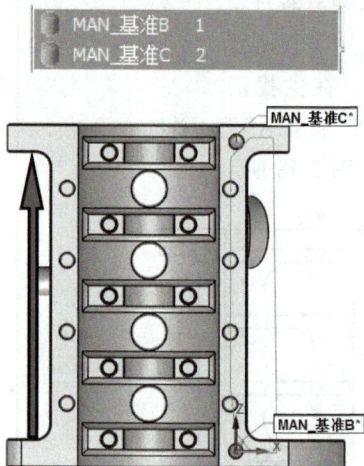

图 5-22　直线矢量

　　文件"A2. aln"保存在坐标系调用路径下，如图 5-23 所示。

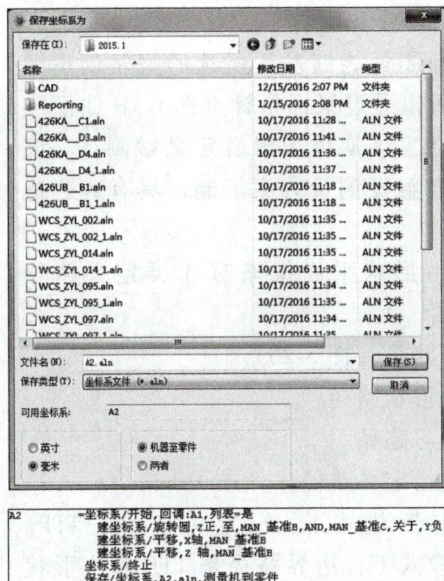

保存坐标系为			
保存在(I):	2015. 1		
名称	修改日期	类型	
CAD	12/15/2016 2:07 PM	文件夹	
Reporting	12/15/2016 2:08 PM	文件夹	
426KA__C1.aln	10/17/2016 11:28 ...	ALN 文件	
426KA__D3.aln	10/17/2016 11:41 ...	ALN 文件	
426KA__D4.aln	10/17/2016 11:36 ...	ALN 文件	
426KA__D4_1.aln	10/17/2016 11:37 ...	ALN 文件	
426UB__B1.aln	10/17/2016 11:18 ...	ALN 文件	
426UB__B1_1.aln	10/17/2016 11:18 ...	ALN 文件	
WCS_ZYL_002.aln	10/17/2016 11:35 ...	ALN 文件	
WCS_ZYL_002_1.aln	10/17/2016 11:35 ...	ALN 文件	
WCS_ZYL_014.aln	10/17/2016 11:35 ...	ALN 文件	
WCS_ZYL_014_1.aln	10/17/2016 11:35 ...	ALN 文件	
WCS_ZYL_095.aln	10/17/2016 11:35 ...	ALN 文件	
WCS_ZYL_095_1.aln	10/17/2016 11:34 ...	ALN 文件	
WCS_ZYL_097.aln	10/17/2016 11:34 ...	ALN 文件	
WCS_ZYL_097_1.aln	10/17/2016 11:35 ...	ALN 文件	

文件名(N): A2. aln　保存(S)
保存类型(T): 坐标系文件 (*. aln)　取消
可用坐标系: A2
○英寸　◉机器至零件
◉毫米　○两者

```
A2      =坐标系/开始,回调:A1,列表=是
        建坐标系/旋转图,Z正,至,MAN 基准B,AND,MAN 基准C,关于,Y负
        建坐标系/平移,X轴,MAN 基准B
        建坐标系/平移,Z 轴,MAN 基准B
        坐标系/终止
        保存/坐标系,A2.aln,测量机到零件
```

图 5-23　坐标系调用路径

　　8）最后将程序另存为"外部坐标系 .PRG"，便于零件批量检测使用，随后退出当前测量程序。

2. 建立自动零件坐标系（粗、精基准坐标系）

1）新建测量程序，如图 5-24 所示。

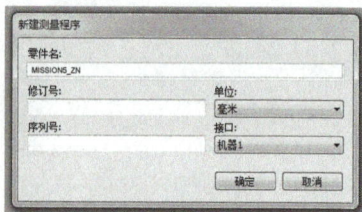

图 5-24 新建测量程序

单击"确定"按钮，进入程序编辑界面，随后将程序另存在路径"D：\PC-DMIS\MISSION 5"中。

2）运行参数设置（"逼近/回退距离"设置为"0.5mm"）。

3）将模式切换为"DCC"模式，随后回调外部坐标系 A2，如图 5-25 所示。

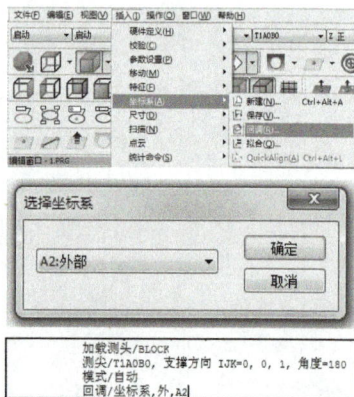

图 5-25 回调外部坐标系

4）按照外部坐标系的建立顺序（面—圆—圆），在"DCC"模式下建立粗基准坐标系（注意中间移动点的添加或启用"两者移动"）。

基准平面的测量采用自动平面测量命令的"自由形状平面策略"，具体操作方法如下。

① 单击"插入"→"特征"→"自动"→"平面"按钮，插入自动平面测量命令，单击"测量策略"按钮，切换为"TTP 自由形状平面策略"。

知识链接

"TTP（触发测头）自由形状平面策略"功能介绍

自动平面测量能够基于所选的策略创建触测点，用户可以通过鼠标指针点选 CAD 曲面或者使用测针在零件实体上触发定义触测点。该功能主要面向触发测量方案定制，具有普遍适用性。

TTP 自由形状平面策略有 4 类定义路径方案。

1）边界路径（图 5-26）。

2）自由形状路径。

3）自学习路径。

4）使用已定义路径。

在"手动"模式下，已定义路径是 TTP。在"DCC"模式下，边界路径是 TTP 自由形状平面策略默认的路径生成方法。本项目中使用已定义路径类型完成基准平面的测量。

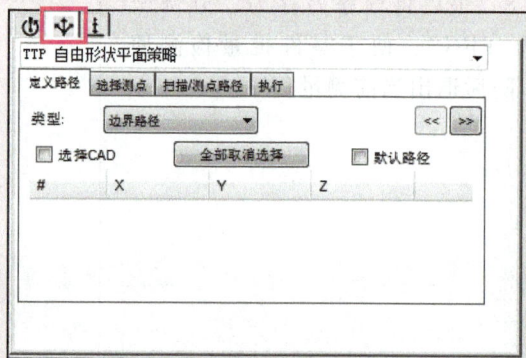

图 5-26 边界路径

② 将"定义路径"选项卡中的"类型"选择为"使用已定义路径",如图 5-27 所示。

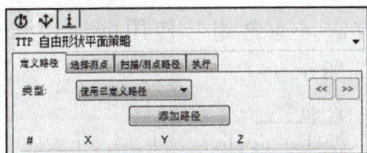

图 5-27 定义路径

③ 在数模上测量的所有测点（或使用测针在零件实体上触测的测点），会自动记录到测点列表中，如图 5-28 所示。单击"添加路径"按钮，生成测点路径。

图 5-28 测点列表

④ 确认该平面的理论值（位置坐标及矢量方向）是否需要修改，本项目中 Y = 0，矢量为（0，−1，0）。

⑤ 开启"两者移动"，距离设置为"10"。

⑥ 单击"确定"按钮，完成测量命令的创建。

5）单击"坐标系功能"对话框中的"CAD = 工件"按钮，将坐标系与数模拟合，如图 5-29 所示，完成粗基准坐标系的创建。

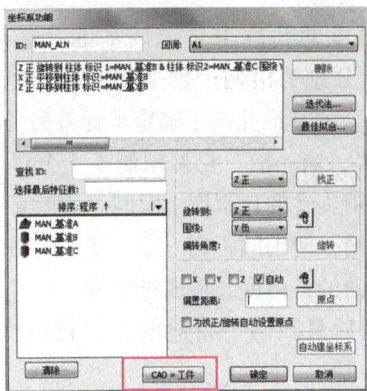

图 5-29 坐标系与数模拟合

基准平面 *A* 测量命令及测点分布（图 5-30）

```
DCC1_基准 A =特征/触测/平面/TTP_自由形状平面策略,直角坐标,轮廓,最小二乘方
    理论值/<-56.873,0,108.4525>,<0,-1,0>
    实际值/<-56.873,0,108.4525>,<0,-1,0>
    目标值/<-56.873,0,108.4525>,<0,-1,0>
    角矢量=<1,0,0>,矩形
    显示特征参数=是
      无效探测=否
      曲面=无厚度,0
      测量模式=标称值
      相对测量=无,无,无
      自动测座=否
      圆弧移动=STRAIGHT
      图形分析=否
      特征位置=否,否,"
    显示相关参数=是
      测点数=3,行数=3
      间隙=0
      自动移动=否,距离=10
    显示触测=是
    触测/基本,<22.0654,0,218.2959>,<0,-1,0>,<22.0654,0,218.2959>
    触测/基本,<-1.6002,0,108.5649>,<0,-1,0>,<-1.6002,0,108.5649>
    触测/基本,<19.1488,0,-1.5752>,<0,-1,0>,<19.1488,0,-1.5752>
    触测/基本,<-128.7021,0,1.6305>,<0,-1,0>,<-128.7021,0,1.6305>
    触测/基本,<-122.064,0,107.2792>,<0,-1,0>,<-122.064,0,107.2792>
    触测/基本,<-130.0857,0,216.5198>,<0,-1,0>,<-130.0857,0,216.5198>
    终止测量/
```

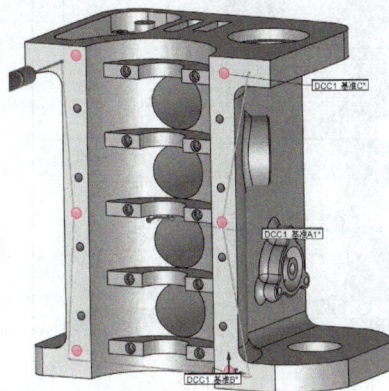

图 5-30 测量命令及测点分布

5 PROJECT

6）在粗基准坐标系的基础上完成精建坐标系过程（端面—销孔—销孔），具体要求如下。

① 采用同样的方法测量基准平面 A，要求测量 8~10 点。

② 使用自动圆柱功能测量基准 B 和基准 C。

7）精基准坐标系创建完成后，其零点及各轴指向如图 5-31 所示。

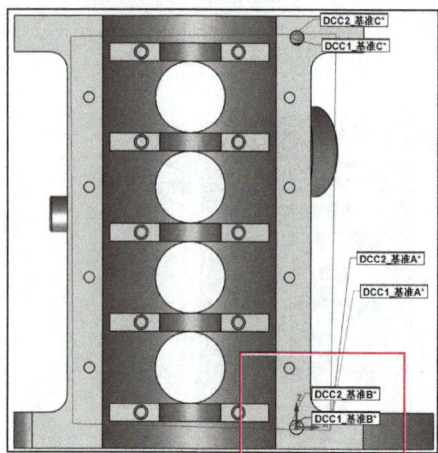

图 5-31　零点及各轴指向

5

PROJECT

知识链接

"一面两销"建立零件坐标系

"一面两销"定位法是壳体、端盖零件设计加工最常用的方法，通常组合使用圆柱销和菱形销，如图 5-32 所示。

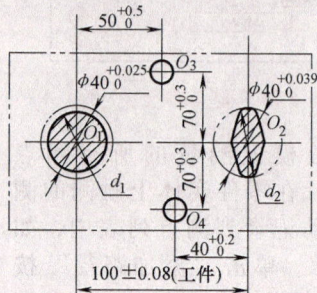

图 5-32　圆柱销和菱形销

"一面两销"建立零件坐标系的方法适用于绝大部分箱体类零件的检测。以图 5-32 所示结构为例，从控制坐标系自由度的角度分析定位原理。

1. "一面"

此端面是其他半精加工特征的首基准，同时也是半精加工基准坐标系的主要找正方向，通常采用该面找正一个轴向，并且将该轴向的零点定于此面。

从控制自由度的角度分析，该平面约束了 3 个自由度，分别为绕两个轴旋转的自由度及沿一个轴平移的自由度。

2. "两销"

与圆柱销配合的基准孔用于确定坐标系另外两个轴向的零点。

从控制自由度的角度分析，该基准孔约束了 2 个自由度，分别为沿两个轴平移的自由度。

与菱形销配合的基准孔用于确定坐标系另外 1 个轴向的零点。"一销一面"已经限制了 5 个自由度，只有一个绕销旋转的自由度未限制。如果第二个销仍然用圆柱销，两销间距离一定，就多限制了一次两销连线方向的自由度，形成过定位。

改用菱形销后只限制了角向的旋转自由度，符合 6 点定位原则。

注意，菱形长对角线应垂直于两销连线。

5.5.9　自动测量特征

1. 自动测量平面 F1000

经判断，F1000 与基准平面 A 为同一个特征元素，因此不需要再次测量。

32. 自动测量特征

2. 自动测量 H1001～H1008（ϕ4.5mm 光孔）

测针选用：测尖/T1A-90B0。

测量点数：每层 4~6 个测点，2 层。

操作方法参考项目 3、项目 4。

3. 自动测量 H1011、H1012（ϕ4.5mm 光孔）

测针选用：测尖/T1A-90B0。

测量点数：每层 4~6 个测点，2 层。

操作方法参考项目 3、项目 4。

4. 自动测量 H2001～H2004（ϕ12mm 缸孔）

测针选用：测尖/T1A90B0。

测量点数：每层 36 个测点，3 层。

由于缸体缸孔对于发动机性能及使用寿命等功能性因素影响很大，因此对其形状及方位要求特别高。在实际测量中，多采用模拟扫描测头通过连续扫描的方式得到特征的相关尺寸，在保证精度的前提下极大地提高了测量效率。

本项目中每层圆设定测量 36 个测点，即每间隔 10° 有一个测点分布，如图 5-33 所示，用于输出形状误差分析图。

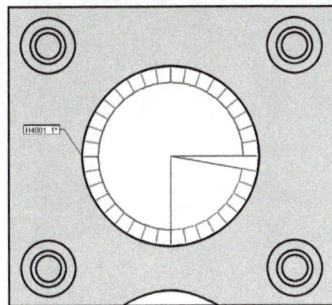

图 5-33　测点分布

知识链接

缸孔的连续扫描测量

在本项目测量方案实施环节，连续扫描是必不可少的测量要求。对于缸孔垂直度、位置度、圆柱度等误差的测量，通常使用"基本圆扫描"的功能来实现。如图 5-34 所示，单击"插入"→"扫描"→"圆"按钮，启动"基本圆扫描"功能。

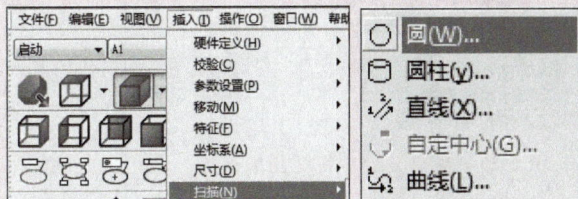

图 5-34　基本圆扫描

5

PROJECT

完成缸孔 H2001 的测量后，采用阵列的方式得到其他 3 个缸孔的测量命令，操作步骤如下。

1）选中 H2001 特征测量命令并复制（快捷键<Ctrl+C>），如图 5-35 所示。

```
H2001    =特征/触测/圆柱/默认,直角坐标,内,最小二乘方
         理论值/<-31.74.5,91.5>,<0,1,0>,12,30
         实际值/<-31.74.5,91.5>,<0,1,0>,12,30
         目标值/<-31.74.5,91.5>,<0,1,0>
         起始角=0,终止角=360
         角矢量=<-1,0,0>
         方向=逆时针
         显示特征参数=否
         显示相关参数=否
```

图 5-35　复制 H2001 特征测量命令

知识链接

"基本扫描" 对话框设置示例（图 5-36）

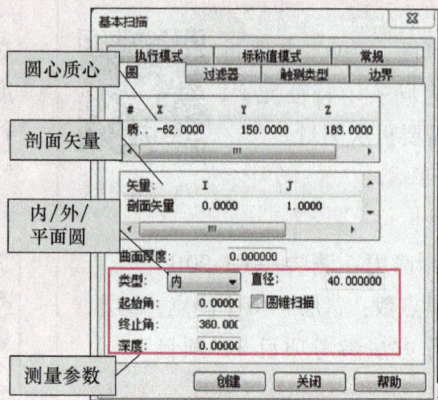

图 5-36　基本扫描设置

"基本圆扫描" 功能通常搭配扫描测头使用，适用于规则圆孔（圆柱）或局部圆孔（圆柱）的连续扫描测量，具有设置简单、扫描命令简洁等优点，可以保证三坐标测量机连续高效地获得精确扫描数据，用于下一步特征构造。

2）单击"编辑"→"阵列"按钮，弹出"阵列"对话框，如图5-37所示。"Z轴"设为"-25"，"偏置次数"设为"3"。

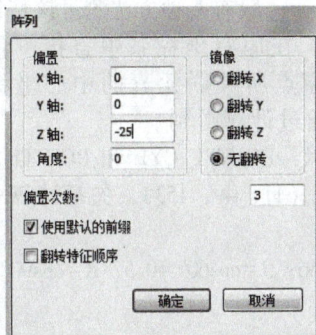

图5-37　阵列

3）将指针放在H2001测量命令最后，单击"编辑"→"阵列粘贴"按钮，得到H2002、H2003、H2004特征测量命令，如图5-38所示。

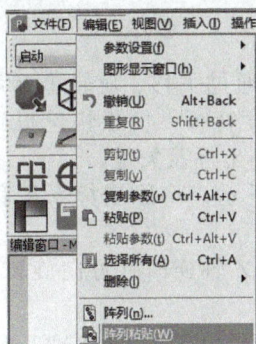

图5-38　阵列粘贴

知识链接

阵列功能介绍

PC-DMIS软件可以通过阵列功能快速得到具有相同间距或相同夹角特征的测量命令，有以下三种常见阵列类型（圆1均为初始特征）。

1. 坐标偏置（图5-39）

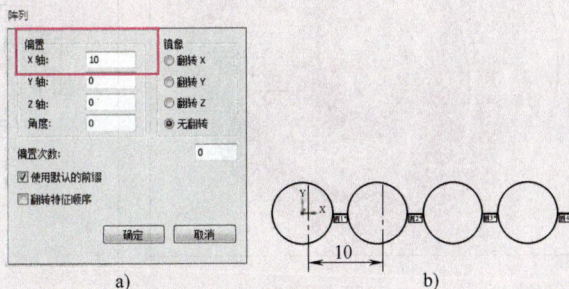

图5-39　坐标偏置

2. 角度偏置（图5-40）

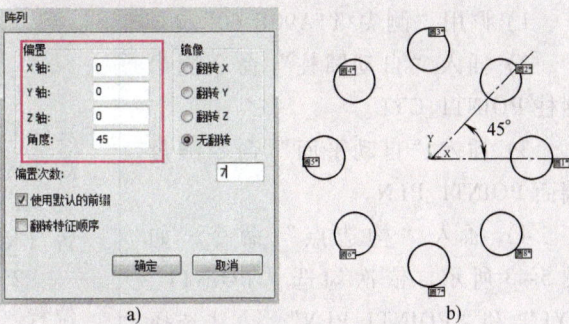

图5-40　角度偏置

3. 镜像偏置（图5-41）

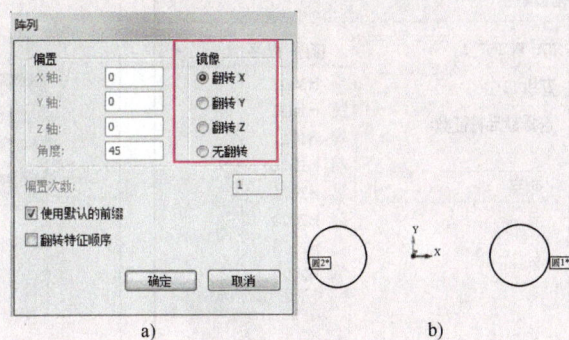

图5-41　镜像偏置

5 PROJECT

5. 间接测量斜孔刺穿点 POINT_1
（图 5-42）

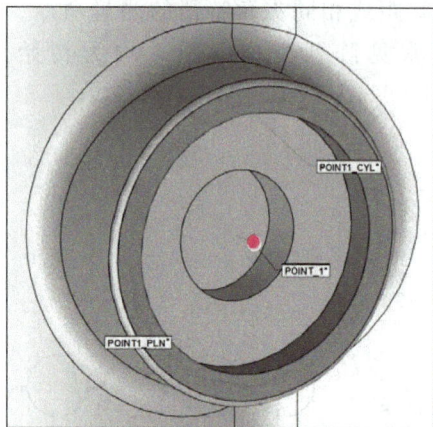

图 5-42 斜孔穿刺点

操作步骤如下。

1）调用"测尖/T1A90B-60"。

2）插入"自动圆柱"命令测量圆柱 POINT1_CYL。

3）插入"自动平面"命令测量端面 POINT1_PLN。

4）插入"构造点"命令，如图 5-43 所示，依次勾选"POINT1_CYL"和"POINT1_PLN"，方法选择"刺穿"，创建刺穿点 POINT_1。

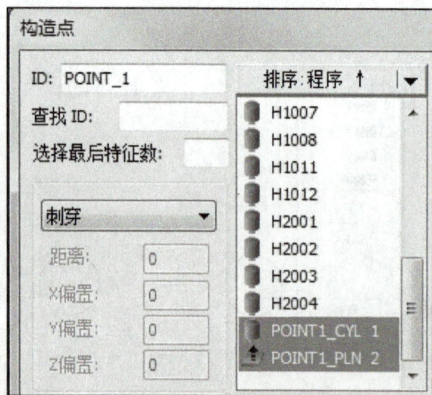

图 5-43 完成刺穿点创建

知识链接
已知角度斜面（圆、圆柱）的测量

本项目中刺穿点由圆柱轴线与端面相交得到，而端面与基准平面 A 间的夹角为 30°。为保证触测方向符合设计要求，一般有两种方法测量该特征。

（1）方法一 在原有坐标系中直接测量特定角度特征，刺穿点所关联元素的中心坐标及矢量有可能需要通过计算得到。

如图 5-44 所示，POINT1_CYL 和 POINT1_PLN 元素的中心坐标为（11，49，153），矢量计算方法如下：

$I=\cos30°=0.866；J=\cos60°=0.5；K=\cos90°=0$。

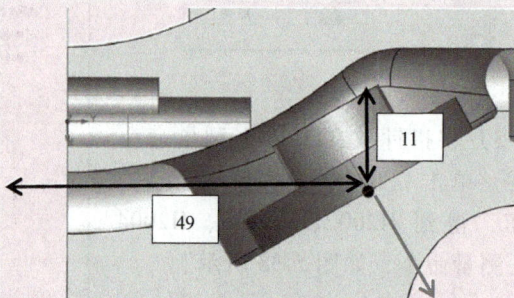

图 5-44 矢量计算

（2）方法二 通过平移、旋转坐标系到指定位置测量特定角度特征，便于快速得到刺穿点所关联元素的中心坐标及矢量。

1）如图 5-45 所示，将原坐标系平移到位置（X1，Y1）。

2）坐标系围绕 Z 轴逆时针方向旋转 30° 至位置（X2，Y2）。

3）此时，POINT1_CYL 和 POINT1_PLN 元素的中心坐标为（0，0，0），矢量方向为（1，0，0）。

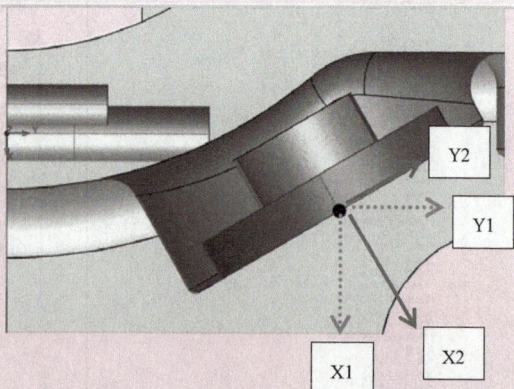

图 5-45 旋转坐标系

6. 自动测量 F4001、F4002 台阶面（图 5-46）

测针选用：测尖/T1A90B90。

测量点数：4~6 点。

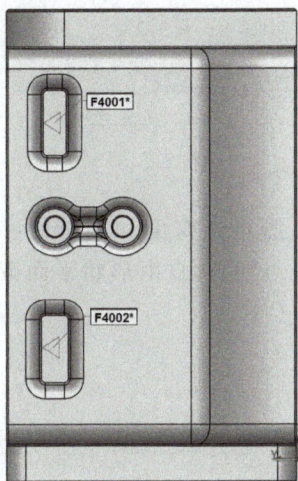

元素	X 轴坐标
F4001	−66 mm
F4002	−65.3 mm

图 5-46　台阶面

自动特征设置如图 5-47 所示。

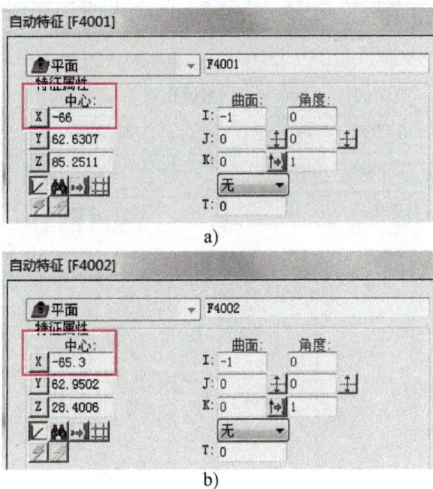

图 5-47　自动特征设置

知识链接

台阶面（阶梯面）的创建及应用

在发动机、变速器、离合器等汽车零件图样中，经常以多个台阶面作为毛坯基准。使用台阶面作为毛坯的基准，最大限度地节省了工艺成本，提高了加工效率。

PC-DMIS 软件具备台阶面构造功能，可以针对输入特征按照图样指定距离构造偏置平面，通过"构造平面"中的"偏置"功能实现，如图 5-48 所示。

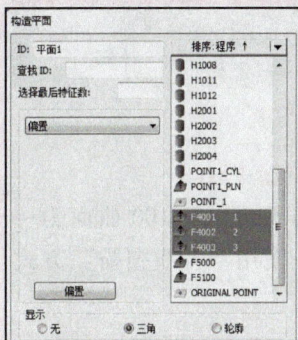

图 5-48　构造平面

操作步骤如下。

1）在"构造平面"对话框中，将构造方法选择为"偏置"。

2）将参与构造平面偏置的所有平面选中（不分先后顺序）。

3）单击"偏置"按钮，弹出"平面偏置"对话框，可通过"计算标称值"（需要输入理论偏置距离）或"计算偏置"（需要输入最终理想台阶平面的理论坐标）功能构造得到偏置平面，如图 5-49 所示。

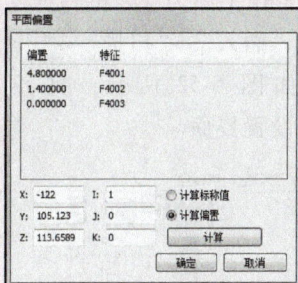

图 5-49　平面偏置

注意："偏置"值必须从图样中直接或间接得到，不允许输入实测值。台阶面通常作为基准要素出现在图样中，用于控制方向和位置。

5

PROJECT

7. 自动测量 F5000

测针选用：测尖/T1A0B0。

如图 5-50 所示，平面 F5000 具有整体面积较大、平面边缘不规则的明显特点，使用平面扫描策略中的"TTP 自由形状平面策略"功能完成测量。

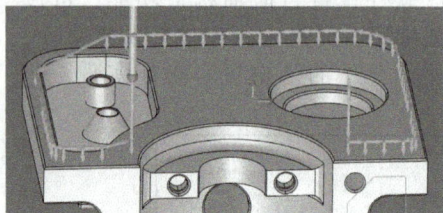

图 5-50　平面扫描

8. 自动测量 F5100

如图 5-51 所示，F5100 曲面为一段封闭曲面，使用"开线扫描"方式完成测量。

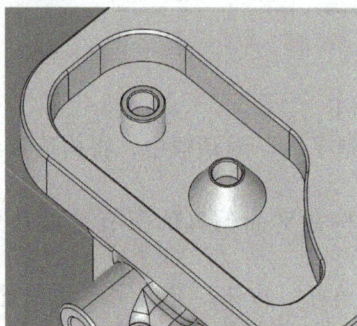

图 5-51　封闭曲面

操作步骤如下。

1）切换工作平面为"Z 正"。

2）单击"插入"→"扫描"→"开线"按钮，如图 5-52 所示，打开"开线扫描"设置界面。

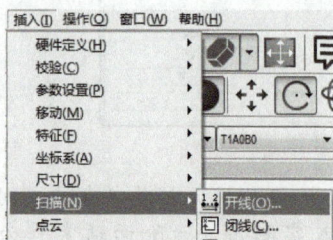

图 5-52　开线扫描

F5000 平面测量参数设置（图 5-53）

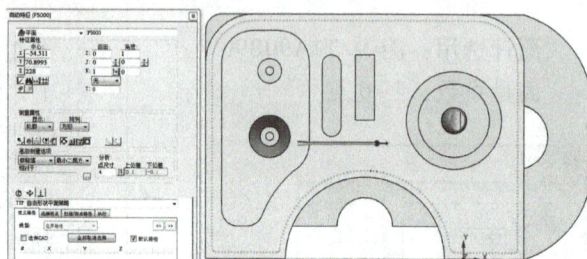

图 5-53　参数设置

对于触发测量来说，测量点密度和测量效率这两个要素需要统筹兼顾，"TTP 自由形状平面策略"设置如图 5-54 所示。

1）偏置：2~3mm。

2）增量：1~5mm。

3）勾选"跳过孔"。

4）CAD 公差保持默认。

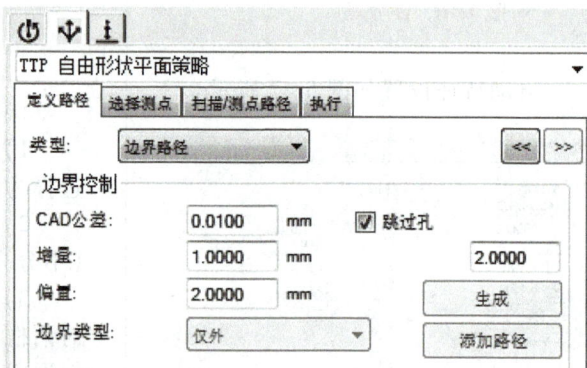

图 5-54　"TTP 自由形状平面策略"设置

3）切换至"图形"选项卡，勾选"选择"复选框，如图5-55所示。

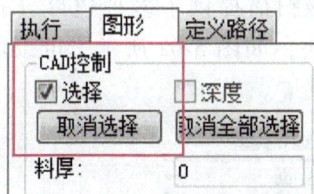

图5-55　"CAD控制"选择

4）依次选择数模对应曲面，注意最终选择的面片是连续的，如图5-56所示。选择完毕后取消勾选"选择"复选框。

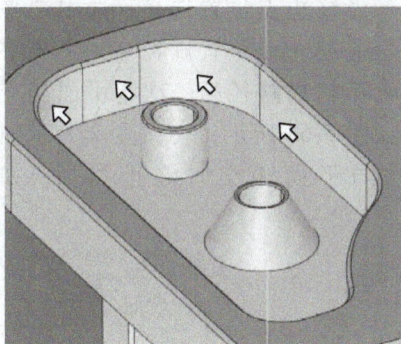

图5-56　曲面选取

5）选择图5-57所示位置"1"（起点），将其激活后在数模扫描起始位置处单击，选取位置的坐标会被自动抓取到软件中。

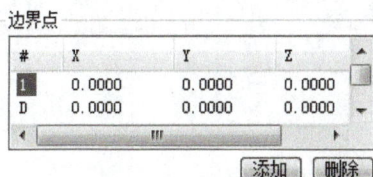

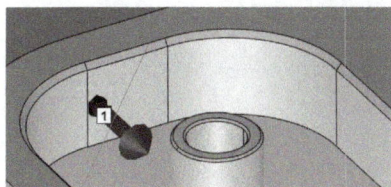

图5-57　选取起点

知识链接
高级扫描类型

PC-DMIS高级扫描提供了较多控制方法来得到扫描路径及测点分布，包括以下方法（图5-58）。

1. 开线
2. 闭线
3. 曲面
4. 周边
5. 截面
6. 旋转
7. UV
8. 自由曲面
9. 网格
10. 生成截面

本项目采用开线扫描功能，并介绍了该功能的一般使用方法，以便于举一反三。

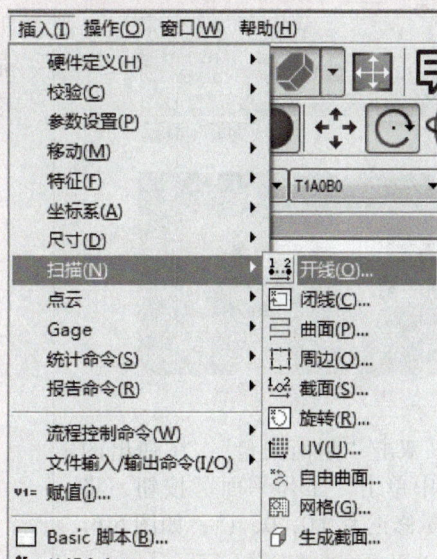

图5-58　扫描功能

5

PROJECT

6）选择图 5-59 所示位置 "D"（方向点），将其激活后在扫描方向延伸位置处单击。

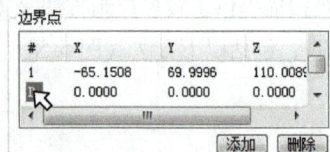

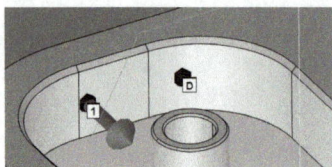

图 5-59 方向点

7）选择图 5-60 所示位置 "2"（终点），将其激活后在扫描终止位置处单击（为使扫描曲线覆盖整个曲面，需要保证起点与终点的距离）。

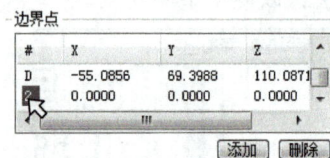

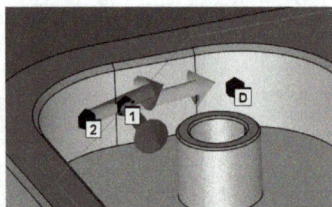

图 5-60 选取终点

8）双击 "剖面矢量"，在弹出的对话框中单击 "工作平面" 按钮，将剖面矢量修正为 (0, 0, 1)，如图 5-61 所示。

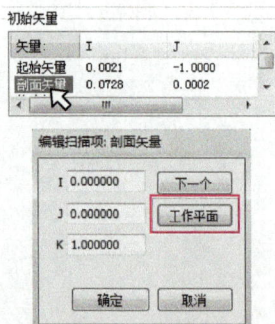

图 5-61 剖面矢量

知识链接

边界类型设置

PC-DMIS 高级扫描提供了多种边界（扫描终点）的控制方法，如图 5-62 所示，可以灵活应用于不同使用情境。

图 5-62 边界类型

本项目采用 "平面" 类型，设置原理如下。

边界类型参考终止点位置选择：选用 "平面" 类型后，会在终止点位置虚拟一个边界平面。交叉点 1 表示扫描路径第一次与平面相交时终止扫描，如图 5-63 所示；交叉点 2 表示扫描路径第二次与平面相交时终止扫描，如图 5-64 所示。

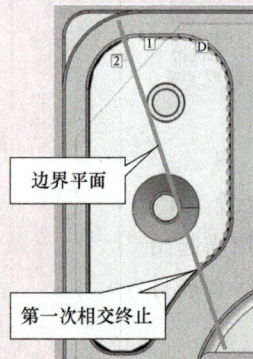

图 5-63 第一次相交　　图 5-64 第二次相交

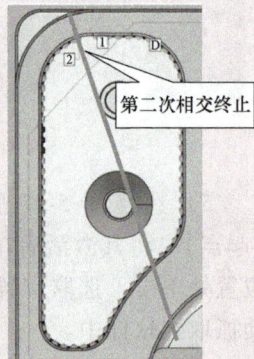

5 PROJECT

132

9）测点间距控制方法选用"方向1"，"最大增量"可按需要灵活设置，这里设置为4，如图5-65所示。

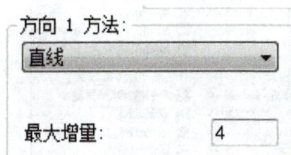

图5-65 最大增量设置

10）"执行"选项卡参数设置如图5-66所示。

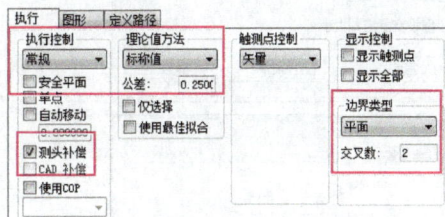

图5-66 "执行"选项卡参数设置

11）如图5-67所示，切换至"定义路径"选项卡，单击"生成"按钮，得到扫描路径。

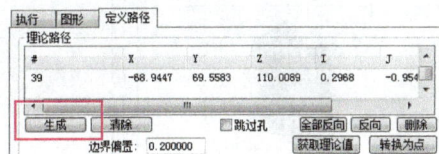

图5-67 生成路径

12）单击"创建"按钮，完成扫描命令的创建，如图5-68所示。

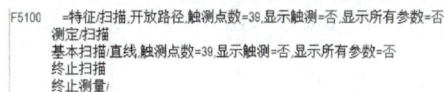

```
F5100    =特征/扫描,开放路径,触测点数=39,显示触测=否,显示所有参数=否
         测定/扫描
         基本扫描/直线,触测点数=39,显示触测=否,显示所有参数=否
         终止扫描
         终止测量/
```

图5-68 扫描命令

扫描路径（图5-69）

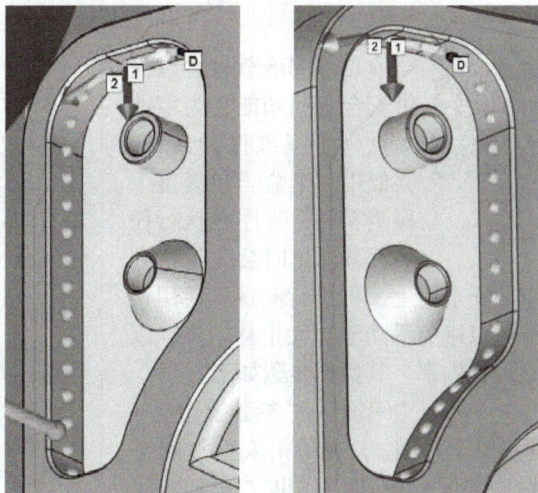

图5-69 扫描路径

5

PROJECT

133

5.5.10 启用安全空间 (Clearance Cube) 合理避让

33. 安全空间应用

PC-DMIS 软件可以提供安全空间功能，为零件提供一个三维保护区域，类似用一个盒子包裹整个检测零件，程序在执行任一元素测量时会先运行到相应的安全面上，再进行测量。使用该功能可以避免手动添加大量移动点，以提高编程效率。其操作步骤如下。

1) 单击"编辑"→"参数设置"→"设置安全空间"，或单击安全空间工具栏中的图标按钮，弹出"安全空间 (Clearance Cube) 定义"对话框，默认显示简约界面，单击"高级"按钮，打开高级设置界面，单击定义按钮，如图 5-70 所示。

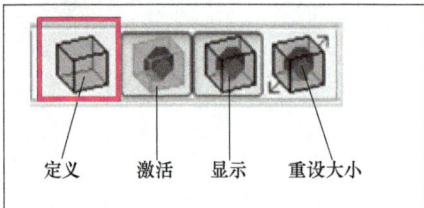

图 5-70 高级设置界面

2) 在"大小"选项卡中根据产品模型及现场装夹方案确定安全空间各个面到零件数模边缘的距离，默认为 10mm，如图 5-71 所示。

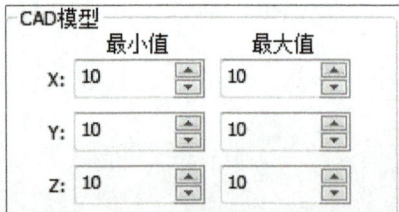

图 5-71 CAD 模型边缘设置

可通过勾选"显示安全空间"复选框实时显示当前设置。

3) 在"约束"选项卡中设置测头可通过的平面和棱边。不勾选项表明测头不可以通过相应棱边。

安全空间参数设置（图 5-72）

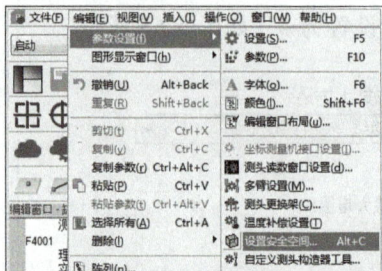

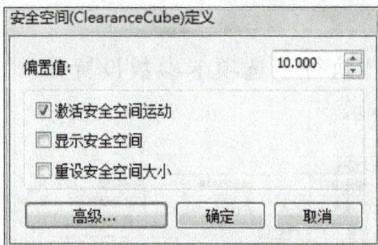

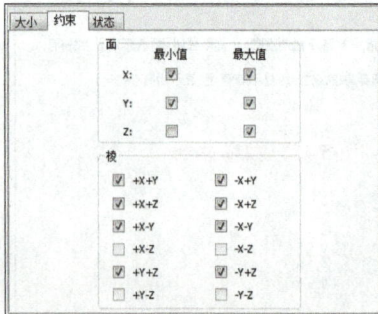

图 5-72 安全空间参数设置

4）在"状态"选项卡中将所有特征的"活动"状态设置为"开"，如图5-73所示。

图5-73　活动状态

5）"开始""结束"设置。"开始"项定义测量时测头从哪个方向的安全平面开始移动；"结束"项定义测量结束后测头退回到哪个方向的安全平面。本项目选用"使用测尖矢量"选项。

6）勾选"激活安全空间运动"，不建议在使用中勾选"显示安全空间"选项，单击"确定"按钮，完成创建。

7）测量路径线预览。单击"视图"→"路径线"/"光标处的路径线"按钮，或使用快捷键<Alt+P>查看测量路径线。

注意：开启路径线查看功能，只能显示编辑窗口被标记程序的所有路径线，而未被标记的程序则不会显示路径线。对于手动测量命令，可以使用快捷键<F3>将指针选取部分的程序设为未标记状态。

本项目零件测量程序路径线如图5-74所示。

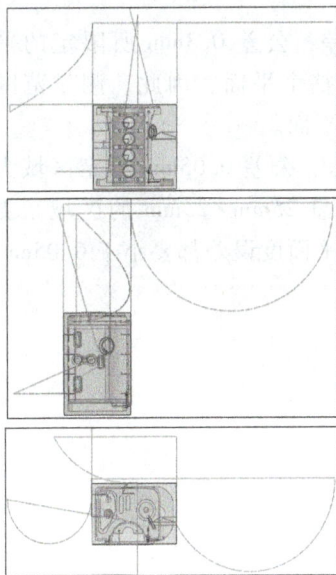

图5-74　发动机缸体测量程序路径线

安全空间测针出入矢量定义，如图5-75所示。

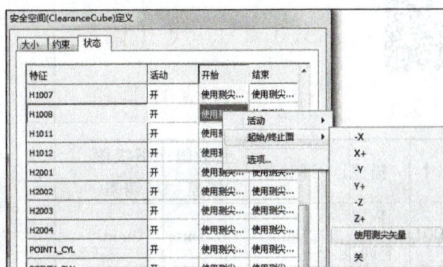

图5-75　安全空间测针出入矢量定义

知识链接

快捷键<F3>标记功能

软件编辑窗口中显示的程序，在未做标记设置的前提下，所有程序都是默认标记状态，使用快捷键<Ctrl+Q>会全部运行。

标记状态和未标记状态的程序有明显的颜色区分，如图5-76所示。

蓝色背景区域为"未标记状态"程序，程序在使用全部执行命令（快捷键<Ctrl+Q>）后该部分不执行。

白色背景区域为"标记状态"程序，程序在使用全部执行命令（快捷键<Ctrl+Q>）后该部分执行。

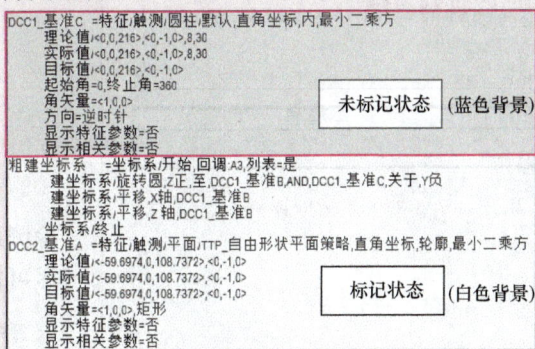

图5-76　以颜色区分标记状态

快捷键<F3>标记功能主要用在程序调试阶段和程序正式运行阶段。

在程序调试阶段，对于未调试程序，可以先将全部程序设为未标记状态，然后逐项开启标记并运行。

在程序正式运行阶段，可以将一个完整程序通过不同的标记方法保存为具有特定用途的程序，如车身零件检测程序可以分为"带天窗"检测程序和"无天窗"检测程序，而两个程序的唯一区别就是天窗部分的检测程序是否被标记。

5

PROJECT

34. 尺寸评价

5.5.11 尺寸评价

1. 尺寸 FL001 评价

符号	尺寸	描述	理论值	上极限偏差	下极限偏差
▱	FL001	FCF 平面度	0mm	+0.1mm	0mm

被评价特征：F1000。

单击"插入"→"尺寸"→"平面度"按钮，插入平面度评价，如图 5-77 所示。

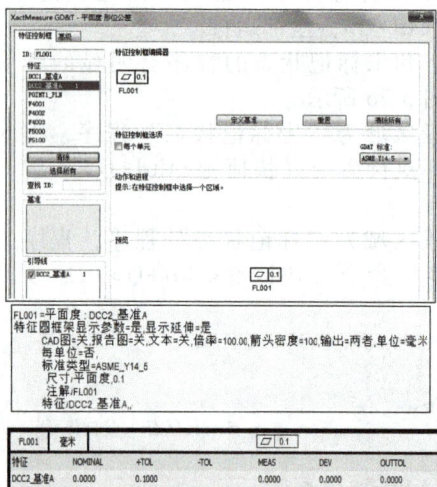

图 5-77 平面度评价

XactMeasure GD&T - 平面度 形位公差
特征控制框 基准
ID：FL001
特征
DCC2_基准A
F0DET1_PL8
F4001
F4002
F4003
F5000
F5100
替换 ID：
基准
引导线

知识链接

平面度概述

平面度表示零件平面要素实际形状保持理想平面的状况，即平整程度。

平面度公差是实际表面所允许的最大变动量，用来限制实际表面加工误差所允许的变动范围。

如图 5-78 所示，平面度要求被测平面所有离散测点必须位于距离为公差值 0.08mm 的两个平行平面内，该尺寸才是合格的。

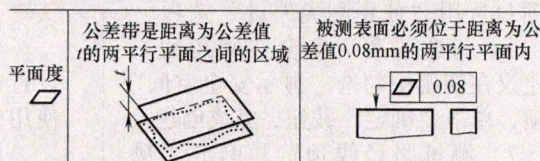

图 5-78 平面度示例

为了严格控制产品表面加工质量，在图样中经常会增加区域平面度的评价要求，如图 5-79 所示。

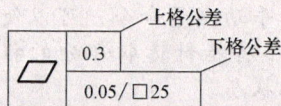

图 5-79 区域平面度评价

1）上格公差：公差 0.3mm 所限定的平面检测区域范围为整个平面，因此，测量范围要尽可能覆盖整个平面。

2）下格公差：公差 0.05mm 限定区域为整个检测区域中任意 25mm×25mm 的区域，要求任意区域的最大平面度误差都要小于 0.05mm。

2. 尺寸 P002 评价

符号	尺寸	描述	理论值	上极限偏差	下极限偏差
⊕	P002	FCF 位置度	0mm	+0.2 Ⓜ mm	0mm

被评价特征：H1001～H1008。

单击"插入"→"尺寸"→"位置度"按钮，插入位置度评价命令。首先定义基准 A、B、C，如图 5-80 所示，位置度评价参数设置如图 5-81 所示。

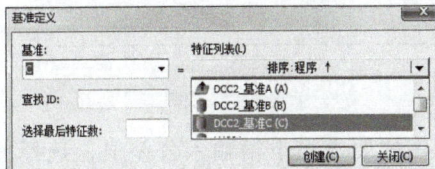

图 5-80 基准定义

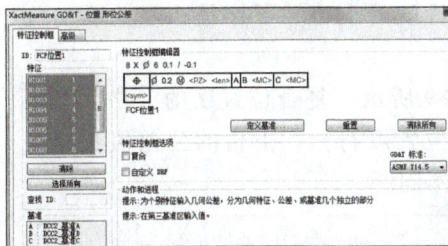

图 5-81 位置度评价参数设置

图样要求的位置度评价为孔组位置度评价，虽然不涉及基准匹配，但是由于同时评价 8 个孔特征，因此与项目 3 中的位置度评价报告显示有差异，报告包含以下三部分。

区域平面度的添加步骤如下。

1）打开"平面度-几何公差"设置对话框，勾选"每个单元"复选框后，第二格便可以显示出来，如图 5-82 所示。

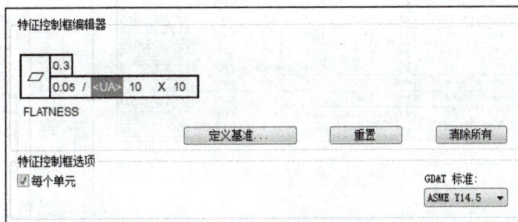

图 5-82 平面度参数设置

注：PC-DMIS 软件仅新版本评价方式（推荐默认设置）支持区域平面度评价，传统评价方式不支持该功能。

2）按照图样要求输入公差值。PC-DMIS 软件支持两类单位区域：方形区域、矩形区域，可单击"＜UA＞"按钮进行切换，如图 5-83 所示。

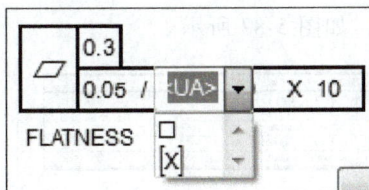

图 5-83 参数切换

知识链接
组合位置度与复合位置度

单格位置度是最为常见的位置度标注方式，但是，在部分图样中也会看到组合位置度和复合位置度标注方式。标注方式不同，在 PC-DMIS 软件中设置也不相同，而且对特征公差带的限制方式也不同。

1. 组合位置度（Multiple Single-Segment Position）

组合位置度的上格、下格是两个相互独立的位置约束尺寸。

如图 5-84 所示，组合位置度的上格、下格有各自的位置度符号，而且公差值及相关基准也不相同。

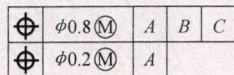

图 5-84 组合位置度符号

5
PROJECT

137

1）被评价特征孔直径尺寸，公差值由位置度评价孔组直径公差值继承得到，如图 5-85 所示。

P002 尺寸	毫米				BX≤6 0.1/-0.1		
特征	NOMINAL	+TOL	-TOL	MEAS	DEV	OUTTOL	BONUS
H1001	6.0000	0.1000	-0.1000	5.9843	-0.0157	0.0000	0.0843
H1002	6.0000	0.1000	-0.1000	5.9668	-0.0332	0.0000	0.0668
H1003	6.0000	0.1000	-0.1000	5.9554	-0.0446	0.0000	0.0554
H1004	6.0000	0.1000	-0.1000	5.9854	-0.0146	0.0000	0.0854
H1005	6.0000	0.1000	-0.1000	6.0002	0.0002	0.0000	0.1002
H1006	6.0000	0.1000	-0.1000	6.0002	0.0002	0.0000	0.1002
H1007	6.0000	0.1000	-0.1000	6.0002	0.0002	0.0000	0.1002
H1008	6.0000	0.1000	-0.1000	6.0002	0.0002	0.0000	0.1002

图 5-85　孔直径

2）被评价特征孔位置度评价结果，如图 5-86 所示。

P002 位置	毫米				⊕ ∅0.2 ⊛ A B C		
特征	NOMINAL	+TOL	-TOL	MEAS	DEV	OUTTOL	BONUS
H1001	0.0000	0.2000		0.6139	0.6139	0.3295	0.0843
H1002	0.0000	0.2000		0.4882	0.4882	0.2215	0.0668
H1003	0.0000	0.2000		0.2784	0.2784	0.0230	0.0554
H1004	0.0000	0.2000		0.2273	0.2273	0.0000	0.0854

图 5-86　孔位置度评价

3）被评价特征孔的理论坐标和实测坐标，如图 5-87 所示。

P002 概要 以 和基准 以开，垂直于中心轴后的偏差 =开，使用轴=最短				
特征	AX	NOMINAL	MEAS	DEV
H1001 (起点)	X	-119.8000	-119.5095	0.2905
	Z	33.0000	32.9010	-0.0990
H1002 (终点)	X	-119.8000	-119.5870	0.2130
	Z	83.0000	82.8807	-0.1193

图 5-87　孔的理论坐标和实测坐标

在 PC-DMIS 软件中添加组合位置度的步骤如下。

1）如图 5-88 所示，单击 "<sym>" 按钮，选择位置度符号。

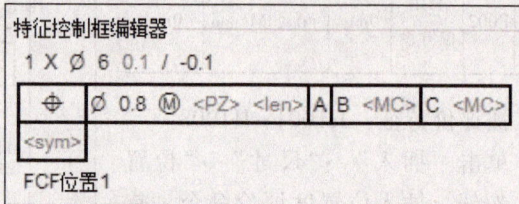

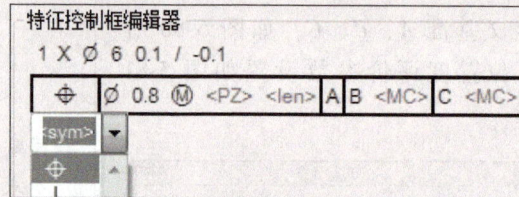

特征控制框编辑器

1 X Ø 6 0.1 / -0.1

⊕	Ø 0.8 Ⓜ <PZ> <len>	A	B <MC>	C <MC>
<sym>				

FCF位置1

特征控制框编辑器

1 X Ø 6 0.1 / -0.1

⊕	Ø 0.8 Ⓜ <PZ> <len>	A	B <MC>	C <MC>
<sym> ▾				
⊕				

图 5-88　选择位置度符号

2）按照图样要求在下格输入公差值，选择对应的基准。

2. 复合位置度（Composite Position）

复合位置度的上格、下格是相互关联的位置约束尺寸。

如图 5-89 所示，复合位置度的上格、下格使用共同的位置度符号，下格的公差值及相关基准与上格不同。

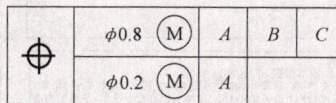

⊕	∅0.8 Ⓜ	A	B	C
	∅0.2 Ⓜ	A		

图 5-89　复合位置度符号

PC-DMIS 软件中添加复合位置度的操作参考 P003 尺寸评价。

3. 尺寸 P003 评价

符号	尺寸	描述	理论值	上极限偏差	下极限偏差
⊕	P003	FCF 复合 位置度	0mm	+0.2 Ⓜ mm +0.1mm	0mm

被评价特征：H1011、H1012。

单击"插入"→"尺寸"→"位置度"按钮，插入位置度评价命令。

图样要求的复合位置度评价为孔组位置度评价，涉及基准匹配，在设置"特征控制框选项"参数时需注意以下几点。

1）"GD&T 标准"选用"ASME Y14.5"。

2）设置复合位置度，勾选"复合"复选框，如图 5-90 所示。

图 5-90　复合位置度设置

3）位置度公差上格有最大实体要求标记，下格无最大实体要求标记，如图 5-91 所示。

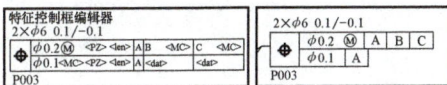

图 5-91　最大实体要求

知识链接
最大实体要求

根据零件功能的要求，尺寸公差与几何公差可以相对独立（独立原则 RFS），也可以互相影响、互相补偿（相关要求），而相关要求又可分为最大实体要求 MMC（Maximum Material Condition）、最小实体要求 LMC（Least Material Condition）和包容要求。

最大实体要求既可以应用于被测要素，也可以应用于基准中心要素。

1）如图 5-92 所示，考虑两个轴和对应孔能否装配时，通常检查对应间距（或者坐标）是否合格，但当实际间距与理论间距之差超差时，是否就要判断该零件不合格呢？

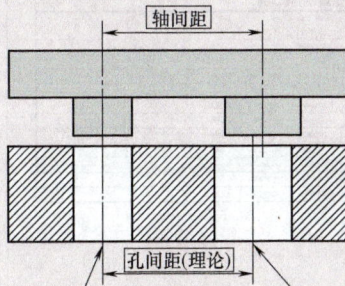

图 5-92　轴间距和孔间距

答案是不一定，因为影响装配的因素除了间距（坐标）外，还有直径，这就引入了最大实体要求。如图 5-93 所示，如果特征标注最大实体尺寸，则表示特征可以在某个范围内调整。

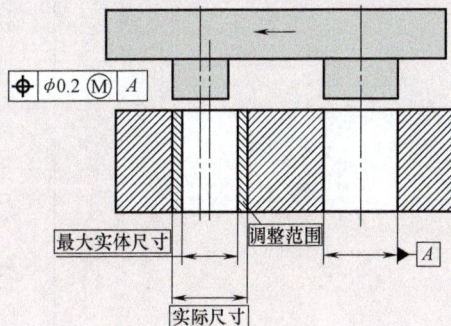

图 5-93　特征最大实体要求

5
PROJECT

4）由于复合位置度下格仅由基准 A 限定方向，因此报告中体现基准转化后得到的位置度结果，实测值是在基准坐标系下显示的结果，如图 5-94 所示。

P003 位置		毫米			⊕ 0.2	Ⓜ	A	B	C	
特征	NOMINAL	+TOL	-TOL	MEAS	DEV	OUTTOL	BONUS			
H1011	0.0000	0.2000		0.0251	0.0251	0.0000	0.1000			⊕
H1012	0.0000	0.2000		0.0251	0.0251	0.0000	0.1000			⊕

P003 位置		毫米			⊕ 0.1	A			
特征	NOMINAL	+TOL	-TOL	MEAS	DEV	OUTTOL	BONUS		
H1011	0.0000	0.1000		0.0000	0.0000	0.0000	0.0000		⊕
H1012	0.0000	0.1000		0.0000	0.0000	0.0000	0.0000		⊕

P003 基准转化						
报	Shift X	Shift Y	Shift Z	旋转X	旋转Y	旋转Z
报1	固定	固定	固定	固定	固定	固定
报2	-0.0126	0.0000	0.0000	固定	固定	固定

P003 概要 拟和基准=开, 垂直于中心轴的调整=开, 使用轴=最整				
特征	AX	NOMINAL	MEAS	DEV
报 1 特征组	X	-62.0000	-62.0126	-0.0126
	Z	208.0000	208.0000	0.0000
报 1:H1011 (起点)	X	-90.0000	-90.0126	-0.0126
	Z	208.0000	208.0000	0.0000
报 1:H1012 (起点)	X	-34.0000	-34.0126	-0.0126
	Z	208.0000	208.0000	0.0000
报 2 特征组	X	-62.0000	-62.0000	0.0000
	Z	208.0000	208.0000	0.0000
报 2:H1011 (起点)	X	-90.0000	-90.0000	0.0000
	Z	208.0000	208.0000	0.0000
报 2:H1012 (起点)	X	-34.0000	-34.0000	0.0000
	Z	208.0000	208.0000	0.0000

图 5-94 实测值结果

孔特征的实际直径如果大于其最大实体尺寸，即使其加工位置稍有偏差，也可以满足装配需求，从而节约加工成本，实现精益生产。

2）如果基准标注最大实体尺寸，则表示基准可以在某个范围内调整，如图 5-95 所示。

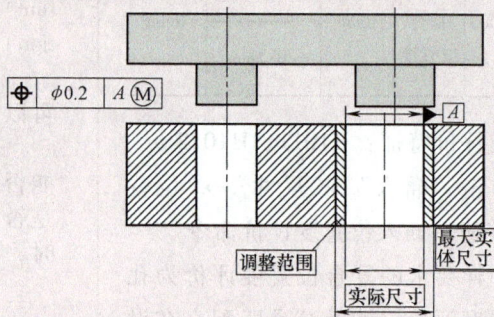

图 5-95 基准标注最大实体尺寸要求

综上所述，评价特征的最大实体要求是将特征的尺寸公差放大，而基准的最大实体要求是提供最佳装配路径（即最佳拟合）以缩小位置度要求。

4. 尺寸 CY004 评价

符号	尺寸	描述	理论值	上极限偏差	下极限偏差
⌀	CY004	FCF 圆柱度	0mm	+0.1mm	0mm

被评价特征：H2001～H2004。

单击"插入"→"尺寸"→"圆柱度"按钮，插入圆柱度评价命令，如图 5-96 所示。

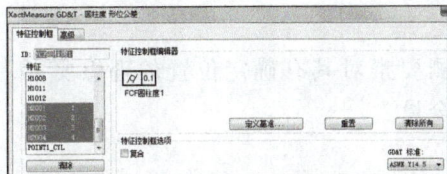

图 5-96　圆柱度评价

圆柱度评价为形状误差评价项目，"GD&T 标准"选择"ISO 1101"和"ASME Y14.5"都可以，不影响最终评价结果。评价结果如图 5-97 所示。

图 5-97　评价结果

5. 尺寸 P005 评价

符号	尺寸	描述	理论值	上极限偏差	下极限偏差
⊕	P005	FCF 位置度	0mm	+0.2mm	0mm

被评价特征：POINT_ 1。

图样中虽然没有标注公差带类型，但根据点空间位置要求，应该为球公差带，"特征控制框编辑器"中公差带类型选择"SΦ"，如图 5-98 所示。

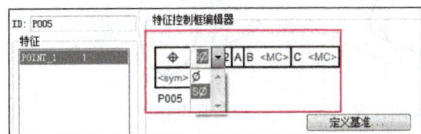

图 5-98　球公差带

知识链接

PC-DMIS 软件的报告分析功能可以输出评价特征的图形分析，单击"插入"→"报告命令"→"分析"按钮，弹出"分析"对话框，选择需要显示的评价特征（此处以尺寸 FL001 为例），勾选"图形"复选框，"放大倍率"可以先输入"100"，单击"查看窗口"按钮即弹出图形分析窗口，如图 5-99 所示。

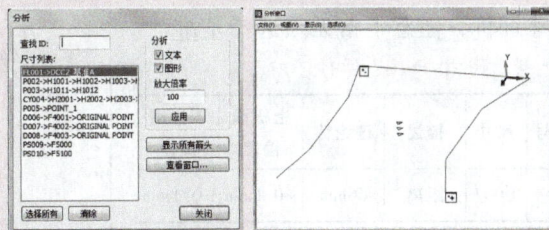

图 5-99　图形分析

图形分析报告有两种输出方式。

1）直接联机打印。

2）单击"选项"→"将图形报告保存到报告"按钮，可将图形分析报告插入到 PDF 报告中，自动添加报告命令：显示/源文件，""，合适，高。

5

PROJECT

6. 尺寸 P006 评价

符号	尺寸	描述	理论值	上极限偏差	下极限偏差
⊕	P006	FCF 复合位置度	0mm	+0.2 Ⓜ mm +0.1mm	0mm

被评价特征：H3001～H3003。

复合位置度评价设置参考 P003 尺寸评价，注意下格无须选择基准。

7. 尺寸 D007 评价

符号	尺寸	描述	理论值	上极限偏差	下极限偏差
↔	D007	距离	66mm	+0.1mm	−0.1mm

被评价特征：F4001。

有以下两种方法创建该尺寸评价。

方法一：通过"距离"命令来创建评价。

1）插入"构造点"命令，选择构造"原点"，如图 5-100 所示。

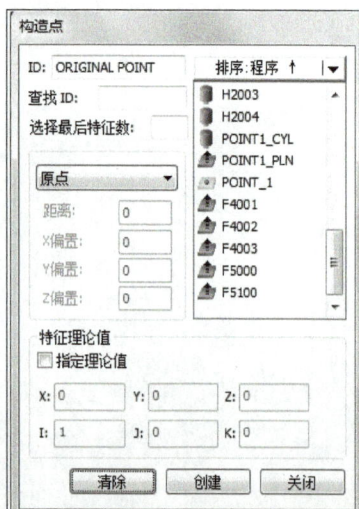

ORIGINAL_POINT = 特征/点,直角坐标,否
　　理论值/< 0,0,0>,< 0,0,1>
　　实际值/< 0,0,0>,< 0,0,1>
　　构造/点,原点

图 5-100　构造原点

知识链接
几何公差及其公差带

1. 形状公差

单一被测要素的形状对其理想形状要素允许的变动全量。

2. 方向公差

关联被测要素对其具有确定方向的理想要素允许的变动量。

3. 位置公差

关联被测要素对其有确定位置的理想要素允许的变动全量。

4. 跳动公差

跳动公差分为圆跳动和全跳动。

圆跳动公差是指提取（实际）要素在某种测量截面内相对于基准轴线的最大允许变动量。

全跳动公差是指整个提取（实际）表面相对于基准轴线的最大允许变动量。

5. 几何公差带形状

几何公差带是用来限制被测要素变动的区域，只要被测要素完全落在给定的公差带区域内，就表示其实际测得要素符合设计要求。常用几何公差带形状如图 5-101 所示。

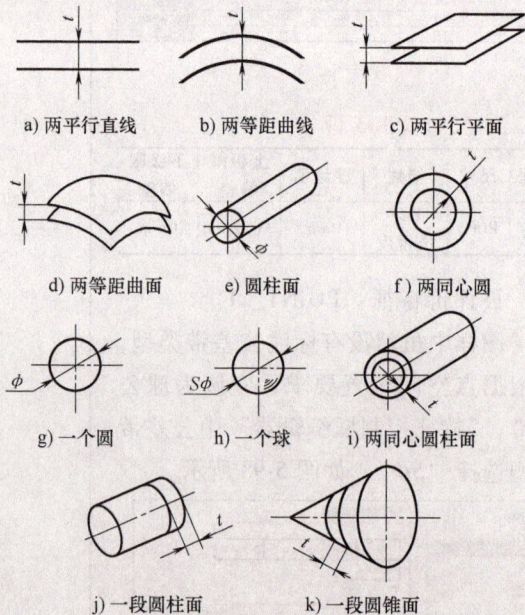

a) 两平行直线　　b) 两等距曲线　　c) 两平行平面

d) 两等距曲面　　e) 圆柱面　　f) 两同心圆

g) 一个圆　　h) 一个球　　i) 两同心圆柱面

j) 一段圆柱面　　k) 一段圆锥面

图 5-101　几何公差带形状

2）插入"距离"评价，"距离类型"选择"2维"，"方向"选择平行于 X 轴，如图 5-102 所示。

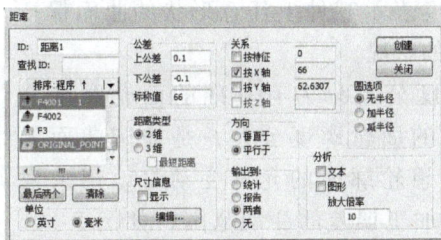

图 5-102　距离评价

方法二：通过"位置"命令来创建评价。

图样相关尺寸表达的实际意图是评价台阶面各个面沿基准坐标系轴向到基准坐标系中心的距离，因此也可以直接评价这 3 个面在 X 轴向的位置，如图 5-103 所示。

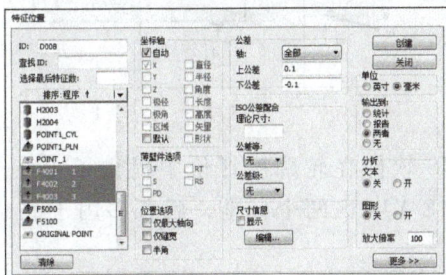

图 5-103　3 面评价

方法一、方法二虽然是两种评价方法，但实质逻辑是一样的，可以灵活选用。

8. 尺寸 D008 评价

符号	尺寸	描述	理论值	上极限偏差	下极限偏差
↔	D008	距离	65.3mm	+0.1mm	-0.1mm

被评价特征：F4002。

评价设置参考 D007 尺寸评价。

9. 尺寸 PS009 评价

符号	尺寸	描述	理论值	上极限偏差	下极限偏差
⌓	PS009	FCF 面轮廓度	0mm	+0.2mm	0mm

被评价特征：F5000。

创建步骤如下。

1）使用快捷键<F10>打开"参数设置"对话框，切换到"尺寸"选项卡，勾选"最大最小值"复选框，如图 5-104 所示。

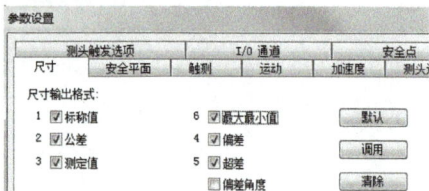

图 5-104　参数设置

2）打开面轮廓度参数设置对话框，按照要求选择被评价特征和评价基准，并输入图样公差，"GD&T"标准选用"ASME Y14.5"，如图 5-105 所示。

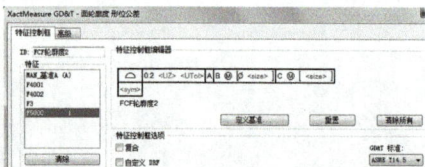

图 5-105　标准选用

3）单击"创建"按钮，创建该轮廓度评价。

知识链接

面轮廓度概述

1. 面轮廓度的定义及测量标准

面轮廓度表示零件上任意形状的曲面保持其理想形状的状况。

面轮廓度公差分为有基准的面轮廓度公差和无基准的面轮廓度公差，是非圆曲面的轮廓面对理想轮廓面的允许变动量，用来限制实际曲面加工误差的变动范围，如图 5-106 所示。

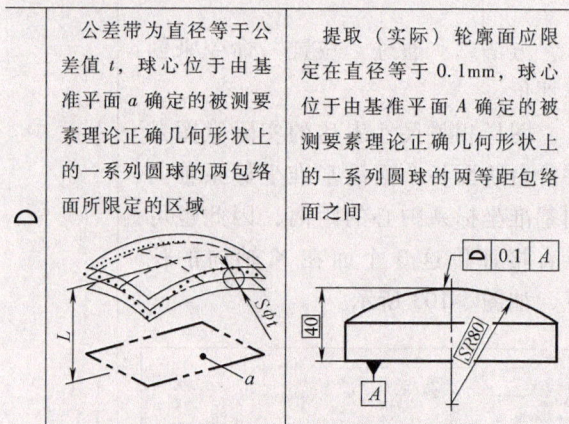

图 5-106　面轮廓度

PC-DMIS 软件在轮廓度评价中提供了 ISO 1101 和 ASME Y14.5 两个标准，后者多用于北美地区。

1）ISO 1101 标准（带基准和不带基准计算方式相同）使用最大偏差值的两倍来计算测量值（图 5-107a）。

2）ASME Y14.5 标准（带基准和不带基准计算方式相同）的测量值：轮廓度的最大值和最小值位于理论轮廓两侧时，以最大值和最小值的差作为测量值（图 5-107b）；轮廓度的最大值和最小值位于理论轮廓同侧时，以最大值和最小值的绝对值极值作为测量值（图 5-107c）。

10. 尺寸 PS010 评价

符号	尺寸	描述	理论值	上极限偏差	下极限偏差
⌒	PS010	FCF 线轮廓度	0mm	+0.2mm	0mm

被评价特征：F5100。

评价设置参考 PS009 尺寸评价，注意要选用"线轮廓度"命令评价。

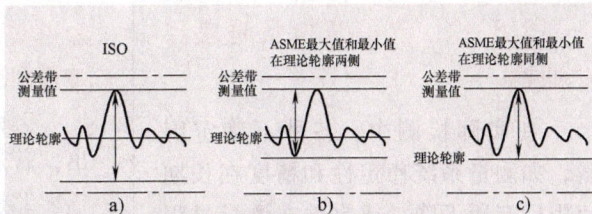

图 5-107 ISO 1101 和 ASME Y14.5 轮廓度评价的区别

2. 面轮廓度报告图形分析

PC-DMIS 软件可以通过高级菜单中的"报告图形分析"功能直接输出 PDF 格式的图形分析报告，用于查阅测点偏差详情，如图 5-108 所示。

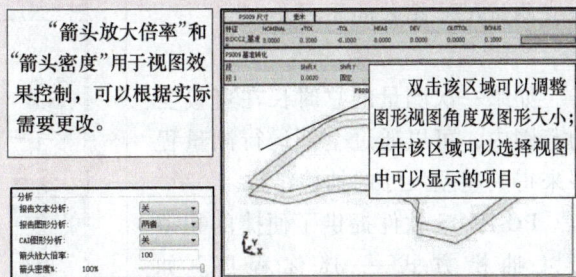

图 5-108 面轮廓度报告图形分析

5.5.12　产品复检及超差尺寸抽检

在实际检测中，各种不确定因素，如测量系统稳定性和精度在长期使用后有所下降，或零件在测量过程中没有装夹牢固等，将导致测量结果不可靠。产品复检及超差尺寸抽检是测量环节中常见的测量要求。

1. 产品复检

产品复检可以通过再次运行测量程序得到第二次测量的结果，通过与第一次测量结果做对比，有助于查找造成测量尺寸超差的原因。

2. 超差尺寸抽检

如果一次测量的总时长在可接受的范围内，可以通过全部运行测量程序来得到超差尺寸的抽检结果。

PC-DMIS 软件提供了便捷的超差尺寸抽检方式——迷你程序。如图 5-109 所示，单击"文件"→"部分执行"→"迷你程序"按钮，打开"迷你程序"对话框。

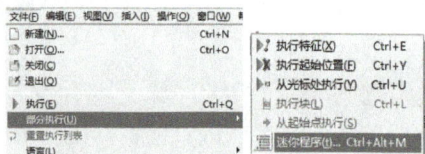

图 5-109　迷你程序

设置步骤如下。

1)"过滤参照"项选择"超差"，可显示程序中所有超差尺寸。如图 5-110 所示，位置度 P002 结果超差。

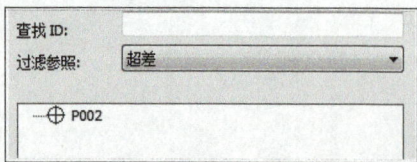

图 5-110　位置度结果超差

知识链接

迷你程序

"迷你程序"功能自 PC-DMIS 2014.1 版推出，普遍得到业内好评。

"迷你程序"功能的使用必须依托于"安全空间"功能自动计算测头移动路径。

如图 5-111 所示，"迷你程序"功能通过"过滤参照"选项来选取要在迷你程序中测量的项目，筛选后的项目将显示在窗格中。具体有以下分类：全部特征与尺寸、尺寸、特征、已标记、未标记、超差、组。

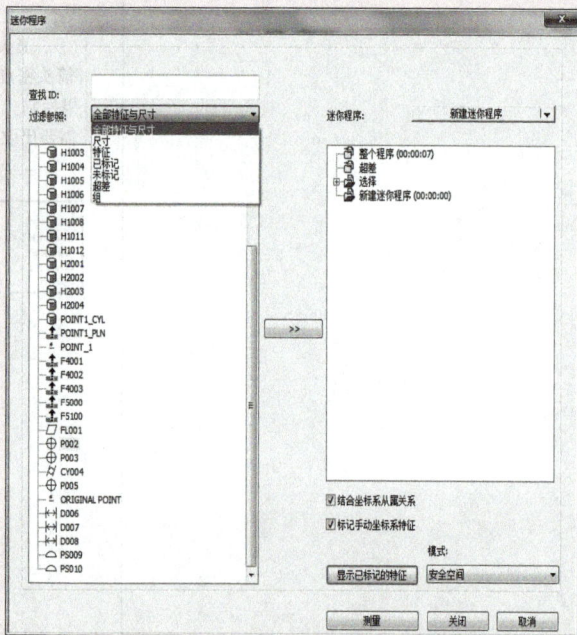

图 5-111　"迷你程序"设置

目前标记模式主要有"安全空间"和"基于特征测量"，后者广泛应用于手机产品检测，选项非标配。

2）选中超差尺寸，单击按钮 [>>] 将尺寸导入到待检测区，如图 5-112 所示。

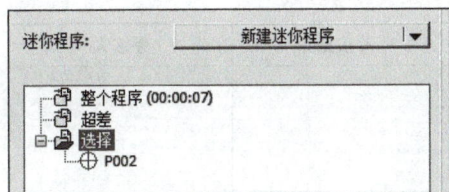

图 5-112 待检测区

3）勾选"结合坐标系从属关系"复选框，如果零件被移动过，需要勾选"标记手动坐标系特征"复选框。

4）"模式"默认"安全空间"，单击"测量"按钮，测量机会根据特征尺寸的关联关系自动完成标记并执行测量命令。

5）测量结束后，报告将自动保存在指定路径下。

5.5.13 输出 PDF 报告并保存测量程序

参考项目 3 报告输出操作，选用"提示"方式，在路径"D：\ PC-DMIS \ MISSION 5"中输出检测报告。

35. 保存测量程序

测量程序编制完毕，单击"文件"→"保存"，将测量程序存储在路径"D：\PC-DMIS\MISSION 5"中。

PC-DMIS 软件可以通过"新建迷你程序"功能实现任意组合的特征测量，如图 5-113 所示。

1）单击"新建迷你程序"按钮，得到"迷你程序 1"。

2）将筛选列表中的指定测量特征添加至"迷你程序 1"栏目下。

3）如"迷你程序 1"需要子结构，可通过"新建子迷你程序"实现。

4）可单击"显示已标记的特征"按钮查看软件标记状态，确认无误后可单击"测量"按钮。

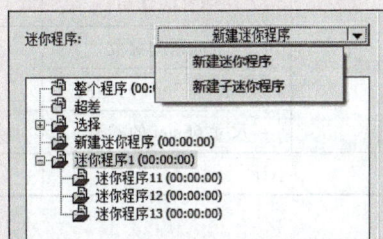

图 5-113 新建迷你程序

5

PROJECT

5.6 项目考核（表5-2）

表5-2 发动机缸体的自动测量程序编写及检测考核表

考核项目	考核内容	参考分值	考核结果	考核人
素质目标	遵守纪律	5		
	课堂互动	10		
	团队合作	5		
知识目标	基准平面测量	10		
	安全空间启用	10		
	斜圆孔测量	10		
	几何公差及其公差带	10		
能力目标	测针的选用	10		
	坐标系的建立	10		
	尺寸65.3mm的检测	10		
	尺寸66mm的检测	10		
	小计	100		

5.7 项目总结

通过本项目的学习，可以通过创建批量特征检测程序，在力求测量方法准确的基础上完成较复杂缸体零件的检测。本项目对孔组位置度评价和复合位置度评价的测量实践较多，需在不断练习中体会其实际控制要求的差异。

附　　录

附录 A　零件图样

1. 项目 1 零件图样（图 A-1）

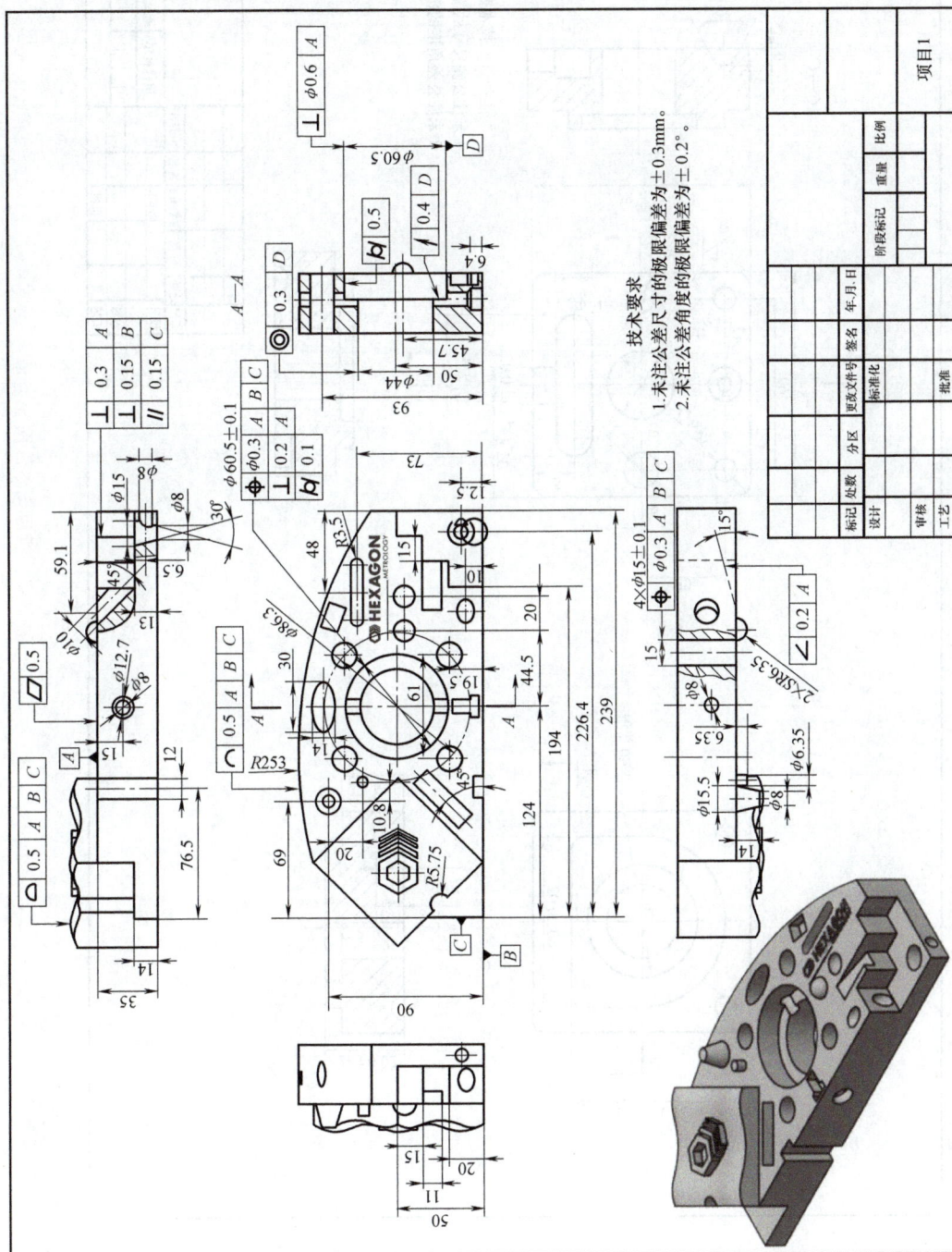

图 A-1　项目 1 零件图样

技术要求
1. 未注公差尺寸的极限偏差为±0.3mm。
2. 未注公差角度的极限偏差为±0.2°。

149

APPENDIX

2. 项目 2 零件图样（图 A-2）

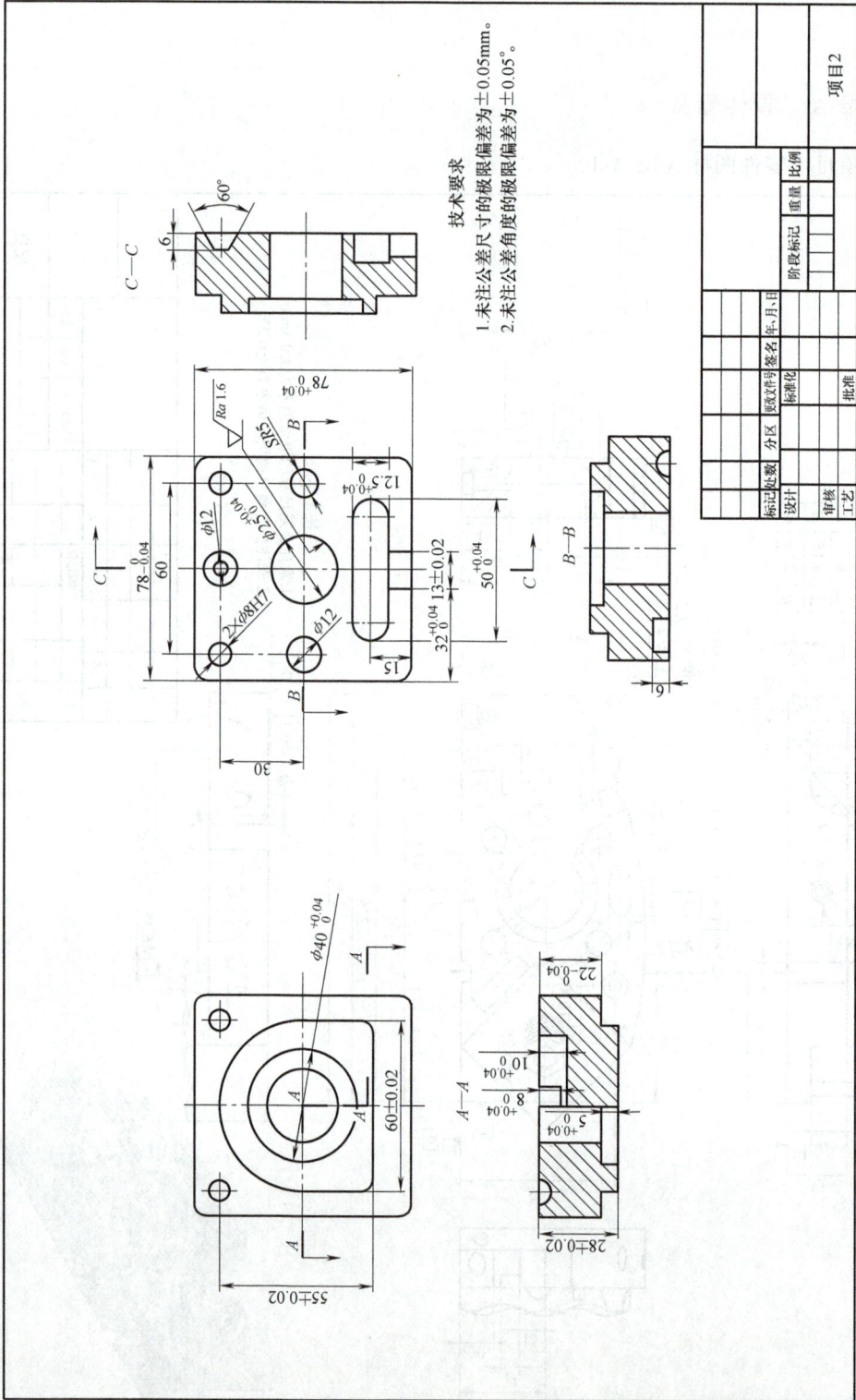

技术要求

1. 未注公差尺寸的极限偏差为±0.05mm。
2. 未注公差角度的极限偏差为±0.05°。

图 A-2 项目 2 零件图样

项目2

3. 项目 3 零件图样（图 A-3）

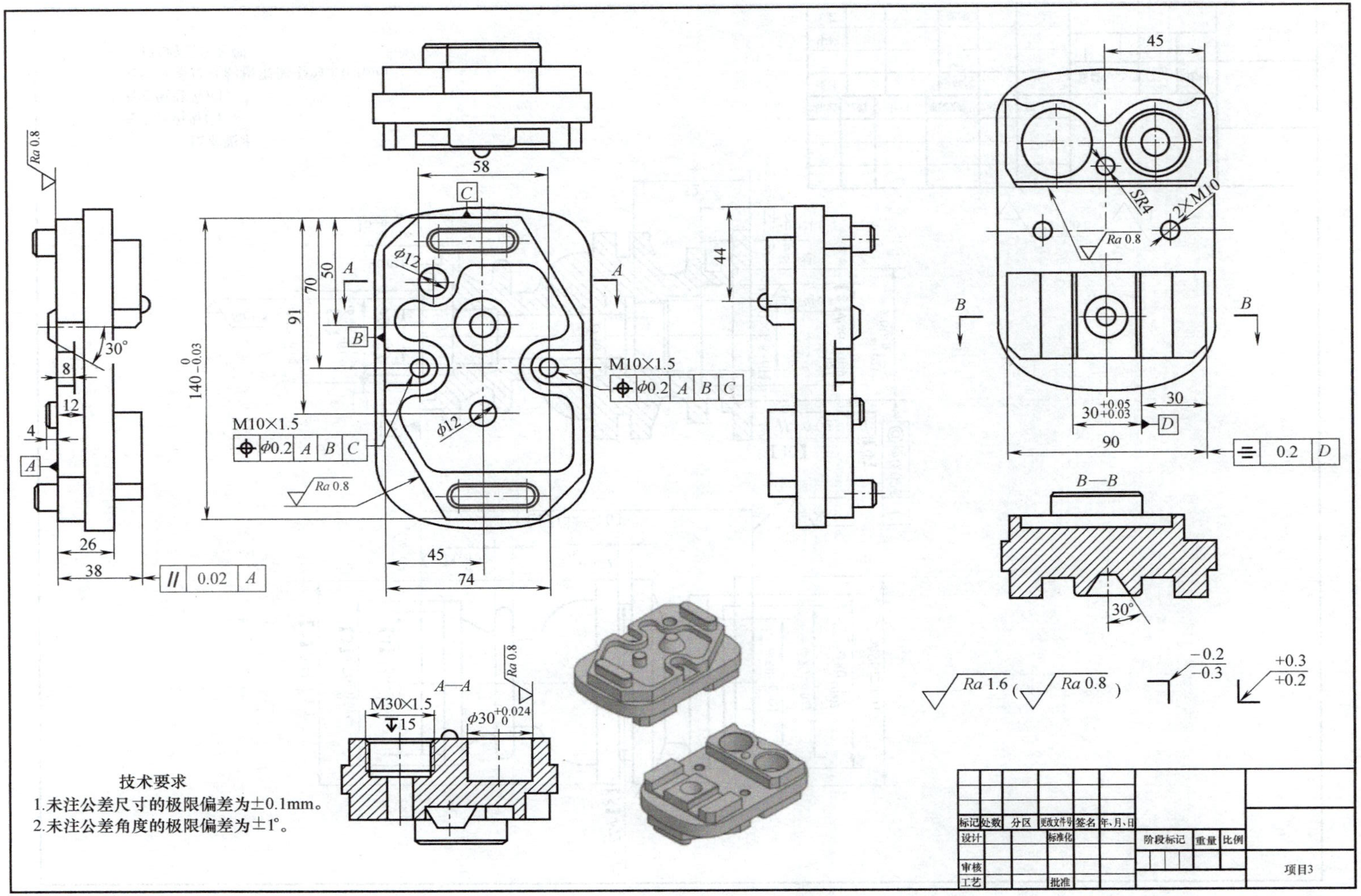

图 A-3　项目 3 零件图样

技术要求
1. 未注公差尺寸的极限偏差为 ±0.1mm。
2. 未注公差角度的极限偏差为 ±1°。

APPENDIX

APPENDIX

4. 项目 4 零件图样（图 A-4）

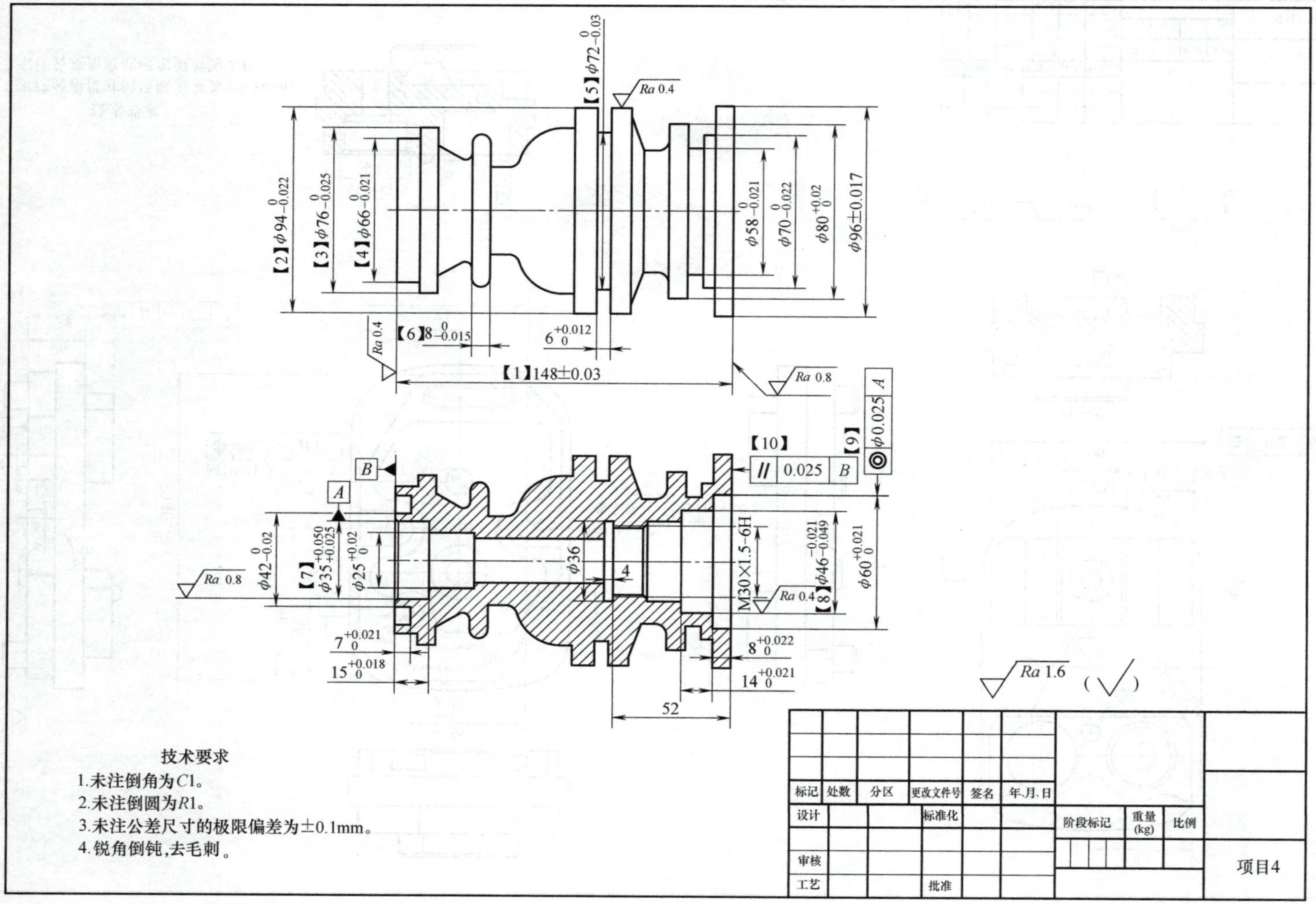

图 A-4 项目 4 零件图样

技术要求
1. 未注倒角为 C1。
2. 未注倒圆为 R1。
3. 未注公差尺寸的极限偏差为 ±0.1mm。
4. 锐角倒钝, 去毛刺。

APPENDIX

5. 项目 5 零件图样（图 A-5）

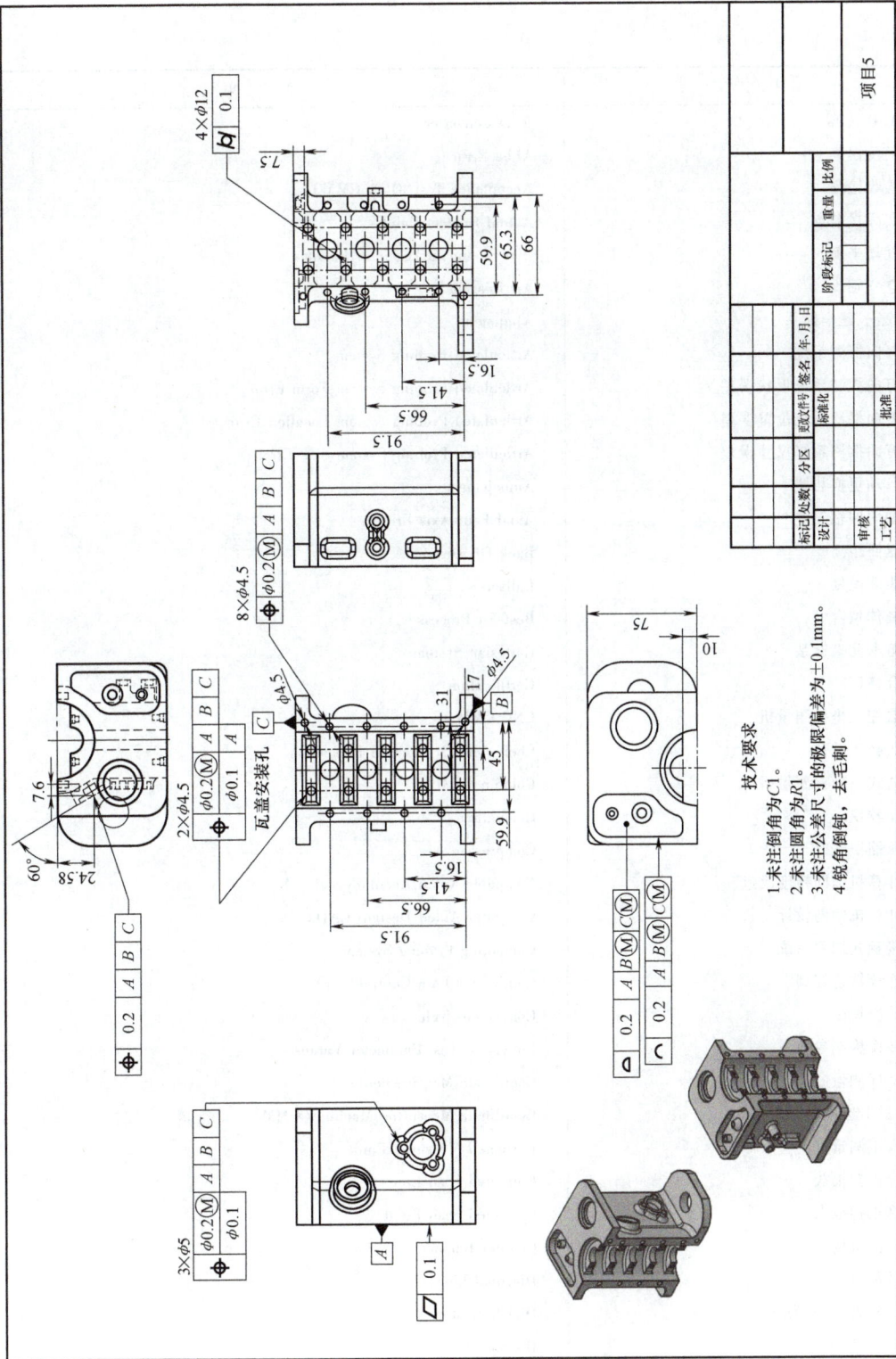

图 A-5　项目 5 零件图样

技术要求

1. 未注倒角为C1。
2. 未注圆角为R1。
3. 未注公差尺寸的极限偏差为±0.1mm。
4. 锐角倒钝，去毛刺。

项目5

附录 B 三坐标测量技术专业术语中英文对照

中　文	英　文
A/D 转换	A/D Converter
阿贝误差	Abbe Error
验收检测	Acceptance Test(Of A CMM)
实际接触点	Actual Contact Point
气动平衡	Air(Pneumatic) Counter Balance
空气轴承	Air Bearing
找正、建坐标系	Alignment
万向探测系统	Articulated Probing System
万向探测系统形状误差	Articulated Probing System Form Error
万向探测系统位置误差	Articulated Probing System Location Error
万向探测系统尺寸误差	Articulated Probing System Size Error
自动更换装置	Autochanger
轴向四轴误差	Axial Four-Axis Error
返回距离	Back Off Distance
滚珠丝杠	Ballscrew
最佳拟合	Best-Fit Process
笛卡儿坐标系	Cartesian System
合格证	Certification
数控三坐标测量机	CNC CMM
热膨胀系数	Coefficient Of Thermal Expansion
柱式三坐标测量机	Column CMM
比较仪	Comparator
压缩空气	Compressed Air
计算机辅助精度改进	Computer Aided Accuracy
计算机辅助设计	Computer Aided Design(CAD)
接触式探测系统	Contacting Probing System
连续轨迹控制	Continuous Path Control
转换规则	Conversion Rule
转换检测参数	Converted Test Parameter Values
坐标测量	Coordinate Measurement
(三)坐标测量机	Coordinate Measuring Machine(CMM)
修正测量点	Corrected Measured Point
修正扫描线	Corrected Scan Line
修正扫描点	Corrected Scan Point
平衡机构	Counter Balance
对角线	Diagonal Line
百分表、千分表	Dial Indicator
尺寸,维度	Dimension
尺寸测量用接口标准	Dimensional Measuring Interface Standard(DMIS)

中　文	英　文
直接 CAD 接口	Direct CAD Interface(DCI)
直接 CAD 翻译	Direct CAD Translation(DCT)
离散点探测	Discreted-Point Probing
离散点探测速度	Discreted-Point Probing Speed
漂移	Drift
动态作用	Dynamic Effect
误差修正图	Error Mapping
三坐标测量机尺寸测量的示值误差	Error Of Indication Of A CMM For Size Measurement
（数据集的）范围	Extent(Of A Data Set)
特征构造	Feature Construction
过滤系统	Filtration System
有限元分析	Finite Element Analysis(FEA)
固定桥式三坐标测量机	Fixed Bridge CMM
固定测头座	Fixed Head
固定多探针探测系统形状误差	Fixed Multiple-Stylus Probing System Form Error
固定多探针探测系统位置误差	Fixed Multiple-Stylus Probing System Location Error
固定多探针探测系统尺寸误差	Fixed Multiple-Stylus Probing System Size Error
固定工作台悬臂式三坐标测量机	Fixed Table Cantilever CMM
固定工作台水平悬臂三坐标测量机	Fixed Table Horizontal-Arm CMM
形状	Form
摩擦杆	Friction Bar
摩擦杆传动	Friction Driver(Capstan Or Traction)
龙门式三坐标测量机	Gantry CMM
量块	Gauge Block
高斯辅助特征	Gaussian Associated Feature
高斯径向距离	Gaussian Radial Distance
产品几何技术规范	GPS(Geometrical Product Specifications)
斜齿轮	Helical Gear
（三坐标测量机）高点密度	High Point Density(Of A CMM)
湿度	Humidity
滞后	Hysteresis
指示测量点	Indicated Measured Point
红外的	Infrared
（三坐标测量机）中间检查	Interim Check(Of A CMM)
中间检查	Interim Testing
中间点	Interim Point
国际标准化组织	International Organization For Standardization(ISO)
激光干涉仪	Laser Interferometer
激光扫描测头	Laser Scanning Probe
丝杠	Leadscrew
自学习编程	Learn Programming
最小二乘法	Least Square

APPENDIX

155

（续）

中 文	英 文
最小二乘辅助特征	Least-Squares Associated Feature
长度标准	Length Standard
直线位移精度	Linear Displacement Accuracy
位置	Location
（三坐标测量机）低点密度	Low Point Density(Of A CMM)
L 型桥式三坐标测量机	L-Shaped Bridge CMM
机器坐标系统	Machine Coordinate System
磁栅尺	Magnetic Scale
手动三坐标测量机	Manual CMM
手动测头座	Manual Head
实物标准器	Material Standard
尺寸实物标准器	Material Standard Of Size
最大内切圆	Maximum Inscribed Circle
三坐标测量机尺寸测量最大允许示值误差	Maximum Permissible Error Of Indication Of A CMM For Size Measurement
固定多探针探测系统最大允许形状误差	Maximum Permissible Fixed Multiple-Stylus Probing System Form Error
固定多探针探测系统最大允许位置误差	Maximum Permissible Fixed Multiple-Stylus Probing System Location Error
固定多探针探测系统最大允许尺寸误差	Maximum Permissible Fixed Multiple-Stylus Probing System Size Error
最大允许探测误差	Maximum Permissible Probing Error
万向探测系统最大允许形状误差	Maximum Permissible Articulated Probing System Form Error
万向探测系统最大允许位置误差	Maximum Permissible Articulated Probing System Location Error
万向探测系统最大允许尺寸误差	Maximum Permissible Articulated Probing System Size Error
最大允许轴向四轴误差	Maximum Permissible Axial Four Axis Error
最大允许径向四轴误差	Maximum Permissible Radial Four Axis Error
最大允许扫描探测误差	Maximum Permissible Scanning Probing Error
最大允许切向四轴误差	Maximum Permissible Tangential Four Axis Error
最大允许扫描检测时间	Maximum Permissible Time For Scanning Test
平均失效时间	Mean Time Between Failure(MTBF)
平均修复时间	Mean Time For Repair(MTFR)
测量空间	Measuring Volume
千分尺	Micrometer
微型应变片	Micro-Strain Gage
最小外接圆	Minimum Circumscribed Circle
机动三坐标测量机	Motorized CMM
机（自）动测头座	Motorized Head
移动桥式三坐标测量机	Moving Bridge CMM
水平悬臂移动式三坐标测量机	Moving Ram Horizontal-Arm CMM
移动工作台悬臂式三坐标测量机	Moving Table Cantilever CMM
移动工作台水平悬臂式三坐标测量机	Moving Table Horizontal-Arm CMM
多探针	Multiple Stylus
多测头系统	Multi-Probe System

中　文	英　文
多级减速器	Multi-Stage Speed Reducer
（美国）国家标准及技术研究院	National Institute Of Standard And Technology（NIST）
非直角坐标系	Non-Cartesian System
非接触式探测系统	Non-Contacting Probing System
不均匀温度场	Non-Uniform Temperatures
非预定路径扫描	Not Pre-Defined Path Scanning
脱机编程	Off-Line Programming
光学测头	Optical Probe
光学探测系统	Optical Probing System
光栅尺	Optical Scale
方向	Orientation
特征参数化	Parameterization Of A Feature
零件坐标系	Part Coordinate System
零件夹具	Part Handing
零件编程	Part Programming
压电测头	Piezo Sensor
俯仰角摆	Pitch
预定路径扫描	Pre-Defined Path Scanning
（测头）预行程	Pretravel
测头	Probe
测头校验	Probe Calibration
测头座	Probe Head
测头的三角形效应	Probe Lobbing
探测误差	Probing Error
探测系统	Probing System
探测系统的标定	Probing System Qualification
探测	Probing（to probe）
程序点	Program Point
可编程夹具	Programmable Fixture
齿轮齿条	Rack-And-Pinion
径向四轴误差	Radial Four Axis Error
探测轴	Ram
范围	Range
（光栅）读数头	Read Head
标准数据	Reference Data Set
标准对	Reference Pair
标准参数值	Reference Parameter Value
标准参数化	Reference Parameterization
标准残差	Reference Residual
标准软件	Reference Software
标准球	Reference Sphere

APPENDIX

（续）

中　文	英　文
反射式光栅	Reflection Scale
可靠性	Reliability
重复性	Repeatability
残差	Residual
谐振	Resonance
（三坐标测量机）复检检测	Reverification Test(Of A CMM)
逆向工程	Reverse Engineering
自转	Roll
转台	Rotary Table
转台设置	Rotary Table Setup
采点策略	Sampling Strategy
扫描顺序	Scan Sequence
扫描	Scanning
扫描测头	Scanning Probe
扫描探测误差	Scanning Probing Error
扫描速度	Scanning Speed
敏感系数	Sensitivity Coefficient
伺服电机	Servo Motor
薄壁件特征测量	Sheet Metal Feature Measurement
尺寸,大小	Size

附录 C   PC-DMIS 软件常用快捷键功能

快捷键	功能描述
F1	访问联机帮助
F2	编辑窗口:如果光标位于表达式行,则打开表达式构造器对话框
F3	编辑窗口:标记或取消标记要执行的命令。如果光标停留在外部对象上,按〈F3〉键可以在打印模式和执行模式之间切换
F4	编辑窗口:打印编辑窗口内容
F5	访问设置选项对话框
F6	访问字体设置对话框
F7	编辑窗口:在所选的切换字段内,按字母顺序向后循环至最后一个字母条目
F8	编辑窗口:在所选的切换字段内,按字母顺序向前循环至最后一个字母条目
F9	编辑窗口:打开与光标处的命令关联的对话框
F10	打开参数设置对话框
F12	打开夹具设置对话框
Shift+右键单击	打开缩放绘图对话框
Shift+Tab	编辑窗口:将光标向后移动到前一个用户可编辑的字段
Shift+箭头	随着光标的移动突出显示所有文本
Shift+F5	编辑窗口:更改尺寸测点在直角坐标系与极坐标系之间的显示。字符"P"表示极坐标显示模式
Shift+F6	编辑窗口:若处于命令模式中,将打开颜色编辑器对话框
Shift+F10	编辑窗口:访问跳转到对话框
End	终止特征测量 编辑窗口:将光标移动到当前行的末尾
Home	编辑窗口:将光标移动到当前行的开头
Tab	编辑窗口:将光标向前移动到下一个用户可以编辑的字段
Esc	若在按<Enter>键前按<Esc>,将中止任何进程(数据输入除外)
Delete	编辑窗口:参考<Enter>键
Backspace	编辑窗口:删除突出显示的字符。如果没有突出显示的字符,则与其在普通编辑器中的功能相同。如无法删除项目,将显示一条错误消息
Enter/Return	编辑窗口:建立新的空白行,如果在光标移开前未完成操作,将自动删除该行选择命令
Shift+F4	打开测量机接口设置
Shift+右键单击	报告窗口标识:显示报告对话框
Shift+左键单击	图形显示窗口:根据突出显示的 CAD 元素创建自动特征
Ctrl+A	编辑窗口:选择所有文本 表格和报告编辑器:选择所有对象

APPENDIX

（续）

快捷键	功能描述
Ctrl+C	编辑窗口：复制所选文本 表格和报告编辑器：复制所选对象
Ctrl+D	删除当前特征
Ctrl+E	执行被选特征或命令（支持该快捷方式的命令）
Ctrl+F	访问自动特征对话框
Ctrl+G	在编辑窗口插入一个读取点命令
Ctrl+J	编辑窗口：跳转到参考命令
Ctrl+K	在编辑报告中保存所选的尺寸
Ctrl+L	执行当前所选择的命令块
Ctrl+M	在编辑窗口中插入一条移动点 MOVEPOINT 命令
Ctrl+N	创建新的测量例程
Ctrl+O	打开测量例程
Ctrl+P	打开图形显示窗口
Ctrl+Q	编辑窗口：执行当前测量例程
Ctrl+R	打开旋转对话框
Ctrl+S	保存当前测量例程
Ctrl+T	编辑窗口：将当前命令（或已选命令）分配给主机械臂、从机械臂，或同时分配给两个机械臂
Ctrl+V	编辑窗口：粘贴剪贴板内容 表格和报告编辑器：粘贴复制对象
Ctrl+X	编辑窗口：剪切所选的文本 表格和报告编辑器：剪切所选对象
Ctrl+Y	编辑窗口：从光标位置执行测量例程
Ctrl+Z	激活缩放到适合状态的功能
Ctrl+Enter/Return	编辑窗口：在概要模式中，该快捷键可以选择加入编辑窗口的命令
Ctrl+单击	打开对话框，支持选择多个曲面，可以选择尚未选中的曲面或清除已选择的曲面
Ctrl+单击	图形显示窗口：在 CAD 曲面上未使用的区域中执行此操作可取消所有已选择的曲面
Ctrl+左键拖动	松开鼠标时，要确保对话框或工具栏的拖动没有对接到当前界面
Ctrl+右键拖动 （或单击并拖动鼠标滚轮）	图形显示窗口：旋转 CAD 三维模型
Ctrl+F1	将 PC-DMIS 软件置于平移模式
Ctrl+F2	图形窗口：将 PC-DMIS 软件置于 2D 旋转模式 编辑窗口：命令模式下，可在当前行插入或删除书签
Ctrl+F3	将 PC-DMIS 软件置于 3D 旋转模式，并打开旋转对话框
Ctrl+F4	将 PC-DMIS 软件置于程序模式

快捷键	功能描述
Ctrl+F5	将 PC-DMIS 软件置于文本框模式
Ctrl+Tab	最小化或还原编辑窗口
Ctrl+Shift	隐藏所选的图形分析箭头
Ctrl+End	编辑窗口：将光标移动到当前测量例程的末尾
Ctrl+Home	编辑窗口：将光标移动到当前测量例程的开头
Ctrl+Alt+A	打开坐标系对话框
Ctrl+Alt+L	使用 QuickAlign 功能创建自动坐标系
Ctrl+Alt+P	打开测头功能对话框
Ctrl+单击	在文本框模式下，在图形显示窗口中对某特征或标签 ID 执行此项操作，将把光标移至编辑窗口中该特征处 在打开分析对话框的情况下执行该操作，将会选择相关尺寸
Ctrl+Shift+H	编辑窗口：在图形显示窗口中高亮显示选择的特征
Ctrl+Shift+U	编辑窗口：清除对图形显示窗口中选定特征的高亮显示
上箭头↑	编辑窗口：将光标移动到当前位置之上的下一个可用元素
下箭头↓	编辑窗口：将光标移动到当前位置之下的下一个可用元素
右箭头→	编辑窗口：将光标移动到当前位置右侧的下一个可用元素 在概要模式下展开折叠列表
左箭头←	编辑窗口：光标移动到当前位置左侧的下一个可用元素 在概要模式下折叠一个展开的列表
Alt+"-"（减号）	删除测点缓冲区中的最后一个测点
Alt+C	显示 Clearance 立方体对话框
Alt+H	访问帮助菜单
Alt+J	编辑窗口：从引用的命令跳回
Alt+P	图形显示窗口：为整个测量例程绘制测头的当前路径
Alt+Shift+P	图形显示窗口：在光标位置之前和之后时，立即绘制测头的当前路径
Alt+F3	编辑窗口：打开查找对话框
Alt+Backspace	编辑窗口：撤销在编辑窗口中执行的上一个操作
Shift+Backspace	编辑窗口：在编辑窗口中重复撤销上一个操作
Alt+右键拖动	图形显示窗口：旋转 CAD 二维模型
Alt+单击	图形显示窗口：切换编辑窗口中基本特征的标记状态

APPENDIX

附录 D　三坐标测量机精度指标

三坐标测量机作为一种高精度测量设备，其精度指标无疑是最重要的指标。

1994 年，ISO 10360 国际标准《坐标测量机的验收、检测和复检检测》开始实施，这个标准说明了坐标测量机性能检测的基本步骤。我国国家标准 GB/T 16857.2—2017《产品几何技术规范（GPS）坐标测量机的验收检测和复检检测　第 2 部分：用于测量尺寸的坐标测量机》等同于 ISO 相应标准，其中测量机相关精度指标如下。

1. 最大允许示值误差（MPE$_E$）

测量方法：如图 D-1 所示，在空间任意 7 个位置，分别测量一组包含 5 种长度尺寸的量块，每种长度测量 3 次，测量次数共计 105（5×3×7），要求所有测量结果必须在规定范围内。

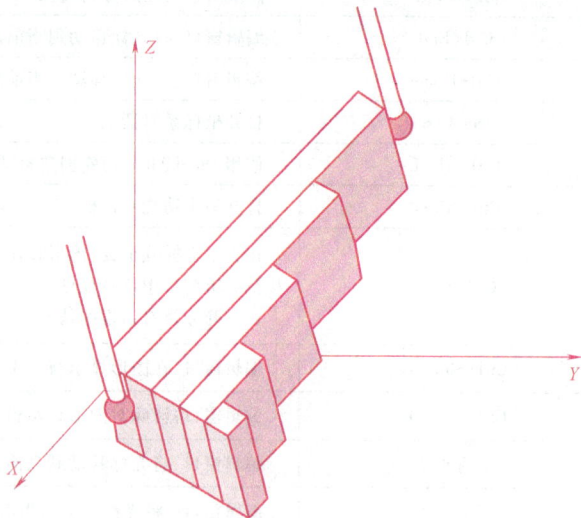

图 D-1　不同长度尺寸的量块

2. 最大允许探测误差（MPE$_P$）

测量方法：如图 D-2 所示，在标准球上探测 25 个点，各测量点应在标准球上均匀分布，至少覆盖半个球面。对于垂直探针，推荐采样点分布如下：

1）1 点位于标准球极点。

2）4 点均布，且与极点成 22.5°。

3）8 点均布，相对于前者绕极轴旋转 22.5°，且与极点成 45°。

4）4 点均布，相对于前者绕极轴旋转 22.5°，且与极点成 67.5°。

5）8 点均布，相对于前者绕极轴旋转 22.5°，且与极点成 90°。

探测误差　$P = R_{max} - R_{min}$（球面）。

除上述指标外，ISO 10360 系列标准还定义了以下指标，仅做了解。

1）最大允许扫描探测误差（MPE$_{THP}$）。

2）最大允许多探针误差（MPE$_{ML/MS/MF}$ 或 MPE$_{AL/AS/AF}$）。

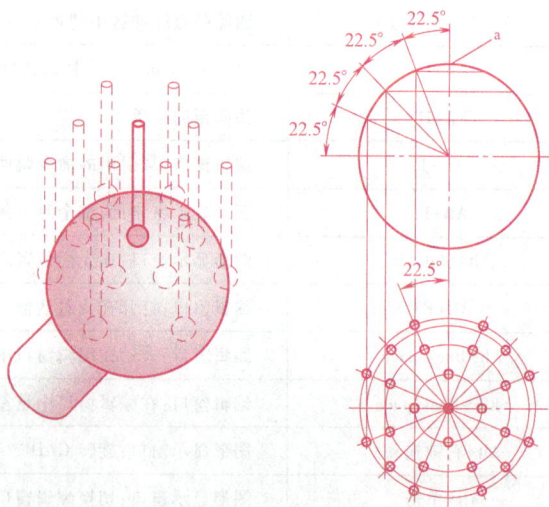

图 D-2　测点分布

附录 E   三坐标测量机测头半径补偿和余弦误差

在接触式三坐标测量中，一般采用球形探针，当被测零件轮廓面信息处于未知状态时，探针红宝石球与零件表面接触点也是未知的，但由于测球与轮廓面是点接触，并且满足测力条件后即锁定该测球位置，所以测针球心的位置是唯一的。为得到实际接触点的坐标值，后续需要在测针球心坐标的基础上通过软件的半径补偿功能实现，而半径补偿的方向要沿着正确的矢量方向。这种方式简单可靠，因此球形测针应用范围最广。

点特征直接由红宝石球心坐标经过半径补偿获得，手动测点在默认情况下为一维特征，是按当前坐标系下最近轴的方向进行补偿的，所以被测表面必须垂直于坐标系的一个轴向，否则将产生余弦误差。矢量点为三维特征，可以根据给定的矢量方向进行半径补偿。

如图 E-1 所示，用球形测针测量斜面上的目标触测点，触测方向竖直向下（矢量方向与面矢量不平行）时，测球在接近目标测点过程中被斜面阻挡而停止，此时实际接触点如图 E-1a 所示，软件经过触测矢量补偿后得到的点距离目标理论点的距离为"余弦误差"值。

如图 E-1b 所示，触测方向垂直于平面，这样补偿方向与触测方向一致，而且实际触测点即目标触测点（不考虑零件坐标系的偏差），这样就可以消除"余弦误差"带来的影响，有效提高测量精度。

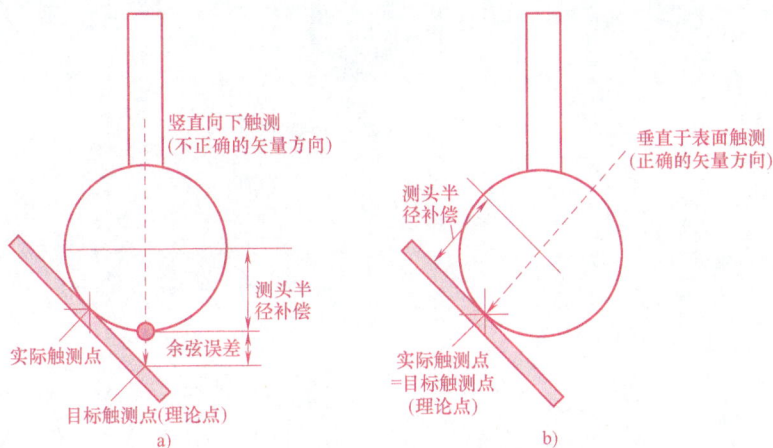

图 E-1   用球形测针测量斜面上的目标触测点

自动测量完全可以通过特征的理论矢量控制每个测点都沿着正确的矢量方向进行触测，具体细节参考项目 3。

每种类型的几何特征都包含位置、方向及其他特有属性。在测量软件中，通常用特征的质心（Centroid）代表特征的位置，用特征的矢量（Vector）表示特征的方向，示例如图 E-2 所示。

点以外的其他几何特征都是在点的基础上，通过拟合计算得到的，但并不是使用补偿后的测点直接拟合，而是先由红宝石球心坐标拟合，然后整体进行半径补偿，以消除使用测点补偿的余弦误差。

APPENDIX

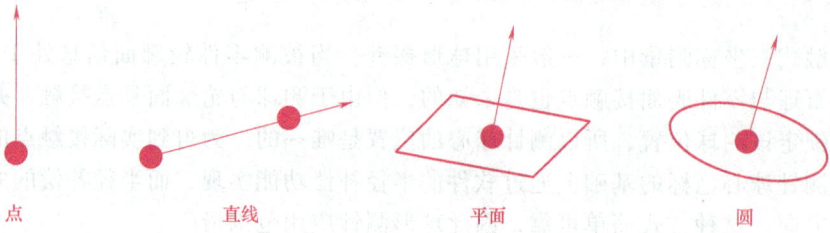

点　　　　　　　直线　　　　　　平面　　　　　　圆

图 E-2　几何特征方向示例

参 考 文 献

［1］ 人力资源社会保障部教材办公室. 简单零件数控车床加工教师用书［M］. 北京：中国劳动社会保障
出版社，2022.

［2］ 陈晓华，陈炳锟. 机械精度设计与检测［M］. 4版. 北京：中国质量标准出版传媒有限公司，2022.

［3］ 罗晓晔，王慧珍，陈发波. 机械检测技术［M］. 2版. 杭州：浙江大学出版社，2015.

［4］ 罗晓晔，陆军华. 机械检测技术与实训教程［M］. 杭州：浙江大学出版社，2013.

［5］ 易宏彬. 机械产品检测与质量控制［M］. 3版. 北京：化学工业出版社，2022.

产品创新设计与数字化制造技术技能人才培训系列教材

精密检测技术工作页

主　编　鲁储生　张　宁　梁土珍

副主编　谢　鹜　姜　超　高　舢

参　编　滕　超　陆宝钊　杜旭光

　　　　王维帅

机械工业出版社

项目1 已有测量程序的 DEMO 零件的检测工作页

[学习目标]

通过本项目的学习，学生应达到以下基本要求。

1. 能规范完成三坐标测量机的开机和关机。
2. 能够正确使用三坐标测量机的操纵盒。
3. 能够正确打开和关闭 PC-DMIS 测量软件，并且熟悉测量软件界面。
4. 能够正确完成三坐标测量机测头的配置和校验。
5. 能够正确装夹零件。
6. 能够运行已有测量程序，完成零件的检测。
7. 能够查看测量报告并保存。
8. 能够严格执行操作规程，现场管理规定和"6S"管理规定，注重培养质量和成本意识，规范/公正/严谨/细致等良好的职业素养、劳动精神以及工匠精神。
9. 能够与班组长等相关人员进行有效沟通与合作，理解有效沟通和团队合作的重要性。

[建议学时]

16 学时

[工作情境描述]

某测量室接到生产部门的零件检测任务，零件图样如图 1-1 所示，目标尺寸检测见表 1-1，该零件为批量加工件，已有测量程序（Hexagon Demo_1.prg），要求检测零件是否合格。

1）完成尺寸检测表中尺寸项目的检测。
2）给出检测报告，检测报告输出项目包括尺寸名称、实测值、偏差值、超差值，格式为 PDF。
3）测量任务结束后，检测人员打印报告并签字确认。

[工作流程与活动]

1. 认识三坐标测量机（1 学时）。
2. 三坐标测量机测量前的准备工作（2 学时）。
3. 测头配置及校验（2 学时）。
4. 测量 DEMO 零件及报告保存（11 学时）。

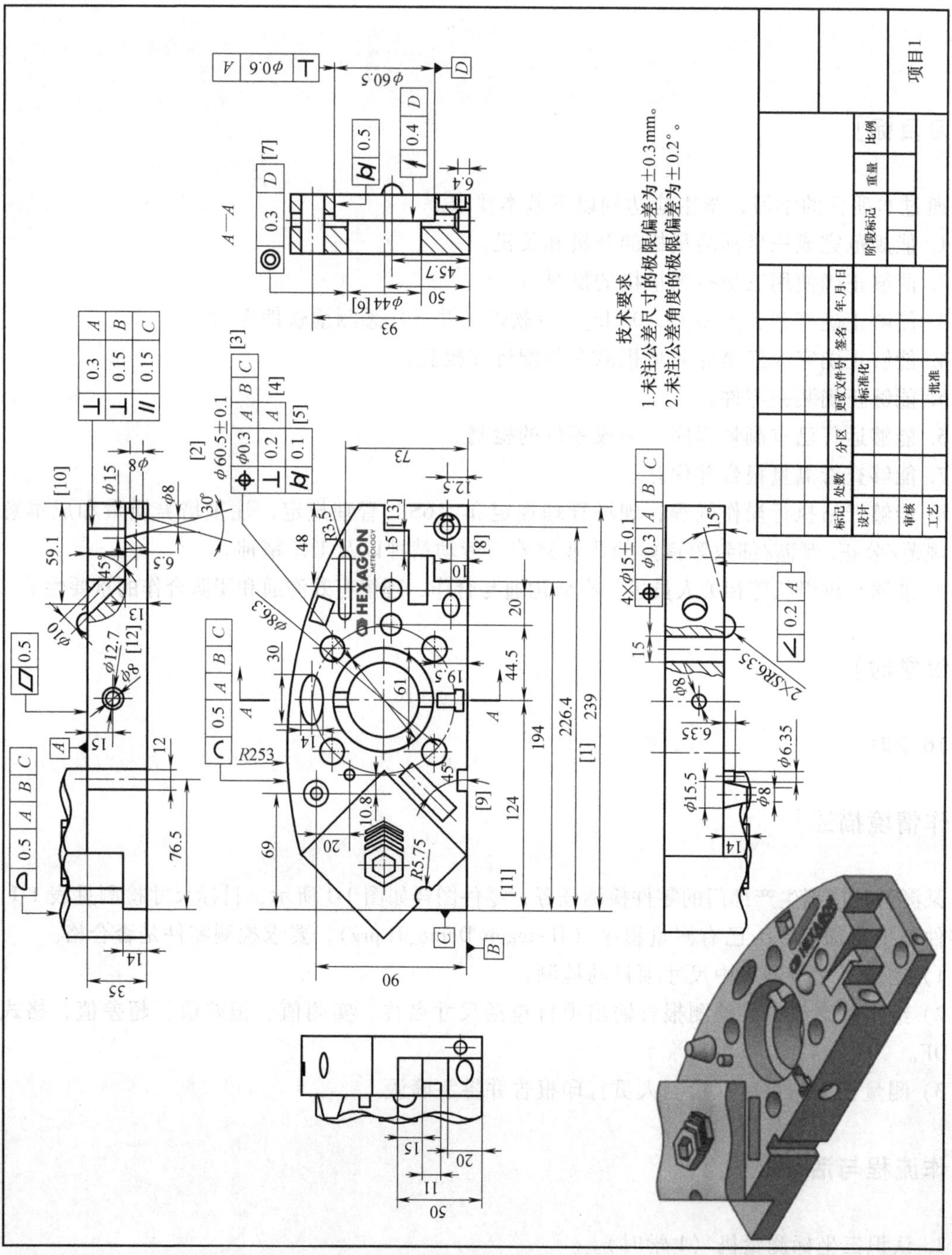

图 1-1 零件图样

技术要求

1. 未注公差尺寸的极限偏差为 ±0.3mm。

2. 未注公差角度的极限偏差为 ±0.2°。

表 1-1 尺寸检测

序号	尺寸	描述	理论值	上极限偏差	下极限偏差	实测值	偏差值	超差值
1	D001	尺寸 2D 距离（PLN4）	239mm	+0.3mm	-0.3mm			
2	DF002	尺寸 直径（CYL_D2）	60.5mm	+0.1mm	-0.1mm			
3	P003	FCF 位置度 *4（CYL_D2）	0mm	+0.3mm	0mm			
4	PE004	FCF 垂直度（CYL_D2）	0mm	+0.2mm	0mm			
5	CY005	FCF 圆柱度（CYL_D2）	0mm	+0.1mm	0mm			
6	D006	尺寸 直径（CYL_D6）	44mm	+0.3mm	-0.3mm			
7	CO007	FCF 同轴度（CYL_D2）	0mm	+0.3mm	0mm			
8	D008	尺寸 2D 距离（CYL3）	10mm	+0.3mm	-0.3mm			
9	A009	尺寸 2D 角度（PLN1,CYL3）	45°	+0.2°	-0.2°			
10	D010	尺寸 2D 距离（PNT1,PLN4）	59.1mm	+0.3mm	-0.3mm			
11	D011	尺寸 2D 距离（CYL1）	124mm	+0.3mm	-0.3mm			
12	D012	尺寸 直径（CYL1）	12.7mm	+0.3mm	-0.3mm			
13	D013	尺寸 2D 距离（CYL_L1,PLN1）	15mm	+0.3mm	-0.3mm			

学习活动1 认识三坐标测量机

[学习目标]

1. 能够叙述三坐标测量机的测量原理。
2. 能够叙述三坐标测量机的分类、结构及组成。
3. 能够叙述三坐标测量机测座和测头的分类。
4. 能够叙述三坐标测量机工作环境要求。
5. 能够按要求完成本次学习活动工作页的填写。

[建议学时]

1学时

引导问题1：三坐标测量机的工作原理是什么？

一、三坐标测量机的工作原理

将被测零件放入三坐标测量机允许的测量空间，精确地测出被测零件表面上的点在_____的三个坐标位置的数值，将这些点的_____经过计算机数据处理，拟合形成测量元素，如圆、球、_____、_____、_____等，再经过数学计算的方法得出其几何公差及其他几何量数据。

引导问题2：三坐标测量机主要由哪些结构组成？

二、三坐标测量机的主要结构组成

1）三坐标测量机主要包括主机、探测系统、控制系统、软件系统、电源和气源等，请在图1-2中进行标注。

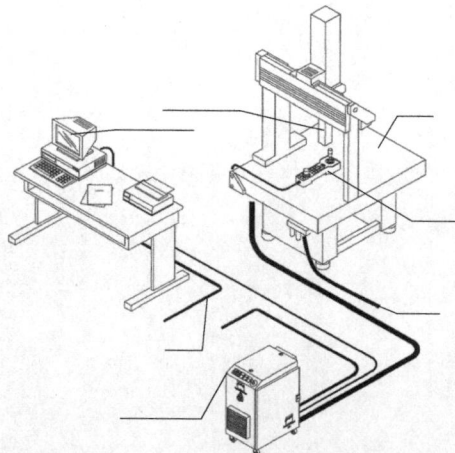

图1-2 三坐标测量机的结构组成

2）海克斯康 Global Advantage 05.07.05 为移动桥式三坐标测量机，其结构如图 1-3 所示，请填写图中标有序号的结构名称。

①　_____　　　　②　_____

③　_____　　　　④　_____

⑤　_____

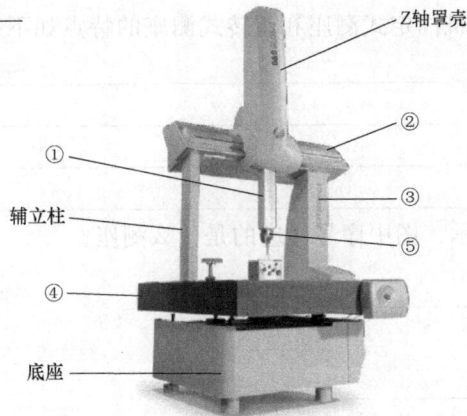

图 1-3　Global Advantage 05.07.05 三坐标测量机的结构

引导问题 3：三坐标测量机按结构分类常见的有哪些?

三、三坐标测量机的分类

三坐标测量机按结构分类，常见的有固定桥式测量机、龙门式测量机、水平臂式测量机、关节臂式测量机。请在图 1-4 中写出标有序号的三坐标测量机所属的类型。

①　_____　　　　②　_____

③　_____　　　　④　_____

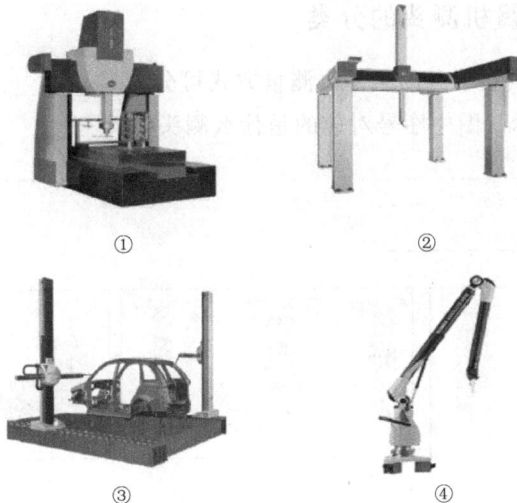

图 1-4　三坐标测量机的常见类型

引导问题 4：三坐标测量机测座可分为哪几类？分别有什么特点？

四、三坐标测量机测座的分类

1）三坐标测量机可分为_____测座、_____测座（包括自动旋转测座和手动旋转测座）。

2）三坐标测量机固定式测座和旋转式测座的特点如下。

固定式测座：_____

_____

旋转式测座：_____

_____

3）如图 1-5 所示，图中序号对应的是什么测座？

    ① _____   ② _____

    ③ _____

图 1-5　测座

引导问题 5：三坐标测量机测头按测量方式可分为哪几类？

五、三坐标测量机测头的分类

1）测头是采集测量信息的组件。测量方式可分为_____、_____、_____。

2）如图 1-6 所示，图中序号对应的是什么测头？

    ① _____   ② _____

    ③ _____

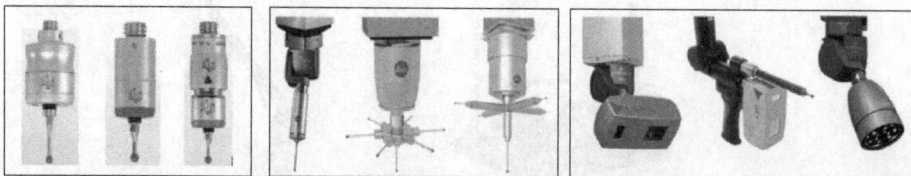

图 1-6　测头

引导问题 6：三坐标测量机对工作环境有什么要求？

六、三坐标测量机工作环境

由于三坐标测量机是一种高精度的检测设备，其机房的环境条件，对其具有至关重要的影响。环境条件包括温度、湿度、振动、电源、气源、工件清洁和恒温等因素。

请阅读和观看本书及配套教学资源，完成以下内容。

1）三坐标测量机温度范围要求：＿＿＿＿＿＿＿＿＿＿＿＿＿＿＿＿＿＿＿＿＿

2）三坐标测量机温度时间梯度要求：＿＿＿＿＿＿＿＿＿＿＿＿＿＿＿＿＿

3）三坐标测量机温度空间梯度要求：＿＿＿＿＿＿＿＿＿＿＿＿＿＿＿＿＿

4）三坐标测量机空气相对湿度要求：＿＿＿＿＿＿＿＿＿＿＿＿＿＿＿＿＿

5）三坐标测量机供气压力要求：＿＿＿＿＿＿＿＿＿＿＿＿＿＿＿＿＿＿＿

6）三坐标测量机电压要求：＿＿＿＿＿＿＿＿＿＿＿＿＿＿＿＿＿＿＿＿＿

引导问题 7：对零件进行测量时如何选择三坐标测量机？

七、三坐标测量机的选择

首先要根据被测量零件的精度、尺寸大小、客户要求等，结合实际情况，选择满足测量要求的三坐标测量机。

Global Advantage 05.07.05 为移动桥式测量机，其中第一个 05 表示：＿＿＿＿＿＿＿＿，07 表示：＿＿＿＿＿＿＿＿，第二个 05 表示：＿＿＿＿＿＿＿＿。

请根据自己使用的三坐标测量机，完成以下内容。

1）设备型号：＿＿＿＿＿＿＿＿

2）测头配置：＿＿＿＿＿＿＿＿

3）三坐标测量机尺寸测量最大允许示值误差（MPE_E）：＿＿＿＿＿＿＿＿

4）三坐标测量机尺寸测量最大允许探测误差（MPE_P）：＿＿＿＿＿＿＿＿

学习活动考核（表 1-2）

表 1-2　认识三坐标测量机考核表

考核项目	考核内容	考核分值	考核结果	考核人
素养目标	遵守纪律	5		
	课堂互动	5		
	团队合作	5		
知识目标	三坐标测量机的测量原理	10		
	三坐标测量机的分类、结构及组成	10		
	三坐标测量机的工作环境要求	10		
	三坐标测量机测座和测头的分类	10		
能力目标	辨别测座的类型	15		
	辨别测头的类型	15		
	三坐标测量机的选择	15		
小计		100		

[学习总结]

通过对本活动的学习，能够叙述三坐标测量机的测量原理；能够叙述三坐标测量机的分类、结构及组成；能够叙述三坐标测量机测座和测头的分类；能够叙述三坐标测量机的工作环境要求。

学习活动 2   三坐标测量机测量前的准备工作

[学习目标]

1. 能够叙述三坐标测量机开机前的准备工作。
2. 能规范完成三坐标测量机的开机和关机。
3. 能够正确使用三坐标测量机的操纵盒。
4. 能够正确打开和关闭 PC-DMIS 测量软件，并且熟悉测量软件界面。
5. 能够按要求完成本次学习活动工作页的填写。

[建议学时]

2 学时

引导问题 1：在三坐标测量机开机前，需要做哪些准备工作？

一、三坐标测量机开机前的准备工作

对坐标测量系统的操作是通过一系列操作按钮和操作界面来进行的。不同类型的三坐标测量机开机过程各有不同，但一般都是遵循先打开硬件、再打开软件的原则。开机后，三坐标测量机系统，包括所有的参数及机器坐标系均处于初始状态。

三坐标测量机开机前应做好以下几项准备工作。

1) 检查机器的外观及_____是否有障碍物。
2) 对_____进行清洁。
3) 检查_____、_____、气压、配电等条件是否符合要求。

引导问题 2：三坐标测量机开/关机步骤是什么？

二、三坐标测量机开/关机操作

请阅读和观看本书及配套教学资源，完成以下内容。

1. 开机操作

1) 旋转红色旋钮打开气源（气压表指针在绿色区间内为合格）。
2) _____
3) 系统自检完毕（操纵盒部分指示灯灭）后，长按操纵盒上的加电按钮 2s，给驱动部分加电。
4) _____
5) 选择当前的默认测头文件，如当前未配置的测头，则选择"未连接测头"。
6) 单击"确定"按钮，测量机自动回到零点。
7) 在测量机回零后，PC-DMIS 进入工作界面，测量机开机完成。

2. 关机操作

1) _____

2) _____

3) _____

引导问题 3：海克斯康 NJB 操纵盒怎样使用？

三、海克斯康 NJB 操纵盒的使用

海克斯康 NJB 操纵盒如图 1-7 所示，填写图中序号对应的按键名称。

① _____ ② _____

③ _____ ④ _____

⑤ _____ ⑥ _____

⑦ _____ ⑧ _____

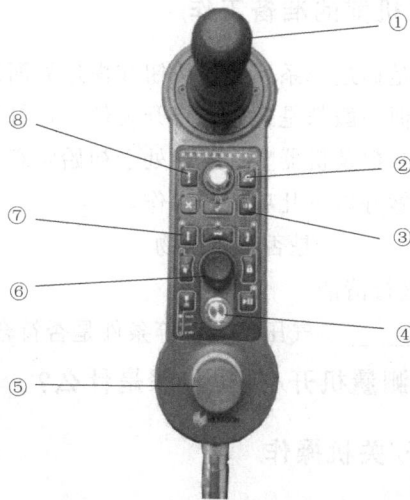

图 1-7　海克斯康 NJB 操纵盒

引导问题 4：如何打开 PC-DMIS 测量软件？测量软件界面由哪几部分组成？

四、认识 PC-DMIS 软件

PC-DMIS 是一款通用的测量软件，可直接从 CAD 中提取几何特征的名义值，单击零件模型即可完成编程，简单便捷，且能消除人工输入错误或者对图样的理解错误。

1) 打开 PC-DMIS 软件时使用管理员权限，如图 1-8 所示。

2) PC-DMIS 软件界面如图 1-9 所示，填写图中序号对应部分的名称。

【操作练习】　进行三坐标测量机开机前的准备、三坐标测量机开/关机操作以及操纵盒

的使用操作练习，将练习过程中遇到的问题及解决方法记录在表 1-3 中。

图 1-8 打开 PC-DMIS 软件

① _____ ② _____

③ _____ ④ _____

⑤ _____

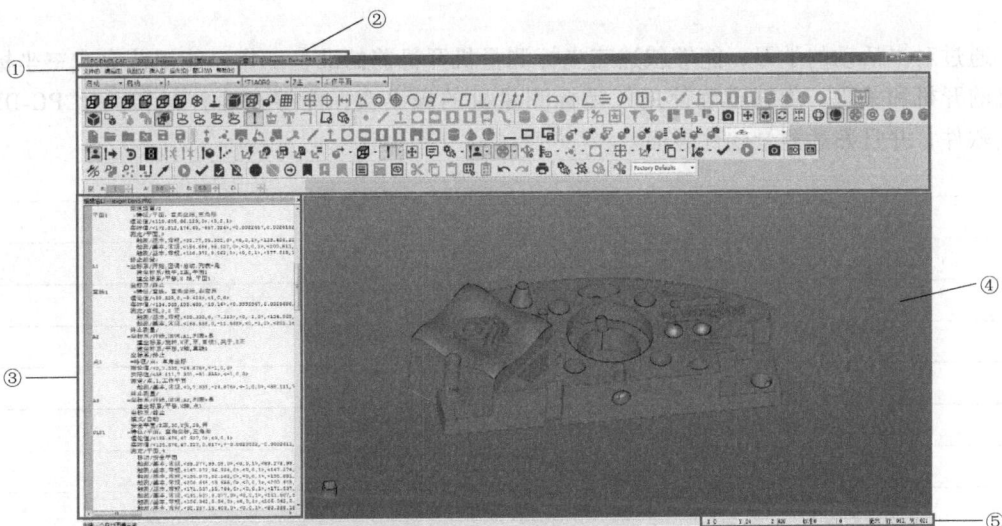

图 1-9 PC-DMIS 软件界面

表 1-3 操作练习过程记录

遇到的问题 及解决方法	
收获与反思	

学习活动考核（表1-4）

表1-4 三坐标测量机测量前的准备工作考核表

考核项目	考核内容	考核分值	考核结果	考核人
素养目标	遵守纪律	5		
	课堂互动	5		
	团队合作	5		
知识目标	三坐标测量机开机前的准备工作	10		
	三坐标测量机关机工作	10		
	海克斯康 NJB 操纵盒按键功能	10		
	PC-DMIS 软件操作界面区域名称	10		
能力目标	按顺序完成三坐标测量机的开/关机操作	15		
	正确打开 PC-DMIS 软件	15		
	正确使用操纵盒	15		
小计		100		

[学习总结]

通过对本活动的学习，能够叙述三坐标测量机开机前的准备工作；能规范完成三坐标测量机的开机和关机；能够正确使用三坐标测量机的操纵盒；能够正确打开和关闭 PC-DMIS 测量软件，并且熟悉测量软件界面。

学习活动 3　测头配置及校验

[学习目标]

1. 能够叙述进行三坐标测量机测头校验的目的和步骤。
2. 能够正确完成三坐标测量机测头配置和测头校验。
3. 能够判断三坐标测量机测头校验结果。
4. 能够按要求完成本次学习活动工作页的填写。

[建议学时]

2 学时

引导问题 1：测座测头组件由哪几部分组成？

一、测座测头组件以及测针

1. 测座测头组件

1）完成图 1-10 中序号对应的 HH-A-T5 测座测头部分的组成名称的填写。

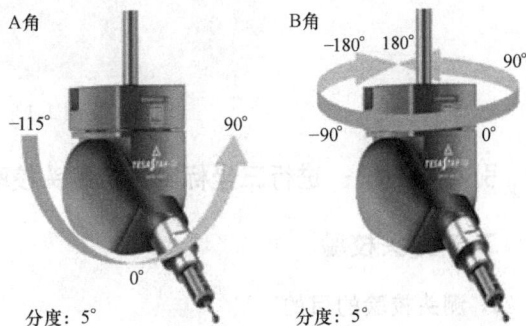

2）HH-A-T5 测座测头角度范围和分度如图 1-11 所示。

①：＿＿＿＿＿＿＿＿

②：＿＿＿＿＿＿＿＿

③：＿＿＿＿＿＿＿＿

④：＿＿＿＿＿＿＿＿

⑤：＿＿＿＿＿＿＿＿

A 角

−115°　90°　0°

B 角

−180°　180°　90°

−90°　0°

分度：5°　　分度：5°

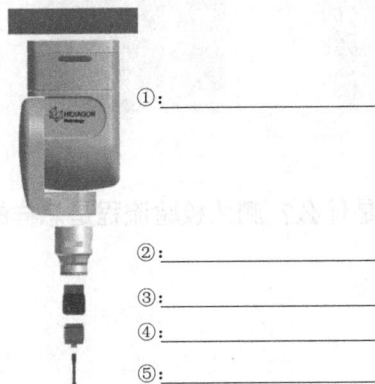

图 1-10　测座测头组件　　　　　图 1-11　HH-A-T5 测座测头角度范围和分度

3）填写所用三坐标测量机的测座的角度范围及分度。

A 角：＿＿＿＿＿＿＿

B 角：＿＿＿＿＿＿＿

分度：＿＿＿＿＿＿＿

4）如图 1-12 所示，测头 A 角、B 角分别是多少？

A 角：＿＿＿＿＿＿＿

B 角：＿＿＿＿＿＿＿

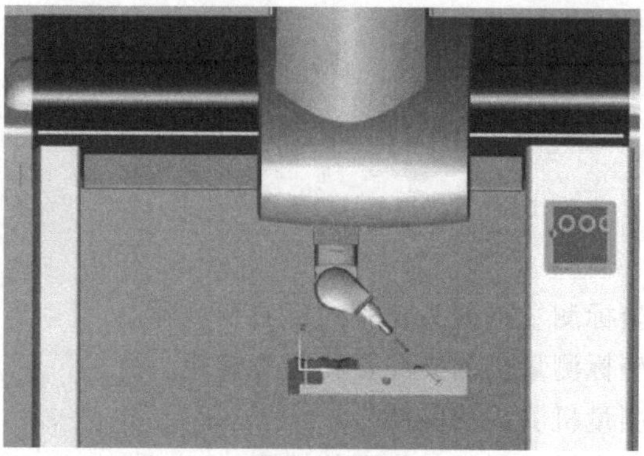

图 1-12　测头角度

2. 测针

测针有球形测针、星形测针、柱形测针、盘形测针等，写出图 1-13 中序号对应测针的名称。

①＿＿＿＿＿＿＿＿＿＿＿　　　　　　　　②＿＿＿＿＿＿＿＿＿＿＿

③＿＿＿＿＿＿＿＿＿＿＿　　　　　　　　④＿＿＿＿＿＿＿＿＿＿＿

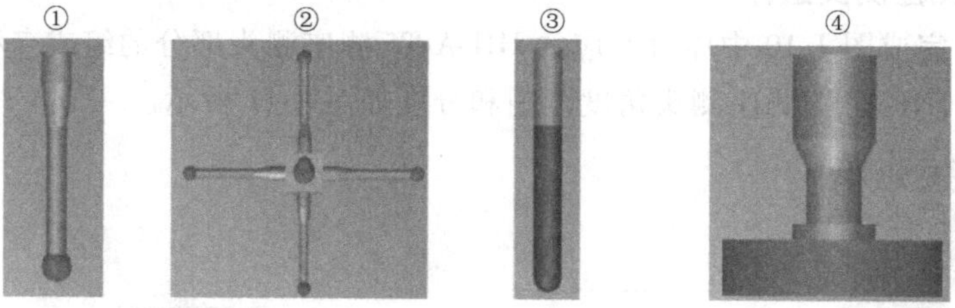

图 1-13　测针

引导问题 2：进行三坐标测量机测头校验的目的是什么？测头校验流程是怎样的？

二、测头校验

1. 测头校验的目的

测头校验的目的是：＿＿＿＿＿＿＿＿＿＿＿＿＿＿＿＿＿＿＿＿＿＿＿＿＿＿＿

2. 测头校验流程

填写图 1-14 所示序号对应的测头校验流程名称。

3. 配置测头

打开 PC-DMIS 软件，将指针置于"加载测头"处，按<F9>键（或右击选择"编辑"），弹出"测头工具框"对话框，如图 1-15 所示，配置测头文件。

4. 添加测头角度

配置好测头后，会自动添加角度（　　　　　　），本程序还需要添加角度（　　　　　　），（　　　　　　）。

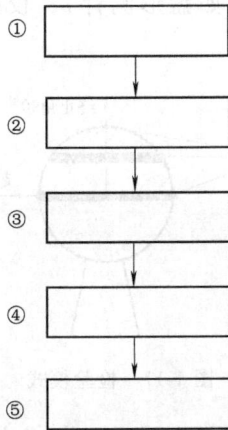

图 1-14　测头校验流程

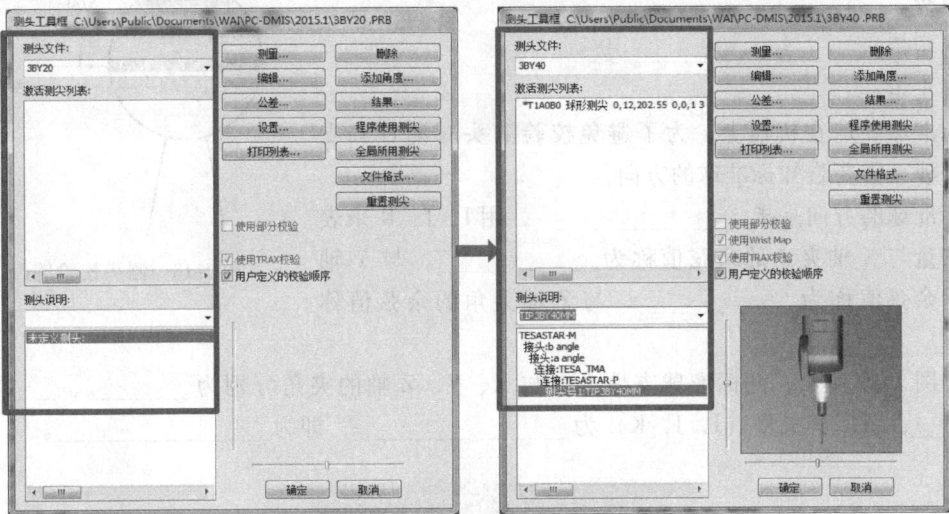

图 1-15　配置测头文件

5. 定义标准球

如图 1-16 所示，校验测头设置的参数含义如下。

测点数：校验测头时每个角度测量标准球的采点数。

逼近/回退距离：规定探测系统开始减速时与零件间的距离。

移动速度：探测系统与零件间距离大于"逼近/回退距离"时的常规移动速度。

接触速度：探测系统与零件间距小于"逼近/回退距离"时的触测移动速度。

检验模式：测量点在标准球上的分布，一般应采用"用户定义"，层数应选择 3 层；＿＿＿＿＿＿和＿＿＿＿＿可以根据情况选择，如图 1-17 所示，一般球形和柱形测针

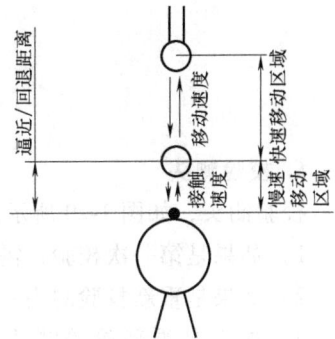

图 1-16　参数含义

采用＿＿＿＿＿＿＿。对于特殊测针（如盘形测针），校验时起始角、终止角要进行必要的调整。

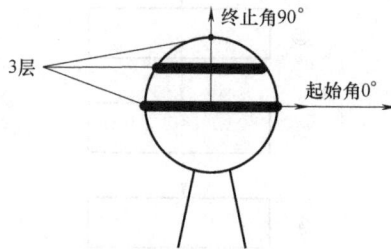

图 1-17　检验模式

如图 1-18 所示，测头校验层数、起始角、终止角分别是多少？

层数：＿＿＿＿＿＿＿＿＿

起始角：＿＿＿＿＿＿＿＿＿

终止角：＿＿＿＿＿＿＿＿＿

标准球固定在机器上，为了避免校验测头时测针和支撑杆干涉，需要告知标准球的方向。

标准球的方向是指＿＿＿＿＿＿＿＿＿，用 I、J、K 来表示：矢量与 X 轴夹角的余弦值称为＿＿＿＿＿＿＿，与 Y 轴夹角的余弦值称为＿＿＿＿＿＿＿，与 Z 轴夹角的余弦值称为＿＿＿＿＿＿＿。

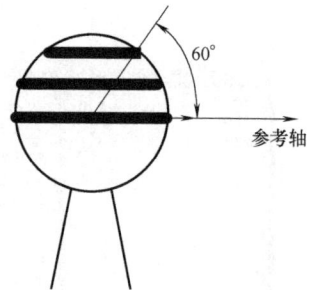

图 1-18　测头校验练习

如图 1-19 所示，此标准球支撑方向与 X、Y、Z 轴的夹角分别为＿＿＿＿＿、＿＿＿＿＿、＿＿＿＿＿，所以其矢量（I，J，K）为＿＿＿＿＿＿＿＿＿＿，即为＿＿＿＿＿＿＿＿＿＿。

图 1-19　标准球支撑方向

6. 校验测头

校验测头，如图 1-20 所示。

1）如果是第一次校验，需要选择＿＿＿＿＿＿＿＿＿＿＿。

2）如果是重新校验测头：标准球没有移动　则需要选择＿＿＿＿＿＿＿，自动测量。

3）如果是重新校验测头：标准球移动过，需要先校验参考测针＿＿＿＿＿＿＿，并且选择＿＿＿＿＿＿＿＿＿。

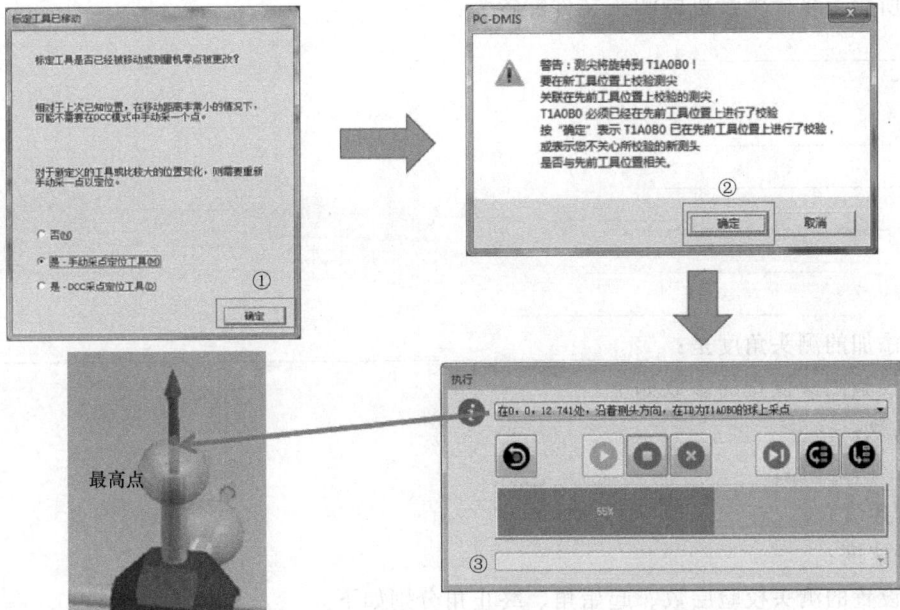

图 1-20 校验测头

7. 查看结果

校验完测头后，单击"结果"按钮，查看校验结果，如图 1-21 所示。

"StdDev"是校验结果的标准差，这个误差越小越好，一般小于 0.002mm。

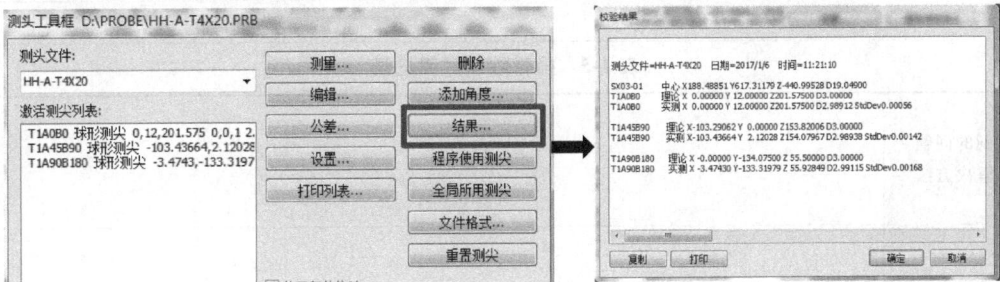

图 1-21 查看结果

1）当校验结果偏大时，应如何检查？

①_____

②_____

③_____

2）什么情况下需要重新校验测头？

①_____

②_____

③_____

【操作练习】 进行三坐标测量机测头校验练习，将练习过程中遇到的问题及解决方法记录在表 1-5 中。

1）所用三坐标测量机的测头文件配置为：

_____

_____

_____

_____

_____

_____

2）添加的测头角度是：_____

3）校验测头设置的参数如下。

测点数：_____

逼近/回退距离：_____

移动速度：_____

接触速度：_____

4）设置的测头校验层数、起始角、终止角分别如下。

层数：_____

起始角：_____

终止角：_____

5）查看校验结果：_____

表 1-5　操作练习过程记录

遇到的问题及解决方法	
收获与反思	

学习活动考核（表 1-6）

表 1-6　测头配置及校验考核表

考核项目	考核内容	考核分值	考核结果	考核人
素养目标	遵守纪律	5		
	课堂互动	5		
	团队合作	5		
知识目标	三坐标测量机测头校验的目的、步骤	10		
	三坐标测量机测座测头组件	10		
	校验测头的参数设置	10		

（续）

考核项目	考核内容	考核分值	考核结果	考核人
能力目标	按测量要求正确配置测头	10		
	根据图样尺寸、装夹方式正确添加测量角度	15		
	独立完成测头校验	15		
	会判断测头校验结果	15		
小计		100		

[学习总结]

通过对本活动的学习，能够叙述进行三坐标测量机测头校验的目的和步骤，能够正确完成三坐标测量机测头的配置和测头校验，能够判断三坐标测量机测头校验结果。

学习活动 4　测量 DEMO 零件及报告保存

[学习目标]

1. 能够正确装夹零件。
2. 能够运行已有测量程序，完成零件的检测。
3. 能够查看检测报告并保存。
4. 能够按要求完成本次学习活动工作页的填写。

[建议学时]

11 学时

引导问题 1：检测 DEMO 零件前，需要做哪些准备工作？

一、检测前准备工作

由于加工留下的切屑、切削液和机油对测量误差有影响，如果这些切屑和油污黏附在测针的红宝石球上，就会影响测量机的性能和精度。在测量机开始工作之前和完成工作之后，应分别对零件进行必要的清洁和保养（通常可使用无水酒精和无纺布擦拭零件），避免将不必要的误差带入到测量结果中。

1）零件恒温处理。在检测前需要在_____对零件做恒温处理。

2）零件清洁。可使用无纺布粘_____擦拭零件，如果有螺纹孔需要检测，可使用细毛刷做进一步处理。

引导问题 2：怎么装夹 DEMO 零件？

二、DEMO 零件的装夹与找正

零件装夹。将标准球从测量机上卸下，根据编程时的夹具设置进行零件装夹，夹具的位置最好与编程时的设置一致，避免运行中发生碰撞。零件尽量放在机器的中间位置，并进行粗略找正。装夹时应保证_____。为了安全，本项目中装夹零件前请将标准球从测量机上卸下。实际应用中，如果确定标准球不会干涉零件的测量，可以将标准球固定在某一个位置，以提高工作效率。

零件找正。装夹时要进行零件的找正，要求零件与三坐标测量机机器坐标系轴线保证_____，避免_____。判断图 1-22 所示零件找正是否正确。

引导问题 3：DEMO 零件装夹和测头的校验都完成后，怎样执行 DEMO 零件已有的测量程序？

三、执行 DEMO 测量程序

使用组合键<Ctrl+Q>或单击"文件"→_____按钮，根据软件提示，按

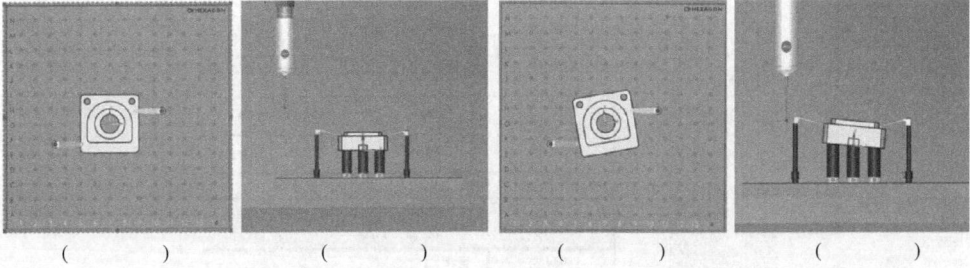

（　　　）　　　　（　　　）　　　　（　　　）　　　　（　　　）

图 1-22　零件找正

照图 1-23 所示位置采点。

1）在上平面采第 1、2、3 点，按操纵盒上的"确认"键。

2）在前平面采第 4、5 点，按操纵盒上的"确认"键。

3）在左平面采第 6 点，将测头位置移高至在 ＿＿＿＿＿＿＿＿＿＿＿ 后，按操纵盒上的"确认"键。

4）测量机自动运行。

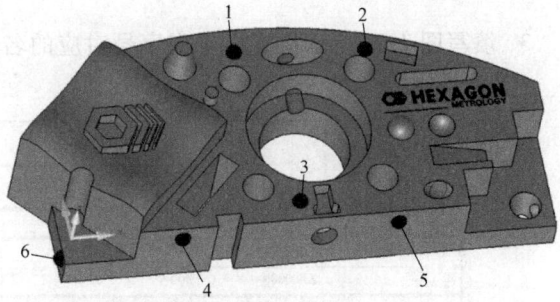

图 1-23　采点位置

引导问题 4：怎么查看和保存 DEMO 零件的检测报告？

四、查看和保存检测报告

1. 查看报告

单击"视图"→＿＿＿＿＿＿＿＿＿＿，打开报告窗口查看报告，如图 1-24 所示。

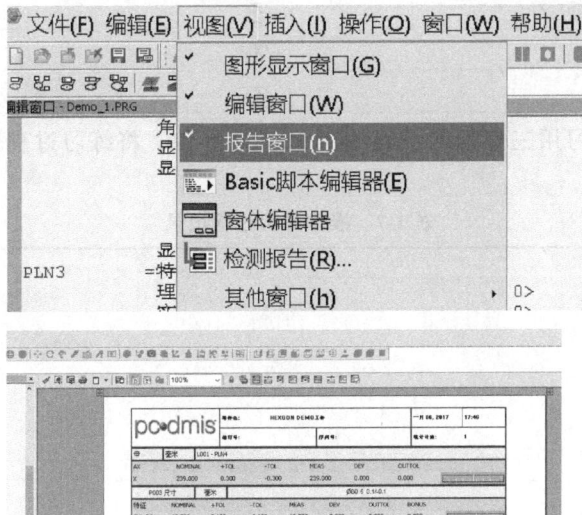

图 1-24　查看报告

2. 保存报告

单击"打印报告"按钮，保存报告，如图 1-25 所示。

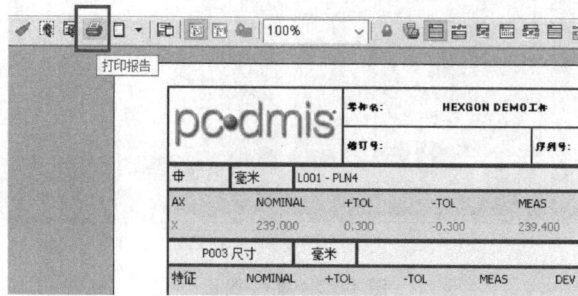

图 1-25 保存报告

3. 填写图 1-26 所示检测报告中序号对应的名称

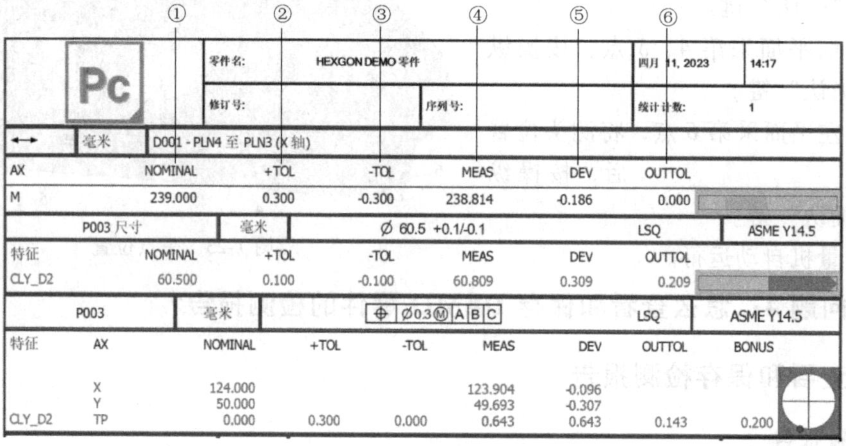

图 1-26 检测报告

①＿＿＿＿＿＿＿＿＿＿＿＿　②＿＿＿＿＿＿＿＿＿＿＿＿

③＿＿＿＿＿＿＿＿＿＿＿＿　④＿＿＿＿＿＿＿＿＿＿＿＿

⑤＿＿＿＿＿＿＿＿＿＿＿＿　⑥＿＿＿＿＿＿＿＿＿＿＿＿

【操作练习】 练习用三坐标测量机测量 DEMO 零件，将练习过程中遇到的问题及解决方法记录在表 1-7 中。

表 1-7 操作练习过程记录

遇到的问题及解决方法	
收获与反思	

学习活动考核（表 1-8）

表 1-8　测量 DEMO 零件及报告保存考核表

考核项目	考核内容	考核分值	考核结果	考核人
素养目标	遵守纪律	5		
	课堂互动	5		
	团队合作	5		
知识目标	检测前准备工作	10		
	零件装夹	10		
	检测报告的识读	10		
能力目标	按测量要求装夹零件	10		
	根据已有测量程序，运行程序，完成手动建立坐标系	15		
	会查看检测报告	15		
	会保存检测报告	15		
小计		100		

[学习总结]

通过对本活动的学习，能够正确装夹零件；能够运行已有测量程序，完成零件的检测；能够查看检测报告并保存。

项目 2 数控铣零件的手动测量工作页

[学习目标]

通过本项目的学习，学生应达到以下基本要求。

1. 能够完成多角度测针的校验。

2. 能够根据零件测量要求使用"3-2-1"法建立零件坐标系。

3. 能够操作三坐标测量机手动测量零件。

4. 能够叙述工作平面的意义及选用。

5. 能够完成"距离"的评价。

6. 能够正确设置检测报告的输出。

7. 能够严格执行操作规程、现场管理规定和"6S"管理规定，注重培养质量和成本意识、规范/公正/严谨/细致等良好的职业素养、劳动精神以及工匠精神。

8. 能够与班组长等相关人员进行有效沟通与合作，理解有效沟通和团队合作的重要性。

[建议学时]

24 学时

[工作情境描述]

某测量室接到生产部门的零件检测任务，零件图样如图 2-1 所示，测量特征布局图如图 2-2 所示，等轴测图如图 2-3 所示，目标检测尺寸见表 2-1，要求检测零件是否合格。

1）完成尺寸检测表中数控铣零件尺寸项目的检测。

2）给出检测报告，检测报告输出项目包括尺寸名称、实测值、极限偏差值、超差值，格式为 PDF。

3）测量任务结束后，检测人员打印报告并签字确认。

[工作流程与活动]

1. 制订数控铣零件的测量方案（2 学时）。

2. 手动测量数控铣零件（20 学时）。

3. 尺寸评价及输出报告（2 学时）。

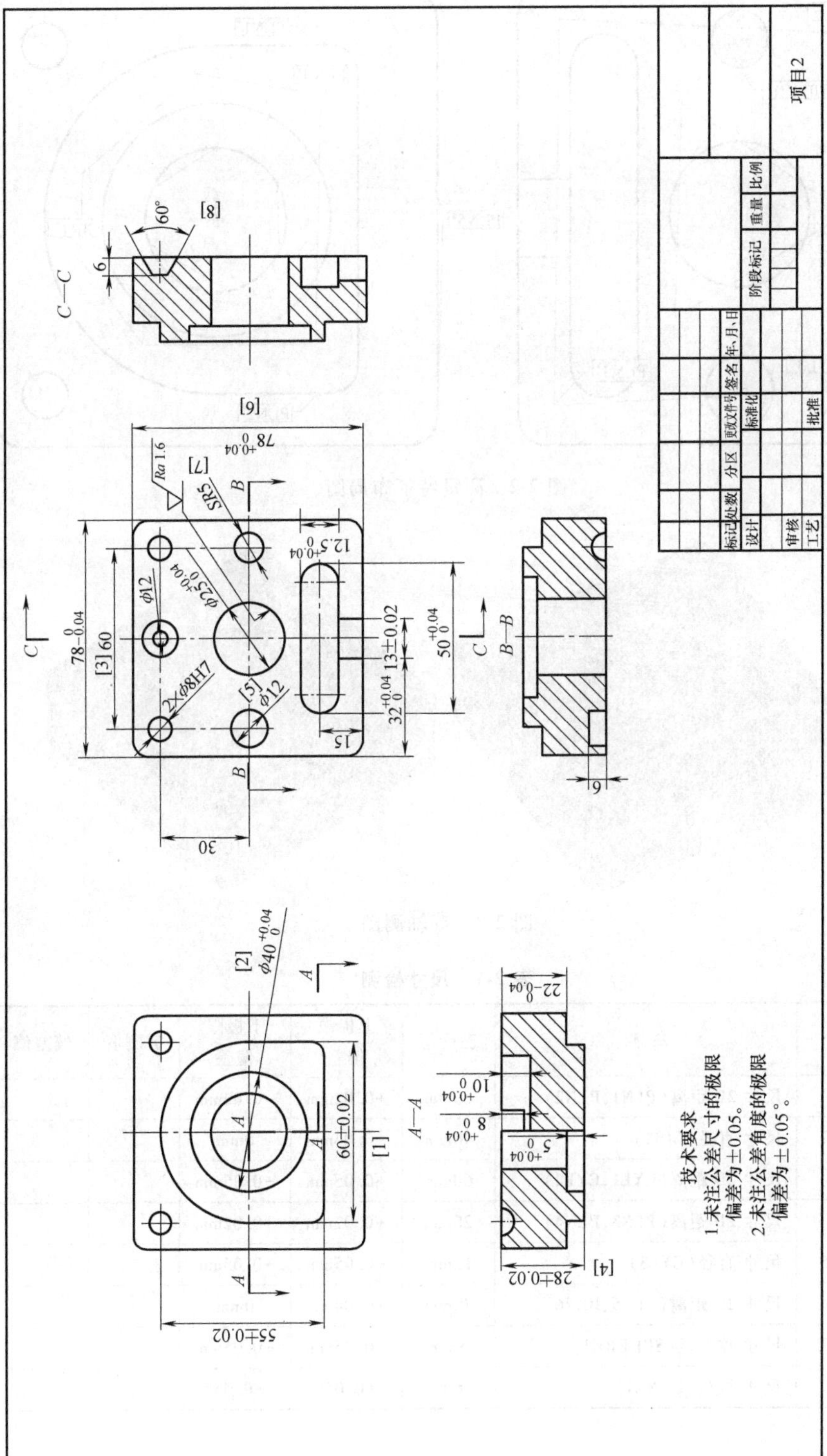
C—C
60°
[8]
6
[6]
$78^{\ 0}_{+0.04}$
Ra 1.6
[7]
SR5
B
$12.5^{\ 0}_{+0.04}$
$\phi 25^{+0.04}_{\ 0}$
φ12
$78^{\ 0}_{-0.04}$
[3] 60
C
2×φ8H7
[5]
φ12
13±0.02
$32^{+0.04}_{\ 0}$
$50^{+0.04}_{\ 0}$
15
B—B
6
30
[2]
$\phi 40^{+0.04}_{\ 0}$
A
A—A
$22^{\ 0}_{-0.04}$
$10^{\ 0}_{+0.04}$
$8^{\ 0}_{+0.04}$
$5^{\ 0}_{+0.04}$
60±0.02
[1]
[4]
28±0.02
55±0.02
技术要求
1.未注公差尺寸的极限偏差为±0.05。
2.未注公差角度的极限偏差为±0.05°。
项目2
标记
处数
分区
更改文件号
签名
年、月、日
设计
标准化
阶段标记
重量
比例
审核
工艺
批准

图 2-1　零件图样

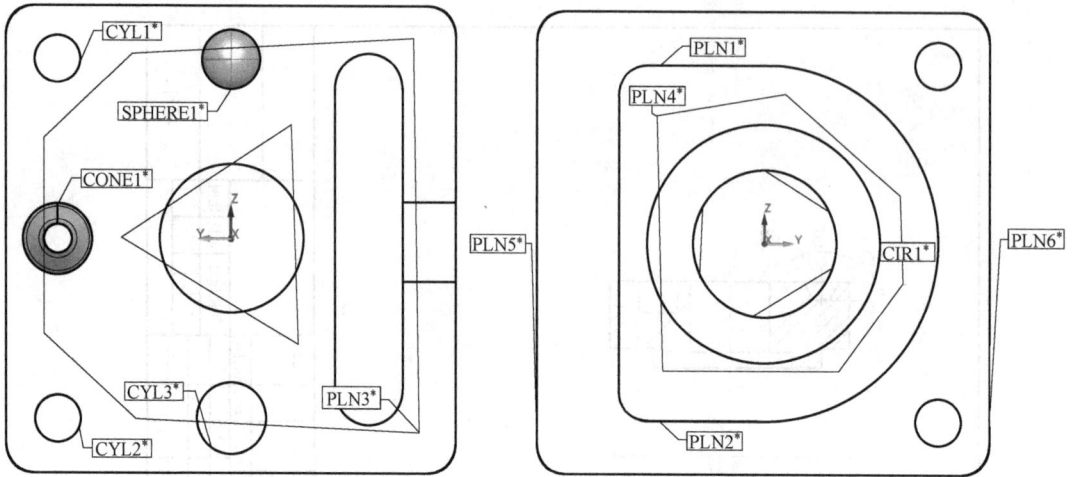

图 2-2　测量特征布局图

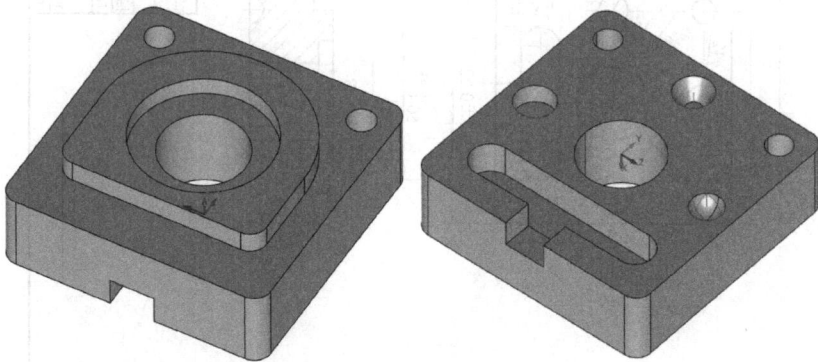

图 2-3　等轴测图

表 2-1　尺寸检测

序号	尺寸	描述	理论值	上极限偏差	下极限偏差	实测值	偏差值	超差值
1	D001	尺寸 2D 距离（PLN1,PLN2）	60mm	+0.02mm	-0.02mm			
2	DF002	尺寸 直径（CIR1）	40mm	+0.04mm	0mm			
3	D003	尺寸 2D 距离（CYL1,CYL2）	60mm	+0.05mm	-0.05mm			
4	D004	尺寸 2D 距离（PLN3,PLN4）	28mm	+0.02mm	-0.02mm			
5	DF005	尺寸 直径（CYL3）	12mm	+0.05mm	-0.05mm			
6	D006	尺寸 2D 距离（PLN5,PLN6）	78mm	+0.04mm	0mm			
7	SR007	尺寸 球半径（SPHERE1）	5mm	+0.05mm	-0.05mm			
8	A008	尺寸 锥角（CONE1）	60°	+0.05°	-0.05°			

学习活动 1　制订数控铣零件的测量方案

[学习目标]

1. 能够根据数控铣零件测量要求正确选择测针。
2. 能够根据数控铣零件测量要求确定数控铣零件的装夹方式。
3. 能够根据数控铣零件测量尺寸、数控铣零件装夹方式，配置测头文件及添加测头角度，并且完成测针的校验。
4. 能够根据数控铣零件测量图样，确定数控铣零件坐标系。
5. 能够根据数控铣零件测量尺寸、数控铣零件装夹方式、测头角度等因素，确定数控铣零件的测量策略。
6. 能够叙述工作平面的意义及选用方法。
7. 能够按要求完成本次学习活动工作页的填写。

[建议学时]

2 学时

引导问题 1：数控铣零件检测的尺寸有哪些？

一、确定检测尺寸

根据本项目描述确定数控铣零件的检测尺寸，填在表 2-2 中。

表 2-2　数控铣零件检测尺寸

序号	检测尺寸	理论值	上极限偏差	下极限偏差	备注
例	$78_{-0.04}^{0}$ mm	78mm	0mm	-0.04mm	
	$\phi25_{0}^{+0.04}$ mm	25mm	$+0.04$mm	0mm	
	$60°\pm0.05°$	60mm	$+0.05$mm	-0.05mm	
	$SR5\pm0.05$mm	0mm	$+0.05$mm	-0.05mm	

引导问题2：要完成数控铣零件尺寸的检测，测针应如何选择？

二、测针的选型

1）对于标准的球型测针，在选型时主要考虑测针的参数有 _____、

_____、_____。

2）填写图 2-4 中字母所示部分的名称。

a：_____

b：_____

c：_____

d：_____

e：_____

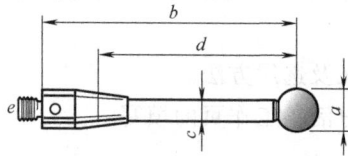

图 2-4　测针

3）根据零件测量尺寸，推荐使用的测针长度为 _____ mm，直径为

_____ mm。

引导问题3：根据数控铣零件测量尺寸，怎样装夹零件？

三、零件的装夹

零件装夹的最基本原则是在满足测量要求的前提下以尽量少的装夹次数完成全部尺寸的测量。

1）零件装夹在测量机平台上，除非使用定制夹具，常规夹具很难保证一次装夹后，零件为_____的理想摆放状态，或多或少都有一定程度的歪斜。因此，测量前应尽量使零件与测量机平台保持平行关系。

2）零件的找正必须在_____前完成，一旦装夹方案确定，程序编写完成，则不可进行装夹调整。如要调整夹具，需要重新调试程序。

3）找正零件最主要的目的是_____。

4）请完成数控铣零件的装夹，将装夹图画在表 2-3 中。

表 2-3　数控铣零件装夹图

数控铣零件装夹图	

引导问题 4：根据本项目中零件的测量尺寸和装夹方式，测头文件应该如何配置？都需要添加哪些测头角度？

四、校验测头

1）所用三坐标测量机的测头文件配置为：

_____

_____

_____

_____

_____

2）添加的测头角度是：_____

3）校验测头设置的参数如下。

测点数：_____

逼近/回退距离：_____

移动速度：_____

接触速度：_____

4）设置的测头校验层数、起始角、终止角分别如下。

层数：_____

起始角：_____

终止角：_____

5）PC-DMIS 软件提供了 4 种测头校验模式，分别为：_____

① 手动。手动模式要求_____，即使三坐标测量机具有 DCC 功能。此模式多用于特定机型，如关节臂测量机的测头校验。

② 自动。三坐标测量机使用自动（DCC）模式在_____上自动采集所有测点。如果标准球是第一次安装并首次校验测头，或在校验测头前已移动校验工具，则必须_____。

③ Man+DCC。Man+DCC 模式为混合模式。此模式有助于_____。在多数情况下，Man+DCC 类似于 DCC 模式，但存在以下不同：必须_____为每个测头采集第一个测点，即使标定工具尚未移动，该测头的所有其他测点将在 DCC 模式下自动采集；因为所有第一次触测均手动执行，所以校准前、后不对每个测头进行测量的安全移动。

④ DCC+DCC。DCC+DCC 模式与 Man+DCC 模式类似，两个模式取点的方式是一致的，不同的是，DCC+DCC 模式用于定位标准球的第一个测点是_____采集的，而 Man+DCC 模式则需要手动采第一点。如果想全过程都自动校准，则此模式非常有用。但是，使用_____模式会获得更准确的结果。

【操作练习】 完成三坐标测量机测头校验练习，将操作练习过程中遇到的问题及解决方法记录在表 2-4 中。

表 2-4　操作练习过程记录

遇到的问题及解决方法	
收获与反思	

引导问题 5：根据零件测量要求，零件坐标系该如何建立？

五、确定零件坐标系

零件坐标系的建立方法虽然只能从现有的图样来判断，但是原则上必须符合产品的设计、加工及装配方式要求。

1. 分析图样距离尺寸的引出线

常规图样中，如果没有几何公差，可不标注基准，在这种情况下，主要通过＿＿＿＿＿＿确定基准元素。

如图 2-5 所示，本项目图样中所有横向尺寸的指引线都是从＿＿＿＿＿＿，表明该侧面为加工基准，用于其他元素的加工。但此端面作为第一基准还是第二基准，需要结合其他因素综合判断，同样也需要充分的经验积累。

结合零件加工过程建立零件坐标系的步骤如下。

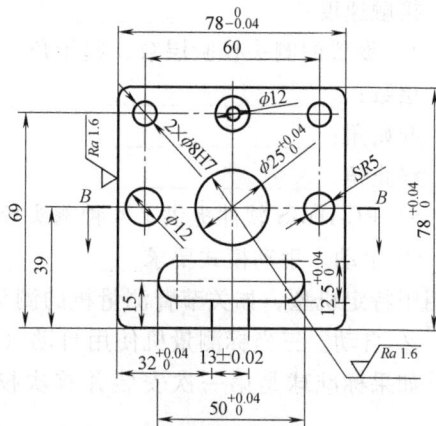

图 2-5　图样

首先，铣大端面平面，因此首先测量大端面并找正，确定第一轴向，锁定＿＿＿＿＿＿，对应"3-2-1"中的"3"。

其次，铣基准侧面，在这个侧面上测量一条直线来控制第二轴向，锁定＿＿＿＿＿＿，对应"3-2-1"中的"2"。

最后，在上表面测量一点，用于定义坐标系轴向的零点，锁定＿＿＿＿＿＿，对应"3-2-1"中的"1"。

2. 图样基准的标注

如图 2-6 所示，图样中标注有基准 A、B（基准 A 对应圆柱特征；基准 B 对应平面特征）。按照常规基准标注编号规则，基准 A 为＿＿＿＿＿＿，优先控制第一轴向，因此需要用圆柱来找正轴向。

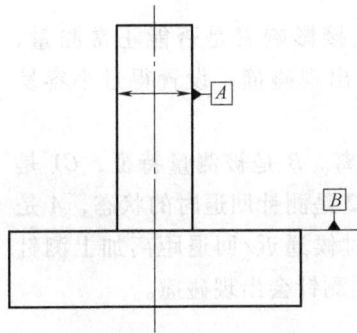

图 2-6　基准标注

3. 建立零件坐标系

请将数控铣零件坐标系画在表 2-5 中。

表 2-5　数控铣零件坐标系

数控铣零件坐标系	

引导问题 6：要完成零件尺寸测量，需要测量什么几何特征？是否需要工作平面？对测量点数量是否有要求？

六、测量策略

零件的测量与零件装夹方式、测头角度、测针直径和长度、逼近/回退距离、工作平面、测量点数量、测量几何特征等因素有着直接的关系。所以在测量前需要制订好测量策略，目的是准确、高效地完成零件的测量。

1. 工作平面的意义及选用

工作平面是测量时的视图平面，工作平面共有 6 个，分别为 ＿＿＿＿＿＿＿＿＿＿＿＿＿＿＿，其分布及对应轴向如图 2-7 所示。

当测量二维元素（如直线、圆等）时，要求在与当前＿＿＿＿＿＿＿＿＿垂直的矢量上采集测点，因此需要将工作平面进行相应的调整。

对于三维元素（如圆柱、圆锥等）的测量，是＿＿＿＿＿＿＿调整工作平面的。

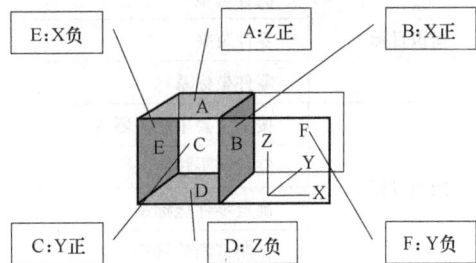

图 2-7　工作平面

2. 逼近/回退距离

逼近/回退距离的设置，直接影响着是否能正常测量，逼近/回退距离设置得过大容易出现碰撞，设置得过小容易出现粘针。

图 2-8 所示为逼近/回退距离。*B* 是被测量特征，*C*1 是测针接触被测特征时的状态，*C*2 是测针回退时的状态，*A* 是测针回退距离。所以在测量的时候逼近/回退距离加上测针直径要小于被测特征尺寸，否则测针会出现碰撞。

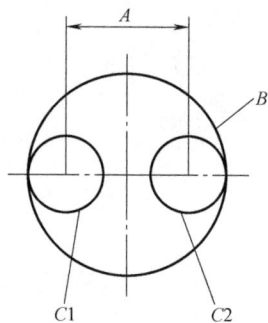

3. 测量特征

根据零件装夹方式，完成表 2-6。

图 2-8　逼近/回退距离

表 2-6　数控铣零件测量策略

序号	检测尺寸	几何特征类型	测针直径和长度	测头角度	逼近/回退距离	工作平面	测量点数量	备注
例	$\phi25^{+0.04}_{0}$mm	圆	TIP3BY40	A90B90	3	X 负	4	
1								
2								
3								
4								
5								
6								
7								
8								

学习活动考核（表 2-7）

表 2-7　制订数控铣零件的测量方案考核表

考核项目	考核内容	考核分值	考核结果	考核人
素养目标	遵守纪律	5		
	课堂互动	5		
	团队合作	5		
知识目标	测针选型	10		
	零件装夹	10		
	零件坐标系	10		
能力目标	按测量要求装夹零件	10		
	完成测头校验	15		
	确定零件坐标系	15		
	会制订测量策略	15		
小计		100		

[学习总结]

通过对本活动的学习，在下面横线上叙述如何根据数控铣零件测量要求正确选择测针，确定数控铣零件的装夹方案；根据数控铣零件测量尺寸和数控铣零件的装夹方案，配置测头文件及添加测头角度，并完成测针的校验；能够根据数控铣零件测量图样，确定数控铣零件坐标系；能够根据数控铣零件测量尺寸、数控铣零件装夹方式、测头角度等因素，确定数控铣零件的测量策略；能够叙述工作平面的意义及选用方法。

_____

_____

_____

_____

_____

_____

_____

_____

_____

_____

_____

_____

_____

_____

_____

_____

_____

_____

_____

_____

_____

_____

_____

_____

_____

学习活动 2 手动测量数控铣零件

[学习目标]

1. 能够叙述空间直角坐标系自由度的概念。
2. 能够根据零件测量要求使用"3-2-1"法建立零件坐标系。
3. 能够独立操作三坐标测量机，手动测量数控铣零件的几何特征。
4. 能够按要求完成本次学习活动工作页的填写。

[建议学时]

20 学时

引导问题1：根据零件测量要求，请使用"3-2-1"法完成零件坐标系的创建。

一、"3-2-1"法创建坐标系

（1）找正 找正工件坐标系第一轴，测量第一基准平面后，取其法向矢量作为第一轴向（Z 正），锁定____自由度（RX、RY、TZ）。

（2）旋转 围绕第一轴（Z 正），旋转确定第二轴（X 正），第三轴方向也同时确定。测量第二基准特征后，取其法向矢量作为第二轴向，锁定____自由度（RZ、TY）。

（3）原点 用基准确定坐标系的三个零位，将 X、Y、Z 方向的三个原点分别平移到三个基准的测量特征上，锁定最后一个____自由度（TX）。

（4）写出"3-2-1"法创建坐标系的步骤。

_____

_____

_____

_____

_____

【操作练习】 请操作三坐标测量机，使用"3-2-1"法完成零件坐标系的创建，将操作练习过程中遇到的问题及解决方法记录在表 2-8 中。

表 2-8 操作练习过程记录

遇到的问题及解决方法	
收获与反思	

引导问题 2：手动测量零件时，需要用到哪些命令完成测量？

二、手动测量几何特征

PC-DMIS 可以通过手动操作操纵盒让测针在零件表面触测，根据采集得到的触测点信息，自动计算并推测所测量的元素类型。

操作操纵盒时应注意，在手动测量的即将触测阶段，先按_____再进行触测，避免速度过快导致测头体或测针损坏。

换测头测量角度时，应提高测头使其远离零件，避免测头旋转时碰撞到零件。

【操作练习】　请操作三坐标测量机，完成零件尺寸的检测，将结果记录在表 2-9 中，将操作练习过程中遇到的问题及解决方法记录在表 2-10 中。

表 2-9　尺寸检测记录

序号	检测尺寸	几何特征	测针直径和长度	测头角度	逼近/回退距离	工作平面	测量点数量	测量命令
			·＼▼□■▮◗◆◉○∫ ✳					
例	$\phi 25^{+0.04}_{0}$ mm	圆 1	TIP3BY40	A90B90	3	X 负	4	✳
1								
2								
3								
4								
5								
6								
7								
8								

表 2-10　操作练习过程记录

遇到的问题及解决方法	
收获与反思	

学习活动考核（表 2-11）

表 2-11　手动测量数控铣零件考核表

考核项目	考核内容	考核分值	考核结果	考核人
素养目标	遵守纪律	5		
	课堂互动	5		
	团队合作	5		
知识目标	自由度的概念	10		
	"3-2-1"法的基本原理	10		
	状态窗口	10		
能力目标	使用"3-2-1"法建立零件坐标系	10		
	坐标系的检查	15		
	合理分布测量点位置	15		
	手动测量数控铣零件的几何特征	15		
小计		100		

[学习总结]

通过对本活动的学习，能够叙述空间直角坐标系自由度的概念；能够根据零件测量要求，使用"3-2-1"法建立零件坐标系；能够独立操作三坐标测量机，手动测量数控铣零件的几何特征。

学习活动 3　尺寸评价及输出报告

[学习目标]

1. 能够叙述工作平面的意义并会正确选用工作平面。
2. 能够完成"距离""锥角"等几何特征的评价。
3. 能够正确设置检测报告的输出。
4. 能够按要求完成本次学习活动工作页的填写。

[建议学时]

2 学时

引导问题 1：测量完几何特征后，需要用到哪些命令完成尺寸的评价？

一、尺寸评价概述

尺寸误差评价是三坐标测量技术最终的落脚点，尺寸评价功能用于评价尺寸误差和几何误差，尺寸误差包括_____，几何误差包括_____。

PC-DMIS 软件支持所有类型的尺寸误差和几何误差评价。图 2-9 所示为尺寸评价快捷图标，可单击"视图"→"工具栏"→"尺寸"按钮显示。

图 2-9　尺寸评价快捷图标

1. "距离"评价概述

"距离"用于评价几何特征与基准或几何特征与几何特征之间，按照图样要求的方向得到的 2D/3D（二维/三维）距离。点与点之间的距离如图 2-10 所示。

"尺寸-距离"评价设置：选择特征 1、特征 2；选择"距离类型"（"二维"是先投影，再求距离，"三维"是直接计算空间距离）；"创建"评价，得到质心连线的长度，一般不用于线和面。示例如图 2-11 所示，代号含义及评价设置如下。

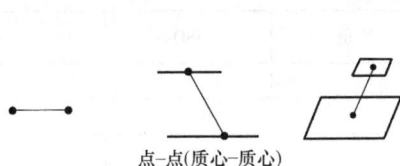

点-点(质心-质心)

图 2-10　点与点之间的距离

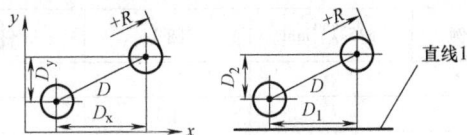

点-点(圆-圆,2D,有方向)

图 2-11　特征 2D/3D 距离

D：尺寸-距离，2D。"距离"对话框中选择圆 1、圆 2，完成创建。

D_x：尺寸-距离，2D。"距离"对话框中选择圆 1、圆 2，按____轴，平行于，完成创建。

D_y：尺寸-距离，2D。"距离"对话框中选择圆1、圆2，按____轴，平行于，完成创建。

D_1：尺寸-距离，2D。"距离"对话框中选择圆1、圆2、直线1，按____，平行于，完成创建。

D_2：尺寸-距离，2D。"距离"对话框中选择圆1、圆2、直线1，按____，垂直于，完成创建。

当所求距离需要加上或减去半径时，在"圆选项"中选择"加半径"或"减半径"选项。示例如图2-12所示。

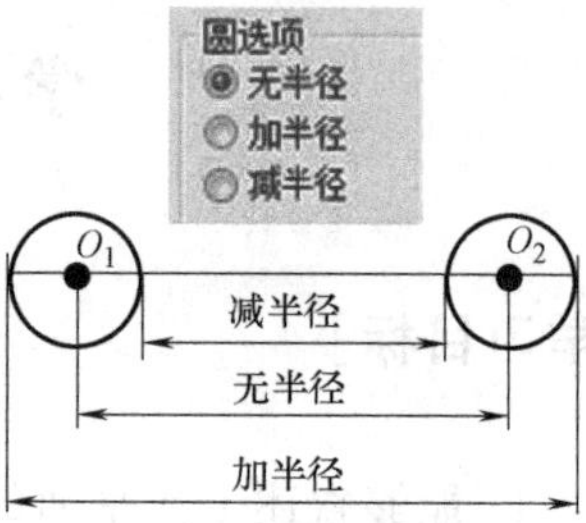

图2-12 圆半径计算

2. 锥半角输出

评价位置菜单不仅可以输出锥角尺寸，还可以输出半角尺寸。如图2-13所示，勾选"位置选项"中的_____复选框后，原"角度"选项则变为_____，此时输出的结果就是半角尺寸。

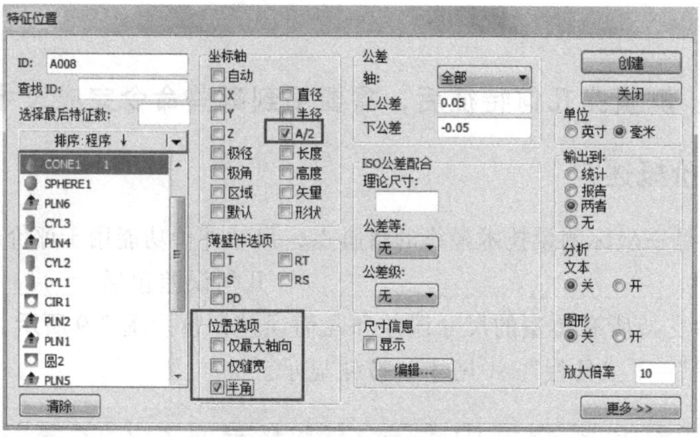

图2-13 输出锥半角设置

【操作练习】 请操作三坐标测量机软件，完成零件尺寸的评价，将结果记录在表2-12中，将操作练习过程中遇到的问题及解决方法记录在表2-13中。

表2-12 尺寸评价记录

序号	检测尺寸	几何特征	评价命令	工作平面	使用标准	备注
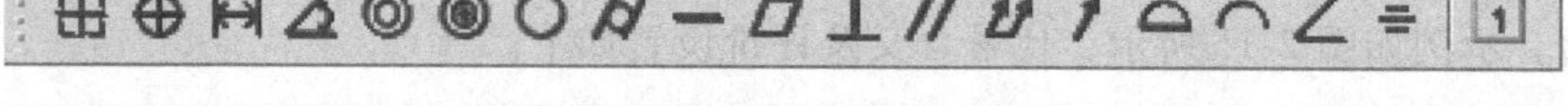			⊞ ⊕ ⋈ △ ⌀ ◎ ◉ ○ ⌀ — ▢ ⊥ ∥ ⟋ ⟋ ⌓ ⌒ ∠ ≡ [1]			
例	$\phi 25^{+0.04}_{0}$ mm	圆1	⊞	X 负	ISO	
1						
2						
3						
4						
5						
6						
7						
8						

表 2-13　操作练习过程记录

遇到的问题 及解决方法	
收获与反思	

引导问题 2：尺寸评价完成后，如何输出检测报告？

二、报告输出

1. 报告输出方式

（1）附加　该方式设定下，PC-DMIS 将当前的报告数据添加至选定的文件。注意，操作者必须指定完整路径，否则 PC-DMIS 将把报告存放在与测量程序相同的目录中。此外，若不存在该文件，生成报告时将创建该文件。

（2）提示　该方式设定下，程序执行完毕后，显示"另存为"对话框，通过此对话框可选择报告保存的具体路径。

（3）替代　该方式设定下，PC-DMIS 将以当前的检测报告数据覆盖所选文件。

（4）自动　该方式设定下，PC-DMIS 使用索引框中的数值自动生成报告文件名。所生成文件名的名称与测量例程的名称相同，但会附加数字索引和扩展名。此外，生成的文件与测量例程位于同一目录。若存在与生成文件同名的文件，自动选项将递增索引值，直至找到唯一的文件名。

2. 写出报告输出步骤

_____

_____

_____

_____

_____

学习活动考核（表 2-14）

表 2-14　尺寸评价及输出报告考核表

考核项目	考核内容	考核分值	考核结果	考核人
	遵守纪律	5		
素养目标	课堂互动	5		
	团队合作	5		

（续）

考核项目	考核内容	考核分值	考核结果	考核人
知识目标	距离评价概述	10		
	锥半角输出	10		
	报告输出方式	10		
能力目标	尺寸（60±0.05）mm 的检测	10		
	尺寸（$SR5±0.05$）mm 的检测	15		
	尺寸 60°±0.05°的检测	15		
	报告输出	15		
小计		100		

[学习总结]

通过对本活动的学习，能够叙述工作平面的意义及如何选用工作平面；能够完成"距离""锥角"等几何特征的评价；能够正确设置检测报告的输出。

项目 3 数控铣零件的自动测量程序编写及检测工作页

[学习目标]

通过本项目的学习，学生应达到以下基本要求。

1. 能够正确选择三坐标测量机测针。
2. 能够正确装夹数控铣零件。
3. 能够识别基准和基准的测量。
4. 能够完成自动特征测量程序的新建、参数编辑和复制移动。
5. 能够正确添加移动点。
6. 能够正确评价位置度、平行度和对称度。
7. 能够严格执行操作规程，现场管理规定和"6S"管理规定，注重培养质量和成本意识、规范/公正/严谨/细致等良好的职业素养、劳动精神以及工匠精神。
8. 能够与班组长等相关人员进行有效沟通与合作，理解有效沟通和团队合作的重要性。

[建议学时]

24 学时

[工作情境描述]

某测量室接到生产部门的零件检测任务，零件图样如图 3-1 所示，测量特征布局图如图 3-2 所示，尺寸检测见表 3-1，要求检测零件是否合格。

1）完成尺寸检测表中零件尺寸项目的检测。

2）给出检测报告，检测报告输出项目包括尺寸名称、实测值、偏差值、超差值，格式为 PDF。

3）测量任务结束后，检测人员打印报告并签字确认。

[工作流程与活动]

1. 制订数控铣零件的测量方案（2 学时）。
2. 编写数控铣零件的自动测量程序并检测（20 学时）。
3. 尺寸评价及输出报告（2 学时）。

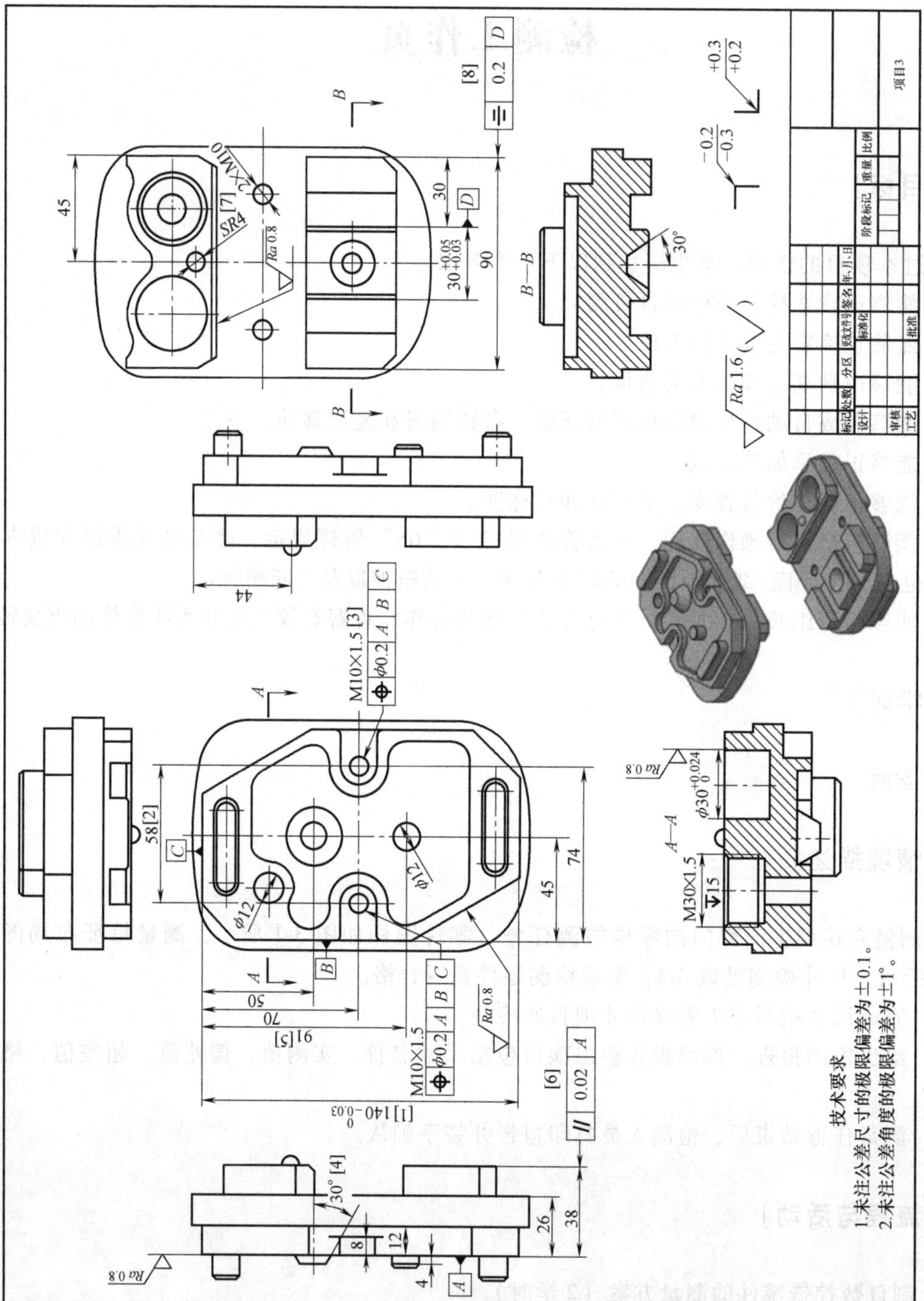

图 3-1 零件图样

技术要求
1. 未注公差尺寸的极限偏差为 ±0.1。
2. 未注公差角度的极限偏差为 ±1°。

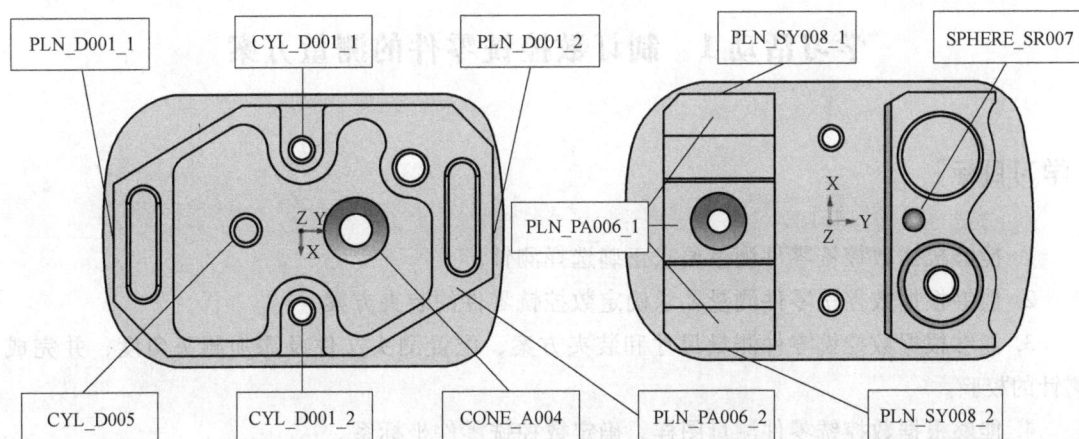

图 3-2　测量特征布局

表 3-1　尺寸检测

序号	尺寸	描述	理论值	上极限偏差	下极限偏差	实测值	偏差值	超差值
1	D001	尺寸 2D 距离（PLN_D001_1，PLN_D001_2）	140mm	0mm	−0.03mm			
2	D002	尺寸 2D 距离（CYL_D002_1，CYL_D002_2）	58mm	+0.1mm	−0.1mm			
3	P003	FCF 位置度（CYL_D002_1，CYL_D002_2）	0mm	+0.2mm	0mm			
4	A004	尺寸 2D 角度（CONE_A004）	30°	+1°	−1°			
5	D005	尺寸 2D 距离（CYL_D005）	91mm	+0.1mm	−0.1mm			
6	PA006	FCF 平行度（PLN_PA006_1，PLN_PA006_2）	0mm	+0.02mm	0mm			
7	SR007	尺寸 3D 球半径（SPHERE_SR007）	4mm	+0.1mm	−0.1mm			
8	SY008	FCF 对称度（PLN_SY008_1，PLN_SY008_2）	0mm	+0.2mm	0mm			

学习活动 1　制订数控铣零件的测量方案

[学习目标]

1. 能够根据数控铣零件测量要求正确选择测针。

2. 能够根据数控铣零件测量要求确定数控铣零件的装夹方案。

3. 能够根据数控铣零件测量尺寸和装夹方案，配置测头文件及添加测头角度，并完成测针的校验。

4. 能够根据数控铣零件测量图样，确定数控铣零件坐标系。

5. 能够根据数控铣零件测量尺寸、装夹方案、测头角度等因素，确定数控铣零件的测量策略。

6. 能够按要求完成本次学习活动工作页的填写。

[建议学时]

2 学时

引导问题 1：数控铣零件检测的尺寸有哪些？

一、确定检测尺寸

根据项目描述确定检测尺寸，填入表 3-2 中。

表 3-2　数控铣零件检测尺寸

序号	检测尺寸	理论值	上极限偏差	下极限偏差	备注
例	$140_{-0.03}^{0}\,\text{mm}$	140mm	0mm	−0.03mm	
	$SR4$	4mm	+0.1mm	−0.1mm	
	$30°±1°$	30°	+1°	−1°	
	⊟ | 0.2 | D	0mm	+0.2mm	0mm	

引导问题 2：要完成数控铣零件尺寸的检测，应如何选择测针？

二、测针选型

1. 测针长度分析

为了减少测量次数和测量误差，需要将零件立起来装夹。根据零件左、右两侧的特征分布及所需测量的尺寸范围，如图3-3所示，进行测针长度选择分析。根据分析推荐使用测针长度为____ mm。

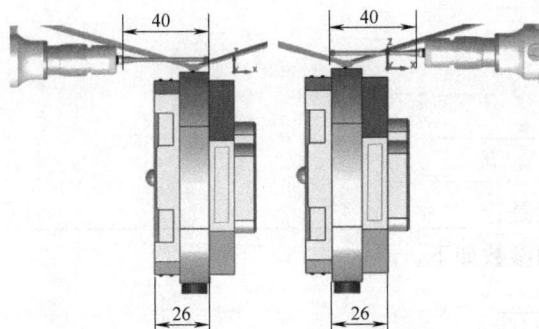

图 3-3 测针长度分析

2. 测针直径分析

由图样可知，需要测量的零件最小孔为 M10 螺纹孔，ϕ3mm 规格测针完全满足要求。根据零件测量尺寸，推荐使用测针长度为____ mm，直径为____ mm。

引导问题 3：根据数控铣零件测量尺寸，怎样装夹零件？

三、零件装夹

由于零件尺寸远小于测量机行程，装夹时应使零件适当居中，而且保留一定高度，避免测座旋转后达到"Z–"方向行程极限。

请完成数控铣零件的装夹，将装夹图画在表3-3中。

表 3-3 数控铣零件装夹图

数控铣零件 装夹图	

引导问题 4：根据零件测量尺寸和装夹方案，测头文件该怎样配置？都需要添加哪些测头角度？

四、测头校验

1）所用三坐标测量机的测头文件配置为：

_____

_____

_____

_____

_____

2）添加的测头角度是：_____

3）校验测头设置的参数如下。

测点数：_____

逼近/回退距离：_____

移动速度：_____

接触速度：_____

4）设置的测头校验层数、起始角、终止角分别如下。

层数：_____

起始角：_____

终止角：_____

【操作练习】 请完成三坐标测量机测头校验，将操作练习过程中遇到的问题及解决方法记录在表 3-4 中。

表 3-4 操作练习过程记录

遇到的问题及解决方法	
收获与反思	

引导问题 5：根据零件测量要求，零件坐标系建在哪里？

五、确定零件坐标系

在空间直角坐标系中，任意零件均有 6 个自由度，分别为沿 X、Y、Z 轴平移的（x，y，z）和绕 X、Y、Z 轴旋转的（u，v，w），如图 3-4 所示。

只要限制住 6 个自由度，就可以建立一个固定的坐标系，如图 3-5 所示。

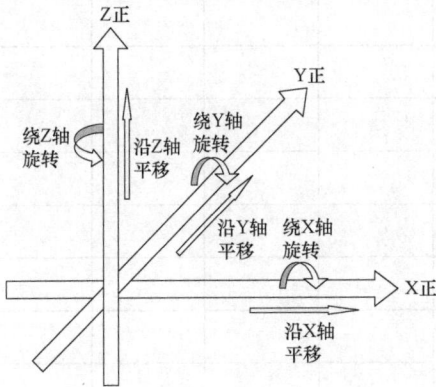

图 3-4　自由度

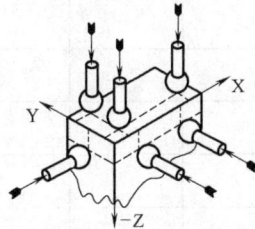

图 3-5　坐标系

本项目采用了 3 个相互垂直的平面作为坐标系建立的基准，已经充分考虑该零件的加工顺序及图样标注。为了便于理解，将零件坐标系的指向与测量机轴向保持一致。

1）第一基准平面的选择：第一找正平面由基准__确定。

2）第二基准平面的选择：第二找正平面由基准__确定。

3）第三基准平面的选择：第三找正平面由基准__确定。

4）零件坐标系建在哪个地方？请画在表 3-5 中。

表 3-5　数控铣零件坐标系

数控铣零件坐标系	

引导问题 6：要完成零件尺寸测量，需要测量什么几何特征？是否需要工作平面？对测量点数量是否有要求？

六、测量策略

零件的测量与零件装夹方案、测头角度、测针直径和长度、逼近/回退距离、工作平面、测量点数量、测量几何特征等因素有着直接的关系。所以零件测量前，需要制订好测量策略，目的是准确、高效地完成零件的测量。完成表3-6。

表 3-6 数控铣零件测量策略

序号	检测尺寸	几何特征类型	测针直径和长度	测头角度	逼近/回退距离	工作平面	测量点数量	备注
例	SR4mm	球	TIP3BY40	A90B90	2	X 负	12	
1								
2								
3								
4								
5								
6								
7								
8								

学习活动考核（表3-7）

表 3-7 制订数控铣零件的测量方案考核表

考核项目	考核内容	考核分值	考核结果	考核人
素养目标	遵守纪律	5		
	课堂互动	5		
	团队合作	5		
知识目标	测针选型	10		
	零件装夹	10		
	零件坐标系	10		
能力目标	按测量要求装夹零件	10		
	完成测头校验	15		
	确定零件坐标系	15		
	会制订测量策略	15		
小计		100		

[学习总结]

通过对本活动的学习，能够根据数控铣零件测量要求正确选择测针；能够根据数控铣零件测量要求确定数控铣零件的装夹方案；能够根据数控铣零件测量尺寸和装夹方案，配置测头文件并添加测头角度，完成测针的校验；能够根据数控铣零件的测量图样，确定数控铣零件坐标系；能够根据数控铣零件测量尺寸、数控铣零件装夹方案和测头角度等因素，确定数控铣零件的测量策略。

学习活动 2　编写数控铣零件的自动测量程序并检测

[学习目标]

1. 能够根据零件测量要求使用"3-2-1"法建立零件坐标系。
2. 能够识别基准和进行基准的测量。
3. 能够完成自动特征测量程序的新建、参数编辑和复制移动。
4. 能够正确添加移动点。
5. 能够按要求完成本次学习活动工作页的填写。

[建议学时]

20 学时

引导问题 1：根据零件测量要求，如何完成零件坐标系的创建？

一、建立手动零件坐标系

建立手动零件坐标系就是_____。

写出"3-2-1"法建立手动零件坐标系的步骤。

_____

_____

_____

_____

_____

_____

【操作练习】　请操作三坐标测量机，使用"3-2-1"法完成零件坐标系的创建，将操作练习过程中遇到的问题及解决方法记录在表 3-8 中。

表 3-8　操作练习过程记录

遇到的问题及解决方法	
收获与反思	

二、建立自动零件坐标系

建立自动零件坐标系就是_____。

自动测量过程中移动点添加思路：添加移动点是自动测量过程中保证元素与元素测量在测量机运行过程中无缝衔接的最有效途径。图 3-6 所示为移动点添加示意图。

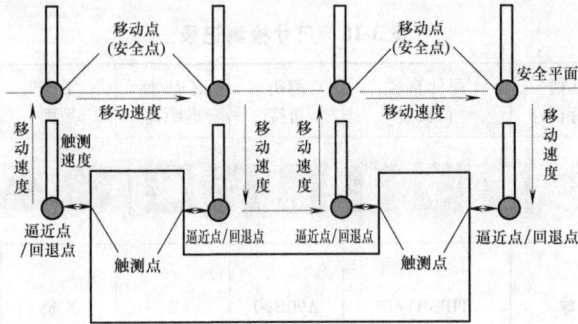

图 3-6 移动点添加示意图

写出"面—面—面"精建坐标系的步骤。

_____

_____

_____

_____

_____

【操作练习】 请操作三坐标测量机，使用"面—面—面"完成零件坐标系的创建，将操作练习过程中遇到的问题及解决方法记录在表 3-9 中。

表 3-9 操作练习过程记录

遇到的问题及解决方法	
收获与反思	

引导问题 2：自动测量零件时，需要用到哪些命令完成测量呢？

三、自动测量几何特征

【操作练习】 请操作三坐标测量机，完成零件尺寸的检测，将结果记录在表 3-10 中，将操作练习过程中遇到的问题及解决方法记录在表 3-11 中。

表 3-10　尺寸检测记录

序号	检测尺寸	几何特征	测针直径和长度	测头角度	逼近/回退距离	工作平面	测量点数量	测量命令
例	SR4mm	球	TIP3BY40	A90B90	2	X 负	12	
1								
2								
3								
4								
5								
6								
7								
8								

表 3-11　操作练习过程记录

遇到的问题及解决方法	
收获与反思	

学习活动考核（表 3-12）

表 3-12 编写数控铣零件的自动测量程序并检测考核表

考核项目	考核内容	考核分值	考核结果	考核人
素养目标	遵守纪律	5		
	课堂互动	5		
	团队合作	5		
知识目标	建立手动零件坐标系	10		
	建立自动零件坐标系	10		
	移动点的添加	10		
能力目标	正确建立零件坐标系	10		
	完成所有尺寸检测程序的编写	15		
	合理分布测量点位置	15		
	自动测量数控铣零件的几何特征	15		
小计		100		

[学习总结]

通过对本活动的学习，能够根据零件测量要求使用"3-2-1"法建立零件坐标系；能够识别基准和进行基准的测量；能够完成自动特征测量程序的新建、参数编辑和复制移动；能够正确添加移动点。

学习活动3 尺寸评价及输出报告

[学习目标]

1. 能够正确评价位置度、平行度、对称度等几何公差。
2. 能够按要求完成本次学习活动工作页的填写。

[建议学时]

2学时

引导问题1：测量完几何特征后，需要用到哪些命令完成尺寸的评价？

一、工作平面和投影平面

工作平面是一个_____，类似图样上的三视图，工作时从这个视图角度往外看。假定在Z+平面工作，那么工作平面就是Z+平面；若待测量元素在右侧面，那么工作平面是X+平面。测量时，通常在一个工作平面上测量完所有的几何特征以后，再切换至另一个工作平面，接着测量该工作平面上的几何特征。工作平面选取如图3-7所示。

图 3-7 工作平面选取

二、尺寸评价

【操作练习】 请操作三坐标测量机，完成零件尺寸的评价，将结果记录在表3-13中，将操作练习过程中遇到的问题及解决方法记录在表3-14中。

表 3-13 尺寸评价记录

序号	检测尺寸	几何特征	评价命令	工作平面	使用标准	备注
例	SR4mm	球1		X负	ISO	
1						
2						

（续）

序号	检测尺寸	几何特征	评价命令	工作平面	使用标准	备注
3						
4						
5						
6						
7						
8						

表 3-14　操作练习过程记录

遇到的问题及解决方法	
收获与反思	

引导问题 2：尺寸评价完成后，如何输出检测报告？

三、报告输出

1. 报告窗口介绍

尺寸误差评价是三坐标测量技术最终的落脚点，尺寸评价功能用于评价尺寸误差和几何误差。

PC-DMIS 软件支持所有类型的尺寸误差和几何误差评价，功能入口：单击"____"→"____"按钮，所插入的评价在报告中体现，需要勾选"_____"→"_____"，如图 3-8 所示。

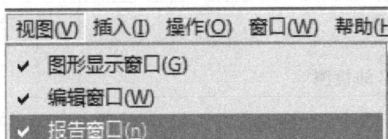

视图(V)	插入(I)	操作(O)	窗口(W)	帮助(H)

✔　图形显示窗口(G)
✔　编辑窗口(W)
✔　报告窗口(n)

图 3-8　"报告窗口"显示

熟练编辑测量报告的前提是了解软件报告窗口常用命令按钮，报告窗口如图 3-9 所示。

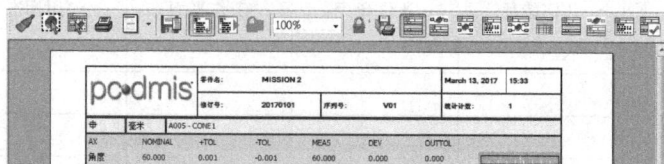

图 3-9　报告窗口

1）报告——按钮 ⬜，用于重新生成报告。

2）报告——按钮 ⬜，用于打印报告。

3）报告——按钮 ⬜，用于生成测量例程中自第一条命令至最后一条命令的报告。

4）_____报告按钮 ⬜，用于查看上次执行过程中包含的报告项目，排列顺序与执行顺序相同。

5）_____报告按钮 ⬜，PC-DMIS 默认报告模版。

以上几个命令按钮涉及初步学习中比较常用的功能，需要熟练掌握。

可通过快捷键<Ctrl+Tab>实现"_____"和"_____"的切换。

2. 写出报告输出步骤

学习活动考核（表 3-15）

表 3-15　尺寸评价及输出报告考核表

考核项目	考核内容	考核分值	考核结果	考核人
素养目标	遵守纪律	5		
	课堂互动	5		
	团队合作	5		
知识目标	位置度评价	10		
	平行度评价	10		
	对称度评价	10		
能力目标	尺寸 $SR4mm$ 的检测	10		
	角度30°的检测	15		
	⟱ 0.2 D 的检测	15		
	报告输出	15		
小计		100		

[学习总结]

通过对本活动的学习，能够正确评价位置度、平行度和对称度等几何公差。

项目4 数控车零件的自动测量程序编写及检测工作页

[学习目标]

通过本项目的学习，学生应达到以下基本要求。

1. 能够正确设置三坐标测量机温度补偿。
2. 能够正确完成星形测针校验。
3. 能够正确建立单轴坐标系和回转体零件公共轴线坐标系。
4. 能够正确使用多探针测量。
5. 能够正确完成同轴度、圆跳动、全跳动等几何公差测量及评价。
6. 能够严格执行操作规程、现场管理规定和"6S"管理规定，注重培养质量和成本意识、规范/公正/严谨/细致等良好的职业素养、劳动精神以及工匠精神。
7. 能够与班组长等相关人员进行有效沟通与合作，理解有效沟通和团队合作的重要性。

[建议学时]

24 学时

[工作情境描述]

某测量室接到生产部门的零件检测任务，零件图样如图 4-1 所示，测量特征布局图如图 4-2 所示，尺寸检测表见表 4-1，要求检测零件是否合格。

1）完成尺寸检测表中尺寸项目的检测。

2）给出检测报告，检测报告输出项目包括尺寸名称、实测值、偏差值、超差值，格式为 PDF 文件。

3）测量任务结束后，检测人员打印报告并签字确认。

[工作流程与活动]

1. 制订数控车零件的测量方案（2 学时）。
2. 编写数控车零件的自动测量程序并检测（20 学时）。
3. 尺寸评价及输出报告（2 学时）。

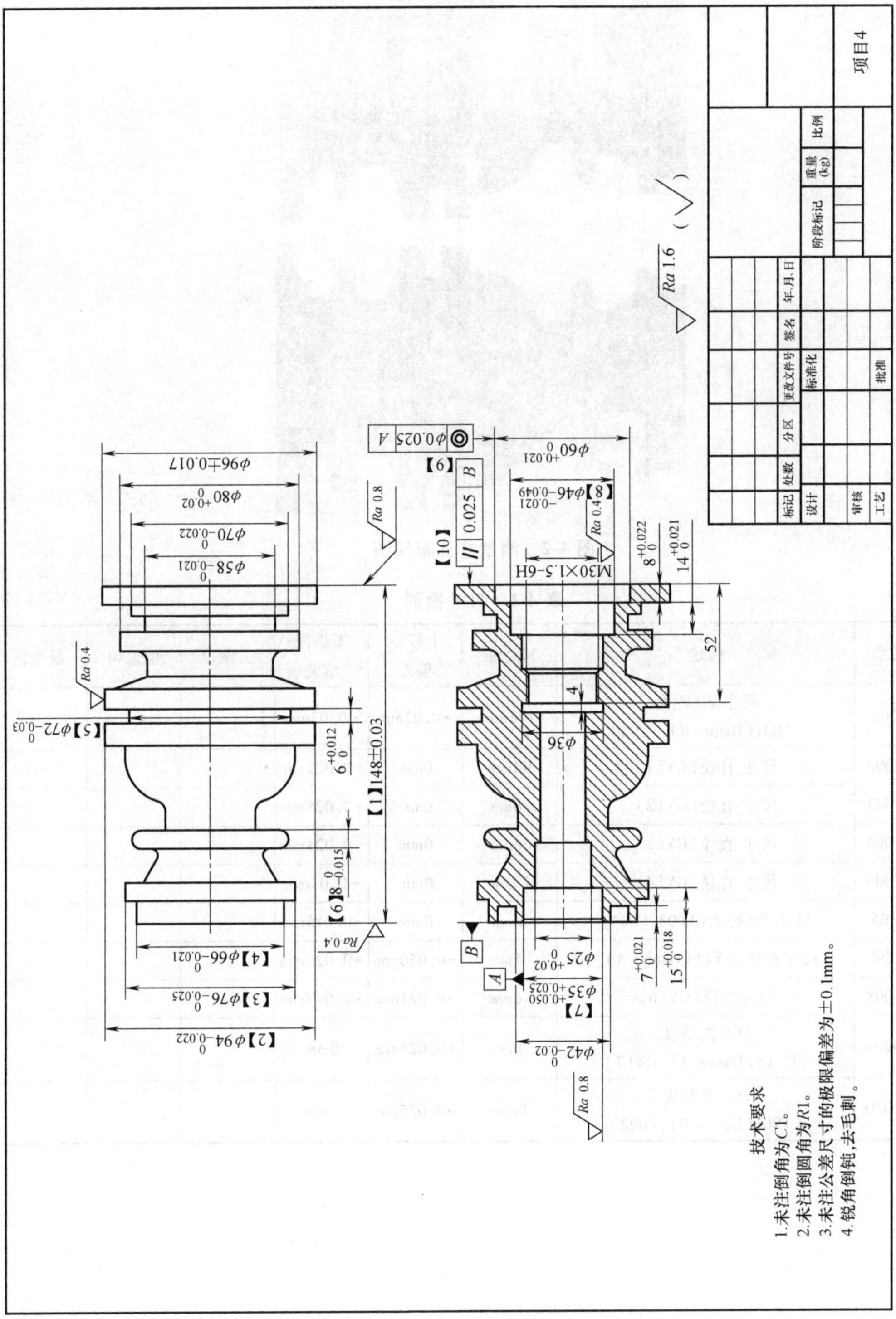

图 4-1　零件图样

技术要求
1. 未注倒角为C1。
2. 未注倒圆角为R1。
3. 未注公差尺寸的极限偏差为±0.1mm。
4. 锐角倒钝，去毛刺。

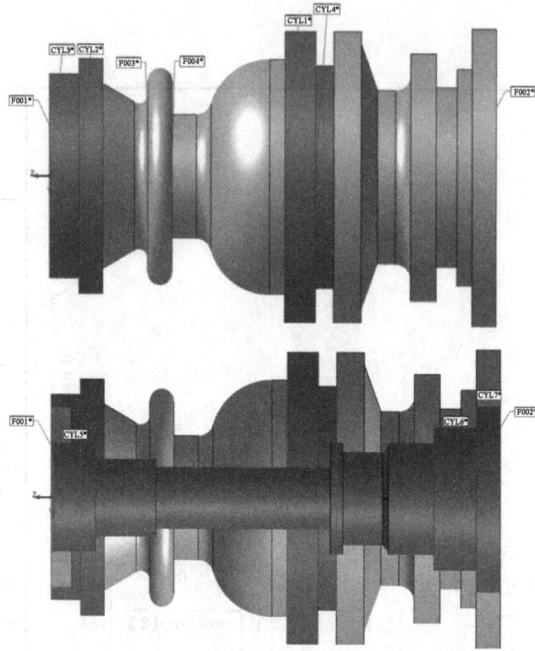

图 4-2 测量特征布局图

表 4-1 尺寸检测

序号	尺寸	描述	理论值	上极限偏差	下极限偏差	实测值	偏差值	超差值
1	D001	尺寸 2D 距离[F001(Datum B),F002]	148mm	+0.03mm	−0.03mm			
2	DF002	尺寸 直径(CYL1)	94mm	0mm	−0.022mm			
3	DF003	尺寸 直径(CYL2)	76mm	0mm	−0.025mm			
4	DF004	尺寸 直径(CYL3)	66mm	0mm	−0.021mm			
5	DF005	尺寸 直径(CYL4)	72mm	0mm	−0.03mm			
6	D006	尺寸 2D 距离(F003,F004)	8mm	0mm	−0.015mm			
7	DF007	尺寸直径[CYL5(Datum A)]	35mm	+0.050mm	+0.025mm			
8	DF008	尺寸直径(CYL6)	46mm	−0.021mm	−0.049mm			
9	CO009	FCF 同轴度[CYL5(Datum A),CYL7]	0mm	+0.025mm	0mm			
10	PA010	FCF 平行度[F001(Datum B),F002]	0mm	+0.025mm	0mm			

学习活动 1　制订数控车零件的测量方案

[学习目标]

1. 能够正确选择三坐标测量机测针。
2. 能够根据数控车零件的测量要求确定数控车零件的装夹方案。
3. 能够根据数控车零件的测量尺寸和数控车零件装夹方案配置测头文件及添加测头角度，并且完成星形测针的校验。
4. 能够正确设置三坐标测量机温度补偿。
5. 能够根据数控车零件的测量尺寸、数控车零件装夹方案、测头角度等因素，确定数控车零件的测量策略。
6. 能够按要求完成本次学习活动工作页的填写。

[建议学时]

2 学时

引导问题 1：数控车零件检测的尺寸有哪些呢？

一、确定检测尺寸

根据项目描述确定检测尺寸，填写入表 4-2 中。

表 4-2　数控车零件检测尺寸

序号	检测尺寸	理论值	上极限偏差	下极限偏差	备注
例	148 ± 0.03mm	148mm	+0.03mm	-0.03mm	
	$\phi94^{\ 0}_{-0.022}$mm	94mm	0mm	-0.022mm	
	$8^{\ 0}_{-0.015}$mm	8mm	0mm	-0.015mm	
	$\boxed{// \ \ 0.025 \ \ B}$	0mm	+0.025mm	0mm	

引导问题 2：要完成数控车零件尺寸的检测，测针应如何选择？

二、三坐标测量机常用测针类型

三坐标测量机常用测针类型有直测针、星形测针、盘形测针和柱形测针（图 4-3）。

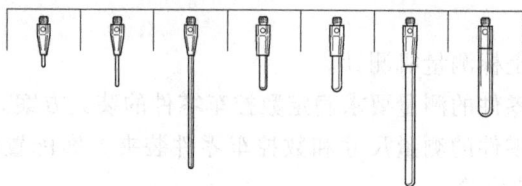

图 4-3　柱形测针

三、测针选型

1）根据零件外部尺寸（图 4-4）和内部尺寸（图 4-5），推荐使用星形测针，测针长度为_____ mm，直径为_____ mm。

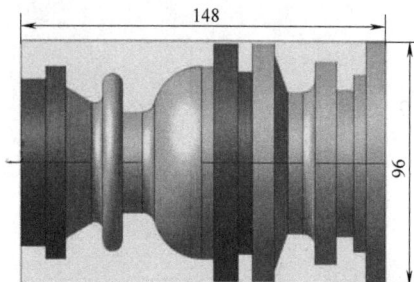

图 4-4　外部尺寸

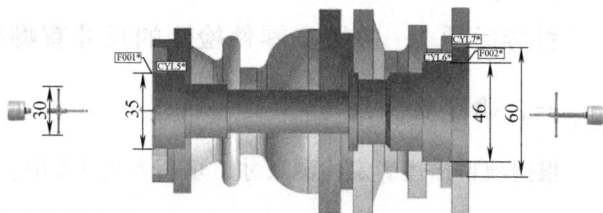

图 4-5　内部尺寸

2）星形测针的安装。

① 将图 4-6 所示测针连接螺纹从星形测针中心孔穿过。

② 使测针螺纹与测头连接，旋紧前保证星形测针水平方向与机器坐标系轴向大致_____，避免测量时测针干涉，如图 4-7 所示。

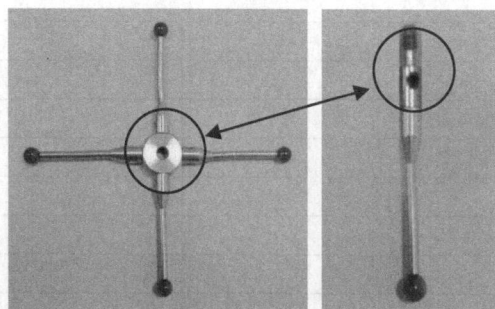

图 4-6　星形测针安装

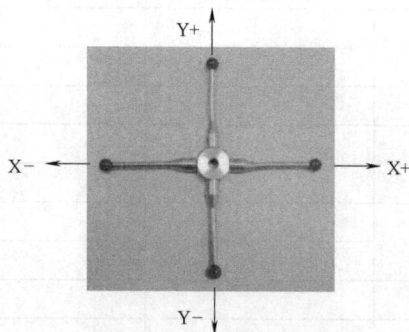

图 4-7　测针的安装方向（俯视图）

引导问题 3：根据数控车零件的测量尺寸，怎样装夹零件？

四、零件装夹

1）V 形块介绍。V 形块按 JB/T 8047—2023 标准制造，如图 4-8 所示。V 形槽角度为 _____，以 _____ 居多。其结构尺寸已经标准化（JB/T 8018. 1—1999）。

V 形块适用于精密轴类零部件的检测、定位及机械加工中的装夹。一般 V 形块都是一副两块，两块的平面与 V 形槽都是在一次安装中磨出的。

机械制造技术中，采用 V 形块定位有以下突出优点。

① 方便简单，成本低廉，是机械加工常用的附件，对于检测部门来说也是必备附件。

② 一般与压板和螺栓结合起来使用，再辅以挡铁等夹具就可以很快地对零件进行定位和固定，对于回转体零件效果最好。

图 4-8　V 形块

本项目零件两端内孔都有需要检测的特征，因此只能水平放置。另外，需要注意的是，装夹零件时需要适当抬高，这样测座旋转为水平状态后可以有效保证 Z 负方向的测量行程。

2）请完成数控车零件的装夹，将装夹图画在表 4-3 中。

表 4-3　数控车零件装夹图

数控车零件装夹图	

引导问题 4：根据零件测量尺寸、零件装夹方案，如何配置测头文件？都需要添加哪些测头角度？

五、测头校验

1）所用三坐标测量机的测头文件配置为：

_____

_____

_____

_____

_____

_____

_____

2）添加的测头角度为：_____

3）校验测头设置的参数如下。

测点数：

逼近/回退距离：_____

移动速度：_____

接触速度：_____

4）设置的测头校验层数、起始角、终止角分别如下。

层数：_____

起始角：_____

终止角：_____

【操作练习】 请完成三坐标测量机测头校验，将操作练习过程中遇到的问题及解决方法记录在表 4-4 中。

表 4-4　操作练习过程记录

遇到的问题及解决方法	
收获与反思	

引导问题 5：为了保证测量精度，三坐标测量机需要温度补偿，如何设置三坐标测量机的温度补偿？

1）温度对三坐标测量机测量精度的影响。三坐标测量机对温度的要求是保障精度的先决条件，温度对三坐标测量机精度的影响是非常大的，也是众多影响测量机精度因素中比较好控制的。

三坐标测量机的校准、使用温度要求为 20℃，也要求被测零件的温度要尽量在为 20℃为标准的一个恒定温度区间内。因此，被测产品从加工完毕到最终放置在测量机平台上检测，必须预留一段时间使零件恒温，完成部分加工应力释放，最终达到满足测量要求的恒定状态。

为了加快测量节奏，推荐使用_____技术，零件通过温度传感器检测后如果显示温度达标，则可进行接下来的测量。

2）写出三坐标测量机温度补偿设置的步骤。

_____

_____

_____

_____

_____

_____

引导问题 6：根据零件测量要求，零件坐标系建在哪里？

六、确定零件坐标系

1）首先进行图样分析，本项目产品为回转体零件，图样中明确标注了基准 A、基准 B，如图 4-9 所示。

2）其次，需要确认使用基准 A 找正还是使用基准 B 找正。

对于数控车零件，加工回转轴为基准 A，而且从使用功能分析，首先要保证回转轴的方向。因此，本项目使用基准 A 找正，并且使用该基准将与此基准轴垂直的两个轴置零。

3）使用基准 B 将找正的轴置零。这样，零件坐标系得到确定。

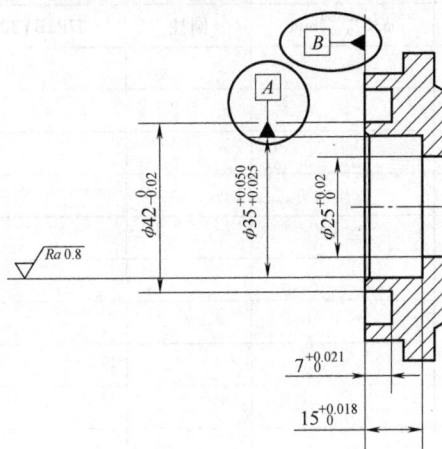

图 4-9　图样基准

4）零件坐标系建在什么地方？请画在表 4-5 中。

表 4-5　数控车零件坐标系

数控车零件坐标系	

引导问题 7：要完成零件的尺寸测量，需要测量什么几何特征？是否需要工作平面？对测量点的数量是否有要求？

七、测量策略

零件的测量与零件装夹方案、测头角度、测针直径和长度、逼近/回退距离、工作平面、测量点数量、测量几何特征等因素有着直接的关系。所以零件测量前，需要制订好测量策略，目的是准确、高效地完成零件的测量。完成表 4-6。

表 4-6 数控车零件测量策略

序号	检测尺寸	几何特征类型	测针直径和长度	测头角度	逼近/回退距离	工作平面	测量点数量	备注
例	$\phi35^{+0.050}_{+0.025}$mm	圆柱	TIP2BY30	A-90B0	2	Y 负	8	
1								
2								
3								
4								
5								
6								
7								
8								
9								
10								

学习活动考核（表 4-7）

表 4-7 制订数控车零件的测量方案考核表

考核项目	考核内容	考核分值	考核结果	考核人
素养目标	遵守纪律	5		
	课堂互动	5		
	团队合作	5		
知识目标	测针选型	10		
	零件装夹	10		
	零件坐标系	10		
能力目标	按测量要求装夹零件	10		
	完成测头校验	15		
	确定零件坐标系	15		
	会制订测量策略	15		
小计		100		

[学习总结]

通过对本活动的学习，能够正确选择三坐标测量机测针；能够根据数控车零件的测量要求确定数控车零件的装夹方案；能够根据数控车零件的测量尺寸、装夹方案，配置测头文件及添加测头角度，并完成星形测针的校验；能够正确设置三坐标测量机温度补偿；能够根据数控车零件的测量尺寸、装夹方案、测头角度等因素，确定数控车零件的测量策略。

学习活动 2　编写数控车零件的自动测量程序并检测

[学习目标]

1. 能够正确建立单轴坐标系和回转体零件公共轴线坐标系。
2. 能够正确使用多探针测量。
3. 能够正确完成同轴度、圆跳动、全跳动等几何误差的测量。
4. 能够按要求完成本次学习活动工作页的填写。

[建议学时]

20 学时

引导问题 1：根据零件测量要求，如何完成零件坐标系的创建？

一、建立单轴坐标系

1. 粗建坐标系

测量基准 A，圆柱孔需要测量 8 个点，分两层测量。应尽量保证圆柱测量长度，同时避免测针杆与孔内壁发生干涉，如图 4-10 所示。

测量基准 B，外环面需要测量 3 个点，注意不要在环面边缘处采集测点，如图 4-11 所示。

图 4-10　基准 A 的测量

图 4-11　基准 B 的测量

写出粗建坐标系的步骤。

_____

_____

_____

_____

【操作练习】　请操作三坐标测量机，使用单轴坐标系的建立方法完成零件坐标系的创建，将操作练习过程中遇到的问题及解决方法记录在表 4-8 中。

表 4-8　操作练习过程记录

遇到的问题及解决方法	
收获与反思	

2. 精建坐标系

写出精建坐标系的步骤。

引导问题 2：自动测量零件时，需要用到哪些命令完成测量？

二、自动测量几何特征

1. 自动平面触发测量策略

"TTP 平面圆"策略和"TTP 自由形状平面"策略功能是 PC-DMIS 软件 2015 版之后推出的功能，适用于具有复杂边界的平面或环形平面的自动测量。

"TTP 平面圆"策略功能适用于＿＿＿＿＿＿＿＿，尤其适用于多个有固定间距的环形平面组的测量。本项目需要根据图样输入环形面理论圆心坐标及平面矢量。

采用"TTP 自由形状平面"策略功能，当使用 CAD 数模编程时，可以通过选择数模平面获取平面的理论值；如果不具备产品数模，可以在零件上用测头按要求位置触发测点生成命令；在具备数模时，其功能优势更加明显。

2. 公共基准的概念及测量

在轴类产品的测量中，经常会看到公共基准的标注，典型格式为：A—B。公共基准由于设计思路特殊，其测量方法和应用方法对于是否遵从图样设计至关重要。

公共基准的概念：公共基准由两个或两个以上需同时考虑的基准要素建立，主要有 _____、_____、_____ 等。

公共基准轴线：由两个或两个以上的轴线组合形成公共基准轴线时，基准由一组满足同轴约束的圆柱面或圆锥面在实体外、同时对各基准要素或其提取组成要素（或提取圆柱面、或提取圆锥面）进行拟合得到的拟合组成要素的方位要素（或拟合导出要素）建立，公共基准轴线为这些提取组成要素所共有的拟合导出要素（拟合组成要素的方位要素），如图4-12所示。

参与公共基准建立的元素原则上定位和定向的作用是平等的，因此可以当作同一个元素来测量。如图4-13所示，在基准 A 测量多层截圆，套用每层圆的中点；同样在基准 B 执行此操作，最终将所有套用（构造点功能）得到的中点拟合（构造直线功能）为一条3D空间轴线。

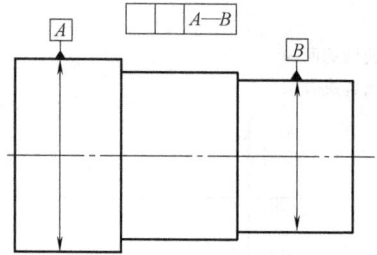

图4-12 公共基准轴线

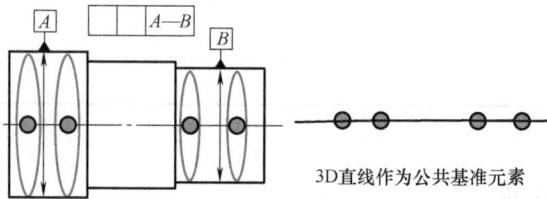

3D直线作为公共基准元素

图4-13 公共基准的测量

【操作练习】 请操作三坐标测量机，完成零件尺寸的检测，将结果记录在表4-9中，将操作练习过程中遇到的问题及解决方法记录在表4-10中。

表4-9 尺寸检测记录

序号	检测尺寸	几何特征	测针直径和长度	测头角度	逼近/回退距离	工作平面	测量点数量	测量命令
例	$\phi35^{+0.050}_{+0.025}$mm	圆柱	TIP2BY30	A-90B0	2	Y 负	8	
1								
2								
3								
4								
5								
6								

（续）

序号	检测尺寸	几何特征	测针直径和长度	测头角度	逼近/回退距离	工作平面	测量点数量	测量命令
7								
8								
9								
10								

表 4-10　操作练习过程记录

遇到的问题及解决方法	
收获与反思	

学习活动考核（表 4-11）

表 4-11　编写数控车零件的自动测量程序并进行检测考核表

考核项目	考核内容	考核分值	考核结果	考核人
素养目标	遵守纪律	5		
	课堂互动	5		
	团队合作	5		
知识目标	星形测针的校验	10		
	单轴坐标系的建立方法	10		
	公共轴线的建立方法	10		
能力目标	正确建立零件坐标系	10		
	完成所有尺寸检测程序的编写	15		
	合理分布测量点位置	15		
	自动测量数控车零件的几何特征	15		
小计		100		

[学习总结]

通过对本活动的学习，能够正确建立单轴坐标系和回转体零件公共轴线坐标系；能够正确使用多探针测量；能够正确完成同轴度、圆跳动、全跳动等几何误差的测量。

学习活动 3　尺寸评价及输出报告

[学习目标]

1. 能够正确完成同轴度、圆跳动、全跳动等几何公差评价。
2. 能够按要求完成本次学习活动工作页的填写。

[建议学时]

2 学时

引导问题 1：测量完几何特征后，需要用到哪些命令完成尺寸的评价？

一、平行度评价

平行度评价参数设置界面有"偏差方向"按钮，对于平行度尺寸评价，该设置定义了平行度公差带的偏差方向，如图 4-14 所示。

注意："偏差方向"功能只对于平面公差带起作用，如果设置为圆形公差带（φ），则该按钮不会显示，如图 4-15 所示。

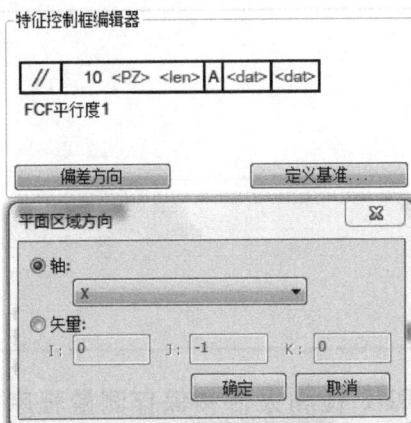

图 4-14　平行度评价

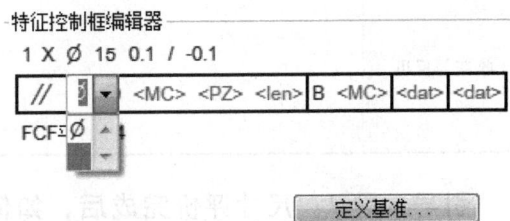

图 4-15　圆形公差带设置

"偏差方向"设置原则：平行公差带的默认偏差方向由特征的_____决定。要求基准特征的理论矢量必须与图样保持一致，这里不需要进行"偏差方向"的设置。

注意：对于特殊公差带方向（指定公差带矢量）的平行度评价，偏差方向必须按照要求填入，如图 4-16 所示。

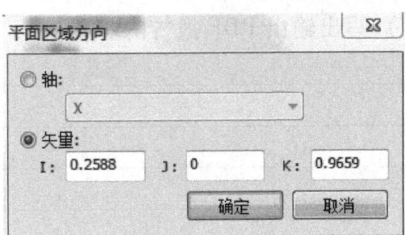

图 4-16　平面区域方向设置

二、尺寸评价

【操作练习】 请操作三坐标测量机软件，完成零件尺寸的评价，将结果记录在表 4-12 中，将操作练习过程中遇到的问题及解决方法记录在表 4-13 中。

表 4-12 尺寸评价记录

序号	检测尺寸	几何特征	评价命令	工作平面	使用标准	备注
	⊞ ⊕ ⋈ ◿ ◎ ◉ ◯ ∩ ─ ⊡ ⊥ ∥ ⊿ ↗ ◠ ⌒ ∠ ≡ 　1					
例	$\phi35^{+0.050}_{+0.025}$ mm	圆柱 1	⊞	Y 负	ISO	
1						
2						
3						
4						
5						
6						
7						
8						
9						
10						

表 4-13 操作练习过程记录

遇到的问题 及解决方法	
收获与反思	

引导问题 2：尺寸评价完成后，如何输出 PDF 检测报告和保存测量程序？

三、报告输出和保存测量程序

1）写出输出 PDF 报告的步骤。

2）写出保存测量程序的步骤。

学习活动考核（表4-14）

表4-14 尺寸评价及输出报告考核表

考核项目	考核内容	考核分值	考核结果	考核人
素养目标	遵守纪律	5		
	课堂互动	5		
	团队合作	5		
知识目标	同轴度评价	10		
	平行度评价	10		
	圆跳动和全跳动评价	10		
能力目标	尺寸 $\phi72_{-0.03}^{0}$ mm 的检测	10		
	◎ $\phi0.025$ A 的检测	15		
	∥ 0.025 B 的检测	15		
	PDF 报告输出和测量程序的保存	15		
小计		100		

[**学习总结**]

通过对本活动的学习，能够正确完成同轴度、圆跳动、全跳动等几何公差评价。

项目5 发动机缸体的自动测量程序编写及检测工作页

通过本项目的学习，学生应达到以下基本要求。

1. 能够正确完成"一面两销"类基准坐标系建立。
2. 能够叙述缸体类零件重点特征（缸孔、凸轮轴孔）的检测要求。
3. 能够正确使用基本圆扫描功能。
4. 能够正确测量斜圆孔尺寸。
5. 能够正确完成面轮廓度测量及评价。
6. 能够正确完成孔组位置度及复合位置度评价。
7. 能够严格执行操作规程、现场管理规定和"6S"管理规定，注重培养质量和成本意识、规范/公正/严谨/细致等良好的职业素养、劳动精神以及工匠精神。
8. 能够与班组长等相关人员进行有效沟通与合作，理解有效沟通和团队合作的重要性。

[建议学时]

32学时

[工作情境描述]

某测量室接到生产部门的零件检测任务，零件图样如图5-1所示，测量特征布局图如图5-2所示，尺寸检测表见表5-1，要求检测零件是否合格。

1）完成尺寸检测表中零件尺寸项目的检测。

2）给出检测报告，检测报告输出项目包括尺寸名称、实测值、偏差值、超差值，格式为PDF。

3）测量任务结束后，检测人员打印报告并签字确认。

[工作流程与活动]

1. 制订发动机缸体的测量方案（2学时）
2. 编写发动机缸体的自动测量程序并检测（28学时）
3. 尺寸评价及输出报告（2学时）

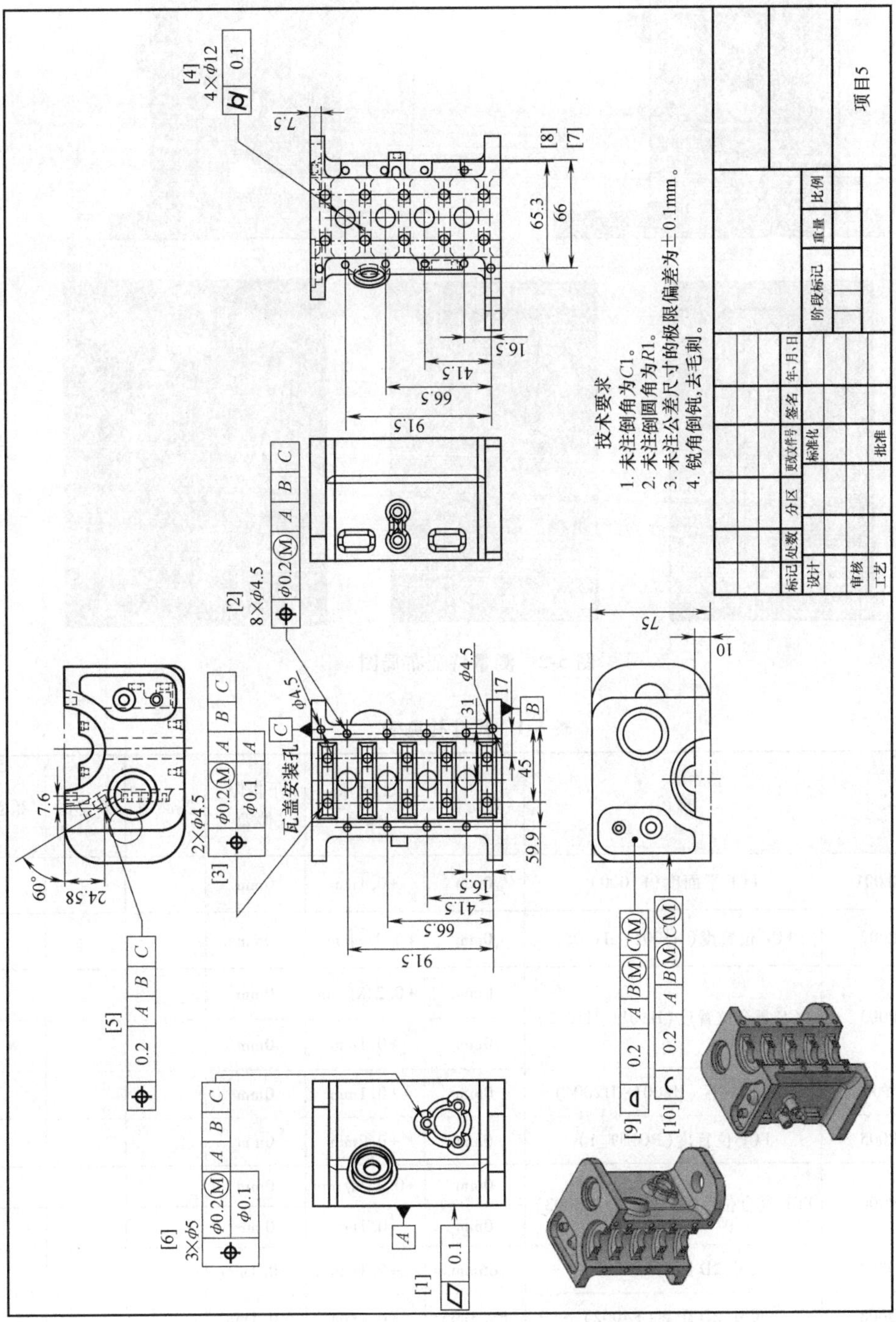
技术要求
1. 未注倒角为C1。
2. 未注倒圆角为R1。
3. 未注公差尺寸的极限偏差为±0.1mm。
4. 锐角倒钝，去毛刺。
瓦盖安装孔
[1]
[2]
8×ϕ4.5
[3]
2×ϕ4.5
[4]
4×ϕ12
[5]
[6]
3×ϕ5
[7]
[8]
[9]
[10]
91.5
66.5
41.5
16.5
65.3
66
7.5
75
10
45
59.9
31
17
7.6
24.58
60°
标记
处数
分区
更改文件号
签名
年、月、日
设计
标准化
阶段标记
重量
比例
审核
工艺
批准
项目5

图 5-1　零件图样

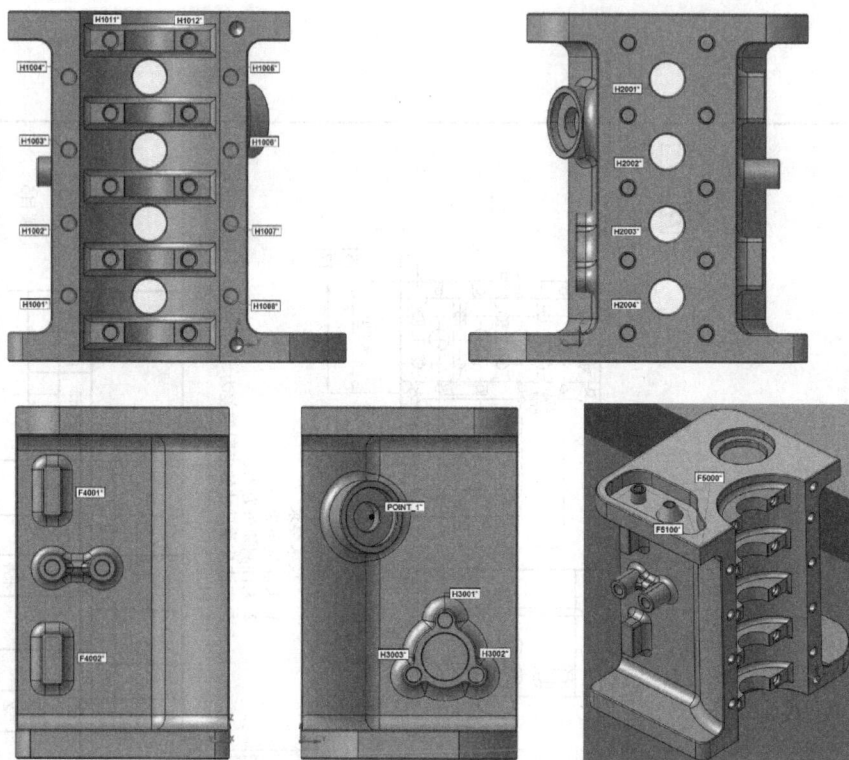

图 5-2　测量特征布局图

表 5-1　尺寸检测表

序号	尺寸	描述	理论值	上极限偏差	下极限偏差	实测值	偏差值	超差值
1	FL001	FCF 平面度（F1000）	0mm	+0.1mm	0mm			
2	P002	FCF 位置度（H1001～H1008）	0mm	+0.2 Ⓜ mm	0mm			
3	P003	FCF 复合位置度（H1011、H1012）	0mm	+0.2 Ⓜ mm	0mm			
			0mm	+0.1mm	0mm			
4	CY004	FCF 圆柱度（H2001～H2004）	0mm	+0.1mm	0mm			
5	P005	FCF 位置度（POINT_1）	0mm	+0.2mm	0mm			
6	P006	FCF 复合位置度（H3001～H3003）	0mm	+0.2 Ⓜ mm	0mm			
			0mm	+0.1mm	0mm			
7	D007	尺寸 2D 距离（F4001）	66mm	+0.1mm	−0.1mm			
8	D008	尺寸 2D 距离（F4002）	65.3mm	+0.1mm	−0.1mm			
9	PS009	FCF 面轮廓度（F5000）	0mm	+0.2mm	0mm			
10	PS010	FCF 线轮廓度（F5100）	0mm	+0.2mm	0mm			

学习活动 1　制订发动机缸体的测量方案

[学习目标]

1. 能够根据发动机缸体零件的测量要求正确选择测针。
2. 能够根据发动机缸体的测量要求确定发动机缸体的装夹方案。
3. 能够根据发动机缸体的测量尺寸、发动机缸体的装夹方案，配置测头文件及添加测头角度。
4. 能够根据发动机缸体测量图样，确定发动机缸体坐标系。
5. 能够根据发动机缸体的测量尺寸、发动机缸体的装夹方案、测头角度等因素，确定发动机缸体的测量策略。
6. 能够按要求完成本次学习活动工作页的填写。

[建议学时]

2 学时

引导问题 1：发动机缸体检测的尺寸有哪些呢？

一、确定检测尺寸

根据本项目描述确定检测尺寸。

表 5-2　发动机缸体检测尺寸

序号	检测尺寸	理论值	上极限偏差	下极限偏差	备注
例	66mm±0.1mm	66mm	+0.1mm	−0.1mm	
	▱ 0.1	0mm	+0.1mm	0mm	

引导问题 2：要完成发动机缸体尺寸的检测，测针应如何选择？

二、测针选型

1）选择 HP-TM-SF 触发式测头，如图 5-3 所示。

2）测头碳纤维测针加长能力如图 5-4 所示。

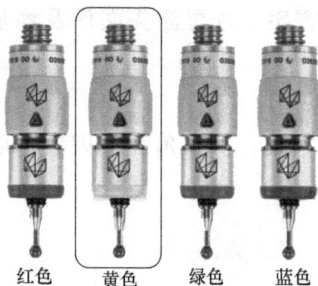

图 5-3 HP-TM-SF 触发式标测力测头

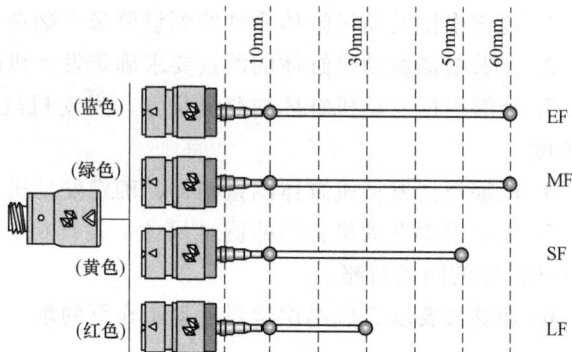

图 5-4 测针加长能力

3）根据零件测量尺寸，最小孔径为 4.5mm，推荐使用的测针长度为____ mm，直径为____ mm。

引导问题 3：根据发动机缸体测量尺寸，怎样装夹零件？

三、零件装夹

1）装夹姿态分析如图 5-5 所示，步骤如下。

① _____

② _____

③ _____

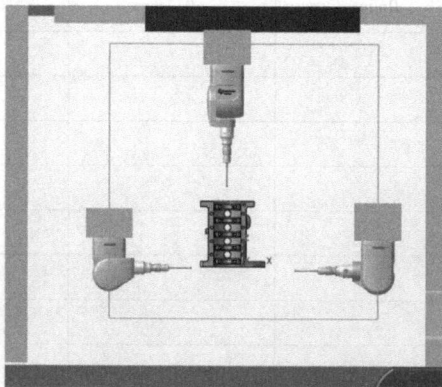

图 5-5 装夹姿态分析

2）请完成发动机缸体零件的装夹，将装夹图画在表 5-3 中。

表 5-3　发动机缸体装夹图

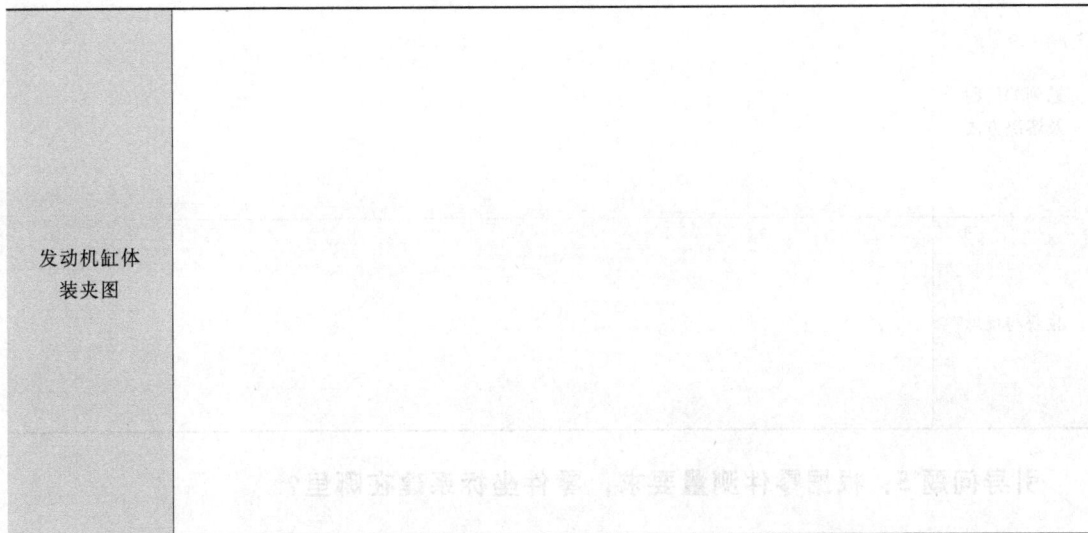

发动机缸体 装夹图	

引导问题 4：根据零件测量尺寸、零件装夹方案，测头文件该如何配置？都添加了哪些测头角度？

四、测头校验

1）所用三坐标测量机的测头文件配置为：

_____

_____

_____

_____

_____

2）添加的测头角度是：_____

3）校验测头设置的参数如下。

测点数：_____

逼近/回退距离：_____

移动速度：_____

接触速度：_____

4）设置的测头校验层数、起始角、终止角分别如下。

层数：_____

起始角：_____

终止角：_____

【操作练习】　请完成三坐标测量机测头校验，将操作练习过程中遇到的问题及解决方法记录在表 5-4 中。

表 5-4　操作练习过程记录

遇到的问题 及解决方法	
收获与反思	

引导问题 5：根据零件测量要求，零件坐标系建在哪里？

五、确定零件坐标系

1）外部坐标系创建主要适用于同一批零件大批量检测的场合。外部坐标系文件（.aln）记录了零件相对于测量机的方向和位置，实际使用中有两大优势。

① 测量程序调用外部坐标系后，可以直接切换为"DCC"模式，自动运行。

② 由于夹具调整等原因导致零件方位变化后，可以重新运行外部坐标系程序，找到当前的新方位，不影响零件的批量检测。

2）零件坐标系建在哪个地方？请画在表 5-5 中。

表 5-5　发动机缸体坐标系

发动机缸体 坐标系	

引导问题 6：要完成零件尺寸测量，需要测量什么几何特征？是否需要工作平面？对测量点数量是否有要求？

六、测量策略

零件的测量与零件装夹方案、测头角度、测针直径和长度、逼近/回退距离、工作平面、测量点数量、测量几何特征等因素有着直接的关系，所以零件测量前，需要制订好测量策略，目的是准确、高效地完成零件的测量。

根据零件装夹方案完成表 5-6。

表 5-6　发动机缸体测量策略

序号	检测尺寸	几何特征类型	测针直径和长度	测头角度	逼近/回退距离	工作平面	测量点数量	备注
例	▱　0.1	平面	TIP3BY40	A-90B0	3	Y 负	12	
1								
2								
3								
4								
5								
6								
7								
8								
9								
10								

学习活动考核（表 5-7）

表 5-7　制订发动机缸体的测量方案考核表

考核项目	考核内容	考核分值	考核结果	考核人
素养目标	遵守纪律	5		
	课堂互动	5		
	团队合作	5		
知识目标	测针选型	10		
	零件装夹	10		
	零件坐标系	10		
能力目标	按测量要求装夹零件	10		
	完成测头校验	15		
	确定零件坐标系	15		
	会制订测量策略	15		
	小计	100		

[学习总结]

通过对本活动的学习，能够根据发动机缸体零件测量要求正确选择测针；能够根据发动机缸体测量要求确定发动机缸体的装夹方案；能够根据发动机缸体测量尺寸、发动机缸体装夹方案，配置测头文件及添加测头角度；能够根据发动机缸体测量图样，确定发动机缸体坐标系；能够根据发动机缸体测量尺寸、发动机缸体装夹方案、测头角度等因素，确定发动机缸体的测量策略。

学习活动 2　编写发动机缸体的自动测量程序并检测

[学习目标]

1. 能够正确完成"一面两销"类基准坐标系的建立。
2. 能够叙述缸体类零件重点特征（缸孔、凸轮轴孔）的检测要求。
3. 能够正确使用基本圆扫描功能。
4. 能够正确测量斜圆孔尺寸。
5. 能够正确完成面轮廓度的测量及评价。
6. 能够按要求完成本次学习活动工作页的填写。

[建议学时]

28 学时

引导问题 1：根据零件测量要求，如何完成零件坐标系的创建？

一、建立零件坐标系

1. "TTP（触发测头）自由形状平面策略"功能介绍

自动平面测量能够基于所选的策略创建触测点，用户可以通过鼠标指针点选 CAD 曲面或者使用测针在零件实体上触发定义触测点。该功能主要面向_____方案定制，具有普遍适用性。

TTP 自由形状平面策略有 4 类定义路径方案。

1）边界路径（图 5-6）。

2）自由形状路径。

3）自学习路径。

4）使用已定义路径。

在"_____"模式下，已定义路径是 TTP。在"_____"模式下，边界路径是 TTP 自由形状平面策略默认的路径生成方法。本项目中使用已定义路径类型完成基准平面的测量。

2. "一面两销"建立零件坐标系

"一面两销"定位法是壳体、端盖零件设计加工最常用的方法，通常组合使用_____和_____，如图 5-7 所示。

"一面两销"建立零件坐标系的方法适用于绝大部分_____零件的检测。以图 5-7 所示结构为例，从控制坐标系自由度的角度分析定位原理。

1）"一面"　此端面是其他半精加工特征的首基准，同时也是半精加工基准坐标系的主要找正方向，通常采用该面_____，并且将该轴向的____定于此面。

从控制自由度的角度分析，该平面约束了____自由度，分别为绕两个轴____的自由度及沿一个轴____的自由度。

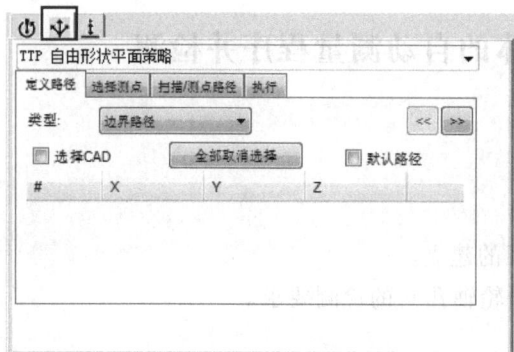

图 5-6 边界路径

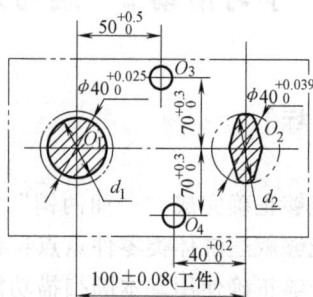

图 5-7 圆柱销和菱形销

2)"两销" 与圆柱销配合的基准孔用于确定坐标系另外两个轴向的零点。

从控制自由度的角度分析，该基准孔约束了____自由度，分别为沿两个轴____的自由度。

与菱形销配合的基准孔用于确定坐标系另外 1 个轴向的零点。"一销一面"已经限制了____自由度，只有一个绕销旋转的自由度未限制。如果第二个销仍然用圆柱销，两销间距离一定，就多限制了一次两销连线方向的自由度，形成过定位。

改用菱形销后只限制了角向的____自由度，符合_____原则。注意，菱形长对角线应垂直于两销连线。

3. 写出建立外部坐标系的步骤

_____

_____

_____

_____

_____

【操作练习】 请操作三坐标测量机，使用建立外部坐标系的方法完成零件坐标系的创建，将操作练习过程中遇到的问题及解决方法、收获与反思记录在表 5-8 中。

表 5-8 操作练习过程记录

遇到的问题及解决方法	
收获与反思	

4. 写出建立自动零件坐标系的步骤

_____

_____

_____

_____

_____

_____

【操作练习】　请操作三坐标测量机，完成自动零件坐标系的创建，将操作练习过程中遇到的问题及解决方法、收获与反思记录在表 5-9 中。

表 5-9　操作练习过程记录

遇到的问题 及解决方法	
收获与反思	

引导问题 2：自动测量零件时，需要用到哪些命令完成测量呢？

二、自动测量几何特征

1. 阵列功能介绍

PC-DMIS 软件可以通过阵列功能快速得到具有相同间距或相同夹角特征的测量命令，有以下三种常见阵列类型（圆 1 均为初始特征）：

1）坐标偏置，如图 5-8 所示。

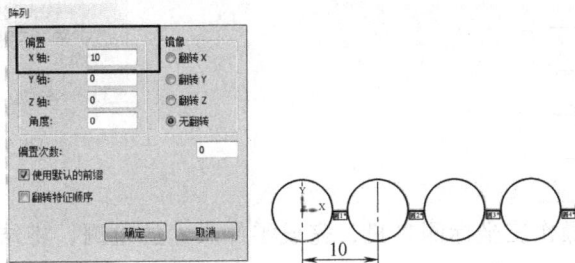

图 5-8　坐标偏置

2）角度偏置，如图 5-9 所示。

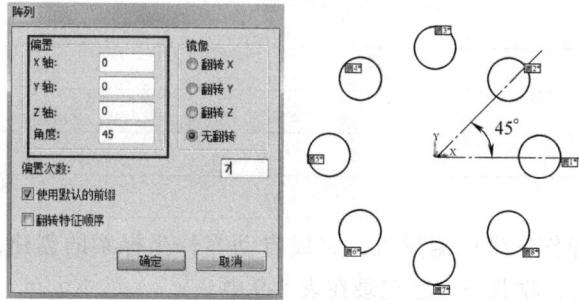

图 5-9　角度偏置

3）镜像偏置，如图 5-10 所示。

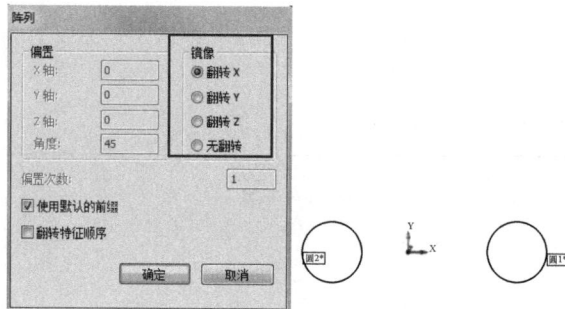

图 5-10　镜像偏置

2. 高级扫描类型

PC-DMIS 高级扫描提供了较多控制方法来得到扫描路径及测点分布，包括以下方法（图 5-11）。

1）＿＿＿＿＿＿＿＿＿

2）＿＿＿＿＿＿＿＿＿

3）＿＿＿＿＿＿＿＿＿

4）＿＿＿＿＿＿＿＿＿

5）＿＿＿＿＿＿＿＿＿

6）＿＿＿＿＿＿＿＿＿

7）＿＿＿＿＿＿＿＿＿

8）＿＿＿＿＿＿＿＿＿

9）＿＿＿＿＿＿＿＿＿

10）＿＿＿＿＿＿＿＿

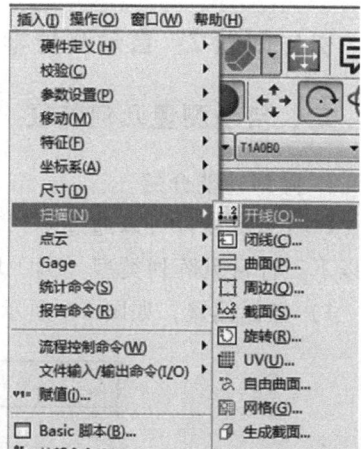

图 5-11　扫描功能

【操作练习】　请操作三坐标测量机，完成零件尺寸的检测，将结果记录在表 5-10 中，将操作练习过程中遇到的问题及解决方法、收获与反思记录在表 5-11 中。

表 5-10　尺寸检测记录

序号	检测尺寸	几何特征	测针直径和长度	测头角度	逼近/回退距离	工作平面	测量点数量	测量命令
例	▱ 0.1	平面	TIP3BY40	A-90B0	2	Y 负	12	⊥
1								
2								
3								
4								
5								
6								
7								
8								
9								
10								

表 5-11　操作练习过程记录

遇到的问题及解决方法	
收获与反思	

学习活动考核（表 5-12）

表 5-12　编写发动机缸体的自动测量程序并检测考核表

考核项目	考核内容	考核分值	考核结果	考核人
素养目标	遵守纪律	5		
	课堂互动	5		
	团队合作	5		
知识目标	"一面两销"建立零件坐标系	10		
	阵列功能	10		
	基本圆扫描功能	10		

（续）

考核项目	考核内容	考核分值	考核结果	考核人
能力目标	正确建立零件坐标系	10		
	完成所有尺寸检测程序的编写	15		
	合理分布测量点位置	15		
	自动测量发动机缸体的几何特征	15		
小计		100		

［学习总结］

通过对本活动的学习，能够正确完成"一面两销"类基准坐标系的建立；能够叙述缸体类零件重点特征（缸孔、凸轮轴孔）的检测要求；能够正确使用基本圆扫描功能；能够正确测量斜圆孔尺寸；能够正确完成面轮廓度的测量及评价。

学习活动 3　尺寸评价及输出报告

[学习目标]

1. 能够正确完成面轮廓度评价。
2. 能够正确完成孔组位置度及复合位置度评价。
3. 能够按要求完成本次学习活动工作页的填写。

[建议学时]

2 学时

引导问题 1：测量完几何特征后，需要用到哪些命令完成尺寸的评价？

一、平面度概述

平面度表示零件平面要素实际形状保持理想平面的状况，即平整程度。

平面度公差是实际表面所允许的最大变动量，用来限制实际表面加工误差所允许的变动范围。

如图 5-12 所示，平面度要求被测平面所有离散测点必须位于距离为公差值 0.08mm 的两个平行平面内，该尺寸才是合格的。

为了严格控制产品表面加工质量，在图样中经常会增加区域平面度的评价要求，如图 5-13 所示。

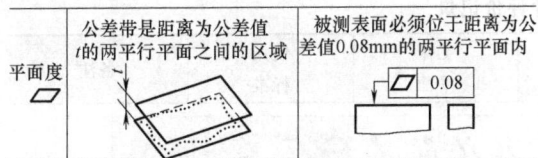

图 5-12　平面度示例

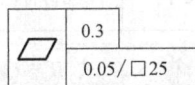

图 5-13　区域平面度评价

1) 上格公差：公差 0.3mm 所限定的平面检测区域范围为整个平面，因此，测量范围要尽可能覆盖整个平面。

2) 下格公差：0.05mm 公差限定区域为整个检测区域中任意 25mm×25mm 的区域，要求任意 25mm×25mm 区域的最大平面度误差都要小于 0.05mm。

二、组合位置度与复合位置度介绍

1. 组合位置度

组合位置度的上格、下格是两个相互____的位置约束尺寸。

如图 5-14 所示，组合位置度的上格、下格有各自的位置度符号，而且公差值及相关基准也不相同。

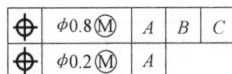

图 5-14　组合位置度符号

在 PC-DMIS 软件中添加组合位置度的步骤如下。

1）如图 5-15 所示，单击 "<sym>" 按钮，选择位置度符号。

特征控制框编辑器

1 X Ø 6 0.1 / -0.1

⊕	Ø 0.8 Ⓜ <PZ> <len>	A	B	<MC>	C	<MC>
<sym>						

FCF位置1

特征控制框编辑器

1 X Ø 6 0.1 / -0.1

⊕	Ø 0.8 Ⓜ <PZ> <len>	A	B	<MC>	C	<MC>
<sym> ▼						
⊕						

图 5-15　选择位置度符号

2）按照图样要求在下格输入公差值，选择对应的基准。

2. 复合位置度（Composite Position）

复合位置度的上格、下格是相互关联的位置约束尺寸。

如图 5-16 所示，复合位置度的上格、下格使用____的位置度符号，下格的公差值及相关基准与上格不同。

⊕	φ0.8 Ⓜ	A	B	C
	φ0.2 Ⓜ	A		

图 5-16　复合位置度符号

三、尺寸评价

【操作练习】　请操作三坐标测量机软件，完成零件尺寸的评价，将结果记录在表 5-13 中，将操作练习过程中遇到的问题及解决方法、收获与反思记录在表 5-14 中。

表 5-13　尺寸评价记录

序号	检测尺寸	几何特征	评价命令	工作平面	使用标准	备注
	⊞ ⊕ ⋈ ◿ ◎ ◉ ○ ⋈ ⏤ ◻ ⊥ ∥ ⫽ ∠ ◠ ∠ ≡ 1					
例	▱ 0.1	平面2	▱	Y 负	ISO	
1						
2						
3						
4						
5						
6						
7						
8						
9						
10						

表 5-14   操作练习过程记录

遇到的问题及解决方法	
收获与反思	

引导问题 2：尺寸评价完成后，如何输出 PDF 格式的检测报告和保存测量程序？

四、报告输出和保存测量程序

1）写出报告输出步骤。

_____

_____

_____

_____

2）写出保存测量程序的步骤。

_____

_____

_____

_____

_____

学习活动考核（表 5-15）

表 5-15   尺寸评价及输出报告考核表

考核项目	考核内容	考核分值	考核结果	考核人
素养目标	遵守纪律	5		
	课堂互动	5		
	团队合作	5		
知识目标	平面度	10		
	面轮廓度、线轮廓度	10		
	组合位置度与复合位置度	10		

（续）

考核项目	考核内容		考核分值	考核结果	考核人
能力目标	尺寸 66mm±0.1mm 的检测		10		
	⊕ | ϕ0.2 Ⓜ | A | B | C / ϕ0.1 | A 的检测		15		
	⌒ | 0.2 | A | BⓂ | CⓂ 的检测		15		
	PDF 报告输出和测量程序的保存		15		
小计			100		

[学习总结]

　　通过对本活动的学习，能够正确完成面轮廓度评价；能够正确完成孔组位置度及复合位置度评价。